新时代新理念铁道运输类专业教材
行业紧缺人才关键岗位从业人员培训教材

铁道概论

主　编　张永红　祁冠峰　韩　惠
副主编　王志超　郭瑞琦　毕　超
主　审　郭运红

北京交通大学出版社
·北京·

内 容 简 介

本书分为 10 个教学项目，包括认知现代交通运输体系、认知铁路线路、认知铁路车站与枢纽、认知铁路车辆、认知铁路机车、认知铁路动车组、认知铁路信号和通信设备、认知铁路供电、认知铁路运输组织、认知高速铁路和重载运输等。

本书可作为职业院校交通运输类专业的专业基础课教材，也可作为铁路行业相关工作人员的培训教材，还可作为普及铁路知识的科普图书。

图书在版编目（CIP）数据

铁道概论 / 张永红，祁冠峰，韩惠主编. -- 北京 ：北京交通大学出版社，2024. 10. -- ISBN 978-7-5121-5374-5

Ⅰ. U2

中国国家版本馆 CIP 数据核字第 2024HN4174 号

铁道概论
TIEDAO GAILUN

责任编辑：吴嫦娥
出版发行：北京交通大学出版社　　电话：010-51686414　　http://www.bjtup.com.cn
地　　址：北京市海淀区高梁桥斜街 44 号　　邮编：100044
印 刷 者：北京虎彩文化传播有限公司
经　　销：全国新华书店
开　　本：185 mm×260 mm　　印张：16.75　　字数：428 千字
版 印 次：2024 年 10 月第 1 版　　2024 年 10 月第 1 次印刷
定　　价：49.00 元

本书如有质量问题，请向北京交通大学出版社质监组反映。对您的意见和批评，我们表示欢迎和感谢。
投诉电话：010-51686043，51686008；传真：010-62225406；E-mail：press@bjtu.edu.cn。

前　言

铁路是国家战略性、先导性、关键性重大基础设施，是国民经济大动脉、重大民生工程和综合交通运输体系骨干，在经济社会发展中的地位和作用至关重要。

目前，我国大规模、高标准的铁路建设正在进行，中国铁路科技力量不断增强，总体技术水平、科技创新能力大幅跃升，铁路新技术、新装备、新知识层出不穷，为铁路运输发展提供了强有力的保障。相应地，对铁路专业技术人才和技能人才的知识结构和技能结构也提出了更高的要求。

为顺应培养铁路人才发展的需要，满足各职业院校对教材建设差异化的需求，针对目前职业教育产教融合的教学改革形势，在对铁路人才需求深入调研的基础上，特邀铁路行业有丰富经验的专业技术人员，组织相关专业教师编写了这门教材。

本书有以下特点。

（1）突出职业教育的特色。为顺应职业教育的发展趋势，本书内容的组织采用项目引领、任务驱动的方式，将铁路的基础知识转换成 10 个教学项目，每个教学项目中，又组织相应任务模块，在教学过程中体现以学生为主体，让学生在完成任务过程中掌握铁道概论相关知识。

（2）突出实用。本书对理论的阐述以应用为目的，以够用为尺度。语言简洁明了，通俗易懂。

（3）突出严谨、权威。坚持产教融合，特邀铁路企业一线技术人员指导，严格比照企业的技术规章制度和作业标准，确保编写内容的严谨、权威。

本书分为 10 个教学项目，包括认知现代交通运输体系、认知铁路线路、认知铁路车站与枢纽、认知铁路车辆、认知铁路机车、认知铁路动车组、认知铁路信号和通信设备、认知铁路供电、认知铁路运输组织、认知高速铁路和重载运输。

本书由太原铁路机械学校张永红、祁冠峰、韩惠任主编，太原铁路机械学校王志超、郭瑞琦和东莞市经济贸易学校毕超任副主编。具体编写分工如下：张永红编写项目 1，太原铁路机械学校王薇编写项目 2 中的任务 2.1 和任务 2.2 及项目 5，毕超编写项目 2 中的任务 2.3、任务 2.4 和任务 2.5，太原铁路机械学校杨小娟编写项目 3 中的任务 3.1 和任务 3.2，太原铁路机械学校任伟编写任务 3.3、任务 3.4 和任务 3.5，王志超编写项目 4 中的任务 4.1 和任务 4.2，郭瑞琦编写项目 4 中的任务 4.3 和任务 4.4，太原铁路机械学校尚哲敏编写项目 6 中的任务 6.1 和任务 6.2，太原铁路机械学校杨菊编写项目 6 中的任务 6.3，太原铁路机械学校张闯伟编写项目 7，韩惠编写项目 8，太原铁路机械学校薛婧艳编写项目 9，祁冠峰编写项目 10。

全书由张永红统稿、定稿，太原铁路机械学校郭运红主审。

本书在编写过程中，参考了其他作者的一些相关资料，得到了太原铁路局集团公司张斌、山西地方铁路集团有限责任公司鄯宝红、山西宁静铁路有限责任公司韩俊峰，以及太原铁路机械学校武学工、韩军峰、高立明、张智海等老师大力支持，在此一并表示感谢！

由于“铁道概论”课程知识涉及面广，有关技术标准更新较快，而我们的学识有限，错误与遗漏之处在所难免，恳请各位专家、教师和读者批评、指正。

编　者

2024 年 8 月

目　录

项目 1　认知现代交通运输体系

项目描述

现代交通运输业是流通领域的支柱，是沟通工农业、城乡、地区、企业之间经济活动的纽带，国民经济发展的规模和速度在很大程度上是以交通运输业的发展为前提条件的。铁路运输作为现代交通运输方式的一种，在我国交通运输业中起到骨干作用。

本项目主要学习现代交通运输业的作用、方式及我国交通强国的发展目标；世界铁路发展、我国铁路运输的发展，尤其新中国铁路建设取得的巨大成就；我国铁路的运营与管理的基本知识。

知识目标

（1）了解现代交通运输业的作用、方式；

（2）了解世界铁路发展历史；

（3）掌握我国铁路运输的发展历程；

（4）了解铁路运输业的特点；

（5）熟知我国铁路系统分类；

（6）了解我国铁路的运营与管理。

技能目标

能正确描述我国铁路运输的发展史及发展方向。

任务 1.1　初识现代交通运输业

任务描述

本任务主要学习现代交通运输业的作用、方式及我国交通强国的发展目标。

相关知识

1.1.1 现代交通运输业的作用

现代交通运输业是国民经济的重要组成部分，国民经济发展的规模和速度在很大程度上以交通运输业的发展为前提条件。交通运输业又是流通领域的支柱，它是沟通工农业、城乡、地区、企业之间经济活动的纽带，是面向社会为公众服务的公用事业，是对国民经济和社会发展具有全局性、先行性影响的基础行业，在现代社会的各个方面起着十分重要的作用。

1. 促进人民生活水平提高

运输业中的交通网络，就好像是布满祖国各地的脉络，把全国连成一个统一的整体，为提高人民生活水平、各民族的团结发挥着重要的作用。

2. 提升社会劳动生产率

运输业把国民经济中各生产部门的产、供、销有机地结合在一起，成为发展社会主义市场经济和工农业现代化的先导，有效地促进社会劳动生产率和国民经济效益的提升。

3. 强力支撑国防现代化

交通运输业的多样性、高效性对巩固国防，实现国防现代化具有重要的作用。

4. 促进国家对外开放、对外贸易和发展世界各民族间的友好往来

交通运输业在国际经济、技术、文化交流中发挥着重要的作用，有力促进“一带一路”合作发展的理念和倡议，让中国与世界更加紧密地联系在一起，推动更多国家和地区开展全方位合作。

1.1.2 现代交通运输业的性质

现代交通运输业具备物质生产和为社会公众服务的多重属性，是一个具有鲜明服务功能的物质生产部门。

1. 运输业具备物质生产的三要素

劳动力、劳动对象和劳动资料是生产的三要素，人们借助劳动工具，作用于劳动对象，使之适合自己的需要就是物质生产。以铁路为例：线路、站场、机车车辆等各种固定和移动的设备，是铁路运输业从事物质生产的劳动资料；铁路职工利用劳动资料，按照旅客或货主的要求，有目的地改变旅客和货物在空间上的位置，由此发生的人和物的位移，就是运输生产的产品。铁路职工是劳动力，旅客和货物是服务对象。

2. 运输是进行物质产品生产的必要条件

运输业不创造新的物质产品，不改变劳动对象的形状和性质，只变动劳动对象的空间位置，但它是进行物质生产的必要条件，也是物质生产过程中不可缺少的重要环节。

3. 运输业的产品是“位移”

运输业的产品是人和货物的位移，其计算单位是“人·km”或“t·km”，为了统计上的方便，通常换算成吨公里。运输业的产品不能储存、调拨和积累，这是因为运输业的产品——旅客和货物的位移，同运输过程不能分离，即位移的生产和消费是同时进行的，在它生产出来的同时就已经消费了。

1.1.3 现代交通运输业的方式

现代交通运输业主要包括铁路运输、公路运输、水路运输、航空运输及管道运输等方式。

1. 铁路运输

铁路运输是以固定轨道作为运输道路，由轨道机械动力牵引车辆运送旅客和货物的运输方式。铁路运输与其他各种现代化运输方式相比较，具有运输能力大、速度快的特点、运输成本较低、受气候条件限制较小，一般可全天候运营并能做到安全正点。

2. 公路运输

公路运输是汽车在公路上运送旅客和货物的运输方式。它的主要优点是机动灵活，对客货运量大小具有很强的适应性。汽车运输一般可实现门到门的直达运输，提高中短途运输的送达速度，加速货物资金周转。公路运输还可担任铁路运输、水路运输等运输方式的补充和衔接。公路运输（高速公路除外）与其他运输方式相比较，具有投资少、资金周转快、投资回收周期短和技术改造较容易等优点。

3. 水路运输

水路运输是利用船舶和其他工具在河流、湖泊、海洋中运送旅客和货物的一种运输方式。水路运输按航行的区域分为远洋运输、沿海运输和内河运输等三种类型。水路运输具有占地少、运量大、投资省、运输成本低等突出的优点。但其运输速度较其他运输工具慢且受自然条件限制较大。

4. 航空运输

航空运输是用飞机运送旅客和货物的一种运输方式。航空运输在20世纪崛起，是运输业中发展最快的行业。与其他运输方式相比，其最大的优点是速度快，且具有一定的机动性。航空运输还具有不受山川地貌、河流湖泊等限制，只要有机场和导航设施保证，即可开辟航线。其缺点是载运能力小、能源消耗大、运输成本高。

5. 管道运输

管道运输是以钢管作为运输通道，并备有固定式机械动力装置的现代化运输方式。管道运输是近几十年来得到迅速发展的一种运输方式，主要以流体能源石油、天然气、成品油为运输对象，现在还可以运输煤和矿石等货物。管道运输具有运送能力大、效率高、成本低、能耗小等优点。管道运输所用的管道埋于地下还具有占地少、不受地形坡度限制、不受气候影响、能长期稳定运行、沿线不产生噪声且漏失污染少等优点，是一种很有发展前景的现代运输方式。但管道运输为长期定点、定向、定品种运输，调节范围窄且不能输送不同品种的货物。

各种运输方式都有自己的优缺点和适用范围，既相互独立，又相互依存；既有协作，又有竞争。只有多元化地综合利用、合理布局、协调发展，建成科学的综合运输体系才能在国民经济发展中发挥最大的作用。

根据我国的国情和交通运输发展规划，我国的交通运输业是以铁路运输为骨干，以公路运输为基础，进一步加强水运建设，努力发展航空运输，适当发展管道运输。

1.1.4 交通强国的发展目标

2019 年中共中央、国务院印发了《交通强国建设纲要》，明确提出交通强国发展目标。

到 2035 年，基本建成交通强国。现代化综合交通体系基本形成，人民满意度明显提高，支撑国家现代化建设能力显著增强；拥有发达的快速网、完善的干线网、广泛的基础网，城乡区域交通协调发展达到新高度；基本形成“全国 123 出行交通圈”（都市区 1 小时通勤、城市群 2 小时通达、全国主要城市 3 小时覆盖）和“全球 123 快货物流圈”（国内 1 天送达、周边国家 2 天送达、全球主要城市 3 天送达），旅客联程运输便捷顺畅，货物多式联运高效经济；智能、平安、绿色、共享交通发展水平明显提高，城市交通拥堵基本缓解，无障碍出行服务体系基本完善；交通科技创新体系基本建成，交通关键装备先进安全，人才队伍精良，市场环境优良；基本实现交通治理体系和治理能力现代化；交通国际竞争力和影响力显著提升。

到 21 世纪中叶，全面建成人民满意、保障有力、世界前列的交通强国。基础设施规模质量、技术装备、科技创新能力、智能化与绿色化水平位居世界前列，交通安全水平、治理能力、文明程度、国际竞争力及影响力达到国际先进水平，全面服务和保障社会主义现代化强国建设，人民享有美好交通服务。

任务 1.2 认识铁路运输的发展

任务描述

本任务主要学习世界铁路发展历史、我国铁路运输的发展历程，尤其是新中国铁路建设取得巨大成就，介绍我国铁路的展望与规划。

相关知识

1.2.1 世界铁路发展

16 世纪中叶，英国兴起的采矿业对运输方式提出了新要求。为提高运输效率，在道路上铺了两根平行的木材作为轨道。17 世纪时，将木轨换成了角铁形状的钢轨，后经多年的改进，才逐渐形成今天的钢轨，因此各国至今都沿用“铁路”这一名称。

1825 年，英国人史蒂芬森在英国修建了从斯托克顿至达林顿的世界上第一条公共服务铁路。这条铁路长不到 20 km，以速度为 24 km/h 的蒸汽机牵引 34 节车厢行驶，车厢内共载有 600 名乘客及 900 t 的货物，此为世界铁路运输史的开端，揭开了铁路运输的序幕。

由于铁路运输显著的优越性，伴随着资本主义国家的发展与殖民扩张，铁路也在世界各地蓬勃发展起来，铁路迅速地发展成为陆上运输的骨干。

第二次世界大战以后，小汽车在生产技术上获得了关键性的突破，各国政府鉴于汽车将被广泛地使用，纷纷投入大量资金修筑完善公路系统，以促进经济发展。铁路服务水准每况愈下，再加上铁路的灵活性不及公路高，因而逐渐遭到各国政府的漠视，铁路运输发展进入了低谷，一度被视为“夕阳产业”。

1964 年，日本建成了世界上第一条速度为 200 km/h 的高速铁路——东海道新干线。高速列车的行驶克服了传统铁路在行车速度上的限制，行驶于东京及大阪之间，每天平均载客达 45 万人，高峰日则超过百万人，营运 7 年就将 10 亿美元的建设成本连本带利还清，从而重新找回铁路业者的希望，向世人展示了铁路新的发展前景，高技术铁路以其高的速度、高的运输效率、低的运营成本和特有的安全舒适性，使衰退的铁路运输业又焕发了新的生机。

1.2.2 我国铁路运输的发展

1. 旧中国的铁路概况

1876 年，当时的英国侵略者背着清朝政府和中国人民，采用欺骗和蒙混的手法在上海修建了上海至吴淞镇全长 14.5 km、轨距 762 mm 的淞沪铁路，并于 1876 年 7 月上海至江湾段通车营业，这是中国领土上出现的第一条铁路。后因通车营业后发生了火车压死行人事故，激起民愤，迫使英国和清政府同意，由清政府用 28.5 万两白银将铁路买回来。然而腐败昏庸的清朝政府认识不到铁路这种新型运输工具的优越性而将这条已经赎回的铁路拆毁，开了历史的倒车。

1881 年的唐胥铁路（唐山至胥各庄）是中国自己创办的第一条铁路。它是当时清朝政府为了解决开平矿务公司的煤炭运输而修筑的。铁路全长约 10 km。1881 年开工，同年 11 月竣工通车，并曾用中国工人自己试制的“龙号”机车拉运煤炭，以后逐步发展成为现在的京沈（北京至沈阳）铁路。唐胥铁路的建成通车。

在同一时期，我国建成的早期铁路还有 1891 年和 1893 年先后建成的基隆至台北和台北至新竹的两条铁路，全长 100 km。

1905 年 10 月，第一条完全由中国工程技术人员主持、设计、施工的铁路干线——京张铁路正式动工了。京张铁路南起北京丰台，北至张家口，全长 201 km，采用 1 435 mm 标准轨距。

京张铁路是在我国杰出的爱国工程师詹天佑主持下，用中国人民自己的智慧建成的。

京张铁路工程相当艰巨。因为自南口进入燕山山脉军都山后，岭高坡陡，四座需开凿的隧道全靠人工修筑。由于这一带地势很陡，坡度很大，为使列车安全通过山岭，詹天佑在青龙桥车站设计了“人”字形爬坡线路，解决了这一难题。京张铁路设计和建设的成就，在中国铁路史上写下了光辉的篇章。

旧中国铁路具有浓厚的半封建半殖民地色彩。整个铁路事业的发展缓慢而又畸形，铁路分布极不均衡合理，技术设备杂乱陈旧并且管理落后，可概括为少、偏、低三个特点。

少——铁路修建的里程太少，从1876年至1949年70多年，总共只有铁路2.1万km（不包括中国台湾省铁路）；中华人民共和国成立前夕能维持通车的线路只有1.1万km多。通信信号设备少之又少，机车不过1 700多台，车辆也只有3万多辆。

偏——铁路分布不均衡，不合理。当时，约占全国土地面积15%的东北和华北地区，铁路长度却占全国铁路总长的65%；而占全国土地面积60%的西南和西北地区，只占全国铁路总长度的5.5%，有些省份甚至没有铁路。

低——线路和技术装备的质量差、标准低。设备种类繁杂，规格紊乱，机车类型有120多种，钢轨类型130多种；线路质量差，路基病害严重；约有1/3的车站没有信号机；自动闭塞的线路长度不到2%，复线也只占6%。各线路的车辆不能互相通用和过轨，没有统一的调度指挥，因而造成安全事故多、运输效率低的情况。

2. 新中国铁路建设概况

新中国成立以后，为了尽快恢复生产，发挥铁路在国民经济建设中的骨干作用，在中国共产党的领导下，中国铁路克服重重困难，迅速重建发展。部分典型铁路项目如下。

1）成渝铁路

成渝铁路西起成都，东抵重庆，全长505 km。1950年6月开工建设，1952年6月通车，是新中国成立后建成的第一条铁路，由中国自行设计施工、完全采用国产材料修建，是中国铁路史上的一个创举。

2）成昆铁路

成昆铁路自成都至昆明，全长1 096 km。成昆铁路始建于1958年，1959年至1969年期间，成昆铁路多次停工后再复工，1970年7月1日，成昆铁路全线竣工运营。

3）宝成铁路

宝成铁路自宝鸡至成都，全长668.2 km。于1952年7月1日在成都动工，1958年建成通车，1975年7月完成铁路电气化工程改造，是我国第一条电气化铁路。

4）京九铁路

京九铁路自北京西至九龙，全长2 553.2 km。1993年，京九铁路全线动工建设；于1996年9月1日全线开通运营。连接北京与香港，串联中国华北、华中、华东和华南地区，是国家“八五”计划的第一号工程，是中国当时仅次于长江三峡水电站的第二大工程，也是中国国内投资最多、一次性建成的最长双线铁路。

5）大秦铁路

大秦铁路自大同至秦皇岛，全长653.2 km。1985年动工建设，于1992年全线竣工运营，是一条煤炭运输专线铁路，也是中国第一条重载单元铁路。年运量最高突破4.5

亿 t，创下了世界单条铁路重载列车密度最高、运量最大、增运幅度最快、运输效率最高等多项世界纪录。

6）粤海铁路

粤海铁路由“两线一渡”工程组成，即广东省境内的湛江至海安铁路 139 km、琼州海峡铁路轮渡 24 km、海南省境内的海口至叉河西环铁路 182 km。2002 年 1 月 28 日，粤海铁路湛江—海安段开通运营；2002 年 11 月 25 日，粤海铁路琼州海峡铁路轮渡“粤海铁 1 号”完成首航；2003 年 1 月 7 日，粤海铁路全线通车。粤海铁路为中国第一条跨海铁路。

7）青藏铁路

青藏铁路自西宁至拉萨，全长 1 956 km，是世界上海拔最高、线路最长的高原铁路，于 2006 年 7 月 1 日顺利实现了全面通车。青藏铁路被誉为“天路”，是实施西部大开发战略的标志性工程。同时，青藏线大部分线路处于高海拔地区和“无人区”，要克服多年冻土、高原缺氧、生态脆弱、天气恶劣四大难题。

8）京津城际铁路

京津城际铁路自北京南经天津至滨海，全长约 166 km。2005 年 7 月 4 日正式动工，2008 年 8 月 1 日正式开通运营，2015 年 9 月 20 日开通运营延伸线工程。是中国第一条高标准、设计时速为 350 km 的高速铁路。

9）京沪高速铁路

京沪高速铁路自北京南至上海虹桥，全长 1 318 km，2008 年 4 月 18 日正式开工，2011 年 6 月 30 日全线正式通车，设计的最高速度为 380 km/h，初期运营速度 300 km/h。

2020 年 1 月 16 日，京沪高速铁路股份有限公司在上海证券交易所主板挂牌上市，这标志着“中国高铁第一股”成功登陆 A 股，铁路股份制改造取得重要进展。

截至 2021 年 6 月 30 日，京沪高速铁路开通运营 10 周年，累计发送旅客 13.5 亿人。京沪高速铁路基础设施状态良好，运营安全有序，打造了技术先进、安全可靠、性价比高的中国高速铁路品牌。

10）哈大高速铁路

哈大高速铁路自哈尔滨西站至大连北站，线路全长 921 km，2007 年 8 月 23 日动工建设，2012 年 12 月 1 日竣工运营，设计速度 350 km/h，列车运营速度 300 km/h。

11）浩吉铁路

浩吉铁路自内蒙古浩勒报吉至江西吉安，线路全长 1 814 km，2019 年 9 月 28 日建成通车。浩吉铁路是我国“北煤南运”新的战略运输通道，是世界上一次性建成并开通运营里程最长的重载铁路。

12）京张高速铁路

京张高速铁路自北京北站至张家口站，全长约 174 km。2016 年 4 月 29 日开工建设，2019 年 12 月 30 日开通运营，最高设计速度 350 km/h，是世界最先进的高铁线路。

13）中老昆万铁路

中老昆万铁路自中国云南省昆明至老挝万象，全长约 1 035 km，设计速度 160 km/h，2021 年 12 月 3 日全线通车运营。这是第一个以中方为主投资建设、共同运营并与中国铁路网直接连通的跨国铁路，标志着“一带一路”建设的新突破。

中西部地区铁路加快建设，跨区域快速通道基本形成，高速铁路逐步成网，城际铁路起步发展，路网规模不断扩大，保障能力明显增强。到2023年底，全国铁路营业里程达到15.9万km，其中高铁4.5万km。

目前，我国已经形成了涵盖高速铁路工程建设、装备制造、运营管理三大领域，具有自主知识产权的高速铁路技术体系，已经成为世界上高速铁路发展最快、系统技术最全、集成能力最强、运营里程最长、运营速度最高、在建规模最大的国家。“四纵四横”高速铁路网已经形成，“八纵八横”高速铁路网正加密成型，高速铁路已覆盖全国92%的50万人口以上的城市。

1.2.3 我国铁路的展望与规划

1. 新时代交通强国铁路先行规划纲要

铁路是国家战略性、先导性、关键性重大基础设施，是国民经济大动脉、重大民生工程和综合交通运输体系骨干，在经济社会发展中的地位和作用至关重要。

2020年8月中国国家铁路集团有限公司发布了《新时代交通强国铁路先行规划纲要》（以下简称《纲要》）。

1）《纲要》的指导思想

以习近平新时代中国特色社会主义思想为指导，全面贯彻党的十九大和十九届二中、三中、四中全会精神，坚持稳中求进工作总基调，坚持新发展理念，坚持以供给侧结构性改革为主线，坚持人民铁路为人民，聚焦交通强国铁路先行，对标国际先进标准水平，着力固根基、扬优势、补短板、强弱项，加快推动铁路发展质量变革、效率变革和动力变革，全面打造世界一流的铁路设施网络、技术装备、服务供给、安全水平、经营管理和治理水平，率先建成现代化铁路强国，为全面建成社会主义现代化强国、实现中华民族伟大复兴中国梦提供有力支撑。

2）《纲要》提出的发展目标

第一阶段，到2035年，将率先建成服务安全优质、保障坚强有力、实力国际领先的现代化铁路强国。基础设施规模质量、技术装备和科技创新能力、服务品质和产品供给水平世界领先；运输安全水平、经营管理水平、现代治理能力位居世界前列；绿色环保优势和综合交通骨干地位、服务保障和支撑引领作用、国际竞争力和影响力全面增强。

第二阶段，到2050年，全面建成更高水平的现代化铁路强国，全面服务和保障社会主义现代化强国建设。铁路服务供给和经营发展、支撑保障和先行引领、安全水平和现代治理能力迈上更高水平；智慧化和绿色化水平、科技创新能力和产业链水平、国际竞争力和影响力保持领先，制度优势更加突出；形成辐射功能强大的现代铁路产业体系，建成具有全球竞争力的世界一流铁路企业。中国铁路成为社会主义现代化强国和中华民族伟大复兴的重要标志和组成部分，成为世界铁路发展的重要推动者和全球铁路规则制定的重要参与者。

3）《纲要》的主要任务

① 建设发达完善的现代化铁路网。一是构建现代高效的高速铁路网；二是形成覆盖

广泛的普速铁路网；三是发展快捷融合的城际和市域铁路网；四是构筑一体衔接顺畅的现代综合枢纽。

② 发展自主先进的技术装备体系。一是提升基础设施技术装备水平；二是加强新型载运工具研发应用；三是以新型基础设施赋能智慧发展。

③ 创新优质高效的运输服务供给。一是构建舒适快捷的客运服务体系；二是发展集约高效的货运物流体系；三是拓展服务新业态新模式新领域。

④ 厚植效率效益优良的经营实力。一是推动效率变革提升；二是做强做优做大主业；三是提升经营开发水平。

⑤ 提升持续可靠的安全发展水平。一是提升安全生产管理水平；二是确保设施设备本质安全；三是增强兴安强安保障能力；四是提高铁路应急处置和救援能力。

⑥ 强化科技创新的支撑引领能力。一是推进科技创新产业化应用；二是突破掌握关键核心技术；三是完善铁路科技创新体系。

⑦ 改革创新科学高效的现代治理体系。一是完善和发展铁路制度优势；二是深入推进铁路企业改革；三是推动布局结构优化调整；四是建立健全市场化运营机制；五是大力培育弘扬优秀铁路文化。

⑧ 发挥节能环保的绿色铁路优势。一是提高绿色铁路承运比重；二是集约节约利用资源和能源；三是强化生态保护和污染防治。

⑨ 拓展互利共赢的开放合作空间。一是打造互联互通铁路通道网络；二是完善国际铁路物流服务体系；三是深化铁路国际交流与合作。

⑩ 突出精良专业的人才队伍建设。一是造就高水平科研人才；二是建设高技能产业大军；三是培养高素质干部队伍。

⑪ 当好经济社会发展的支撑引领。一是增强经济发展新动能；二是强化重大战略支撑能力；三是促进扶贫减贫和国土开发；四是推动铁路军民融合深度发展；五是发挥“高铁+”支撑引领作用。

2.“十四五”铁路科技创新规划

2021 年 12 月，国家铁路局发布《“十四五”铁路科技创新规划》，明确“十四五”时期我国铁路科技创新工作的指导思想、基本原则、发展目标和重点任务。

《“十四五”铁路科技创新规划》是我国铁路领域关于科技创新的首个五年发展规划，对促进铁路科技自立自强、推动铁路高质量发展，支撑建设科技强国、交通强国具有重要意义。

《“十四五”铁路科技创新规划》明确指出，到 2025 年，铁路创新能力、科技实力进一步提升，技术装备更加适用，工程建造技术持续领先，运输服务技术水平显著增强，智能铁路技术全面突破，安全保障技术明显提升，绿色低碳技术广泛应用，创新体系更加完善，总体技术水平世界领先。推动 3 万 t 级重载列车、时速 160 km 及以上快捷货运装备成熟应用，推进 25～40 t 轴重货运装备、时速 120 km 级多式联运、高速货运装备技术研究运用及产业化。

2025 年主要目标如下。

① 技术装备：复兴号中国标准动车组谱系化更加完善，时速 400 km 级高速轮轨客

运列车、3 万 t 级重载列车、高速轮轨货运列车等装备研制实现重大突破。

② 工程建造：掌握复杂地质 30 km 以上长大隧道建设技术，突破岩爆与大变形隧道设计施工、深切峡谷特大跨度桥梁建造等一系列技术难题，并逐步形成更高速度铁路设计建造成套技术。

③ 运输服务：铁路高效、快速、精细化运维水平明显提高，掌握高速铁路更小追踪间隔技术并推广应用，旅客联程运输网络构建与协同运输组织技术实现突破，客货运服务技术进一步提升。

④ 智能铁路：智能铁路成套技术体系不断完善，北斗卫星导航、第五代移动通信技术（5G）、人工智能、大数据等信息技术在铁路上实现了更广泛、成体系应用，各种交通方式信息共享水平明显提高。

⑤ 安全保障：风险预测预警与防控的一体化主动安全防控技术体系基本形成，应对各类重大风险能力显著提高，铁路本质安全水平、设施设备运维养护能力、应急处置及救援技术水平全面提升。

⑥ 绿色低碳：铁路能源供给技术取得显著进展，高能效和智能化的牵引供电核心装备技术达到世界一流水平，能源系统综合损耗逐年降低，生态环保修复和污染综合防治关键技术得到普遍应用。

⑦ 创新体系：企业主体、市场导向、产学研用深度融合的技术创新体系更为健全，科技创新体制机制更加完善，综合评价指标体系基本形成，铁路技术标准体系自主完备、世界领先，建成 50 个以上铁路科技创新基地，人才队伍建设成效显著。

展望未来，到 2035 年，中国铁路战略科技力量不断增强，总体技术水平、科技创新能力大幅跃升，成为全球铁路科技的创新高地、引领先锋和重要人才中心，有力支撑社会主义现代化强国建设。

任务 1.3　认识我国铁路的运营与管理

任务描述

本任务主要学习铁路运输业的特点、我国铁路系统分类、了解我国铁路的管理体制与机构。

相关知识

1.3.1　铁路运输业的特点

铁路运输业除具备一般运输业的特点外，其自身还具有“高、大、半”的特点。

“高”是指“高度集中”的统一指挥。为了实现铁路这部大联动机的正常运转和联动，铁路运输必须以统一的列车运行图和统一的规章制度和作业标准为基础，全国一盘棋，由中国国家铁路集团有限公司实行高度集中的统一指挥，做到有令则行，有禁则止，令行禁止。

“大”是指“大联动机”。铁路线长、点多、面广，遍布全国，运输产品的生产往往要经过几百公里、上千公里甚至更长才能完成，而且车、机、工、电、辆、供等各个部门、各种工序又必须日夜作业、紧密配合、协同工作、形成联合才能保证铁路的畅通，因此铁路是一部大联动机。

“半”是指铁路运输具有“半军事化”。铁路职工除必须严格执行规章制度外，还必须绝对服从上级的调度指挥。

1.3.2　我国铁路系统分类

按照产权性质划分，目前我国铁路系统可以分为国家铁路、地方铁路、专用铁路和铁路专用线四类。

① 国家铁路：由国家授权机构投资控股的铁路，由国务院铁路主管部门管理。

② 地方铁路：由地方自行投资修建或者与其他铁路联合投资修建，由地方人民政府管理，主要担负地方公共旅客、货物短途运输任务。

③ 专用铁路：由企业自行投资修建，由企业或者其他单位管理，专为本企业或者本单位提供运输服务。

④ 铁路专用线：由企业自行投资修建，由企业或者其他单位管理的与国家铁路或者其他铁路线路接轨的岔线。

专用铁路与铁路专用线所不同的是，专用铁路一般都自备动力，自备运输工具，在内部形成运输生产的一套系统的运输组织；而铁路专用线则仅仅是一条线，其长度一般不超过 30 km，其运输动力使用的是与其相接轨的铁路的运输动力。

1.3.3　我国铁路的管理体制与机构

2013 年之前，中华人民共和国铁路事务的最高主管机关是中华人民共和国铁道部，铁道部是国务院的组成部门之一。2013 年铁道部实行政企分开，撤销铁道部，组建国家铁路局（隶属交通运输部）和中国铁路总公司。2019 年 6 月 18 日，中国铁路总公司改制成立中国国家铁路集团有限公司（简称“国铁集团”）。

对铁路进行行政管理的主要政府部门是国家铁路局，此外还包括国家发展和改革委员会，交通运输部及各个省区市设置的铁路管理部门。对国家铁路进行运营管理的主要是国铁集团，各个省（自治区、直辖市）的铁路运输企业对各自所有的地方铁路进行相应管理。在铁路施工和设备制造方面，中国铁路工程集团有限公司和中国铁道建筑集团等是以铁路建筑施工为主的建筑集团，中国中车股份有限公司是中国铁路机车车辆的主要设计制造企业。

1. 国家铁路局机构设置

国家铁路局由交通运输部管理。其内设机构主要有综合司（外事司）、科技与法制司、安全监察司、运输监督管理司、工程监督管理司、设备监督管理司等，主要负责拟订铁路技术标准，监督管理铁路安全生产、运输服务质量和铁路工程质量，是国家对铁路运输进行行政管理的部门。

国家铁路局下设七大铁路监督管理局和北京铁路督察室，分别为沈阳铁路监督管理局、上海铁路监督管理局、广州铁路监督管理局、成都铁路监督管理局、武汉铁路监督管理局、西安铁路监督管理局、兰州铁路监督管理局、北京铁路督察室。

国家铁路局的主要职能如下。

① 起草铁路监督管理的法律法规、规章草案，参与研究铁路发展规划、政策和体制改革工作，组织拟订铁路技术标准并监督实施。

② 负责铁路安全生产监督管理，制定铁路运输安全、工程质量安全和设备质量安全监督管理办法并组织实施，组织实施依法设定的行政许可，组织或参与铁路生产安全事故调查处理。

③ 负责拟订规范铁路运输和工程建设市场秩序政策措施并组织实施，监督铁路运输服务质量和铁路企业承担国家规定的公益性运输任务情况。

④ 负责组织监测分析铁路运行情况，开展铁路行业统计工作。

⑤ 负责开展铁路的政府间有关国际交流与合作。

⑥ 承办国务院及交通运输部交办的其他事项。

2. 国铁集团机构设置

国铁集团实行两级法人（国铁集团和铁路局集团公司）、三级管理（国铁集团、铁路局集团公司和运输站段）的管理方式。

1）本级机构

国铁集团设置与运输组织相关的运输部（总调度长室）、客运部、货运部、机辆部、工电部、安全监督管理局等多个部、局和运输调度指挥中心。这些部门共同负责铁路运输统一调度指挥，经营铁路客货运业务。

① 运输部（总调度长室）：负责运输系统各专业工种的综合协调，车务专业等行车规章制度建设、车务专业安全管理、列车运行图管理、运输生产力布局调整、运力资源配置工作；负责编制运输生产经营计划和运输综合分析，运输政策、运价政策、运输组织和客货运服务质量监督等工作。

② 客运部：负责客运相关资源的开发经营管理工作；负责铁路客运、行包的规章制度建设、安全管理、经营管理、价格管理和服务质量管理等工作。

③ 货运部：负责铁路货运、物流服务的规章制度建设、安全管理、经营策略、营销策略、市场分析、产品开发、保价运输、价格管理和服务质量管理等工作；负责国家重点物资运输、专用线（专用铁路）接轨和自备车过轨运输管理等工作。

④ 机辆部：负责机车车辆（含机车、动车组、客车、货车、铁路救援起重机）运用、检修的规章制度建设和安全管理等工作。

⑤ 工电部：负责铁路工务、电务、供电、房建以及相关自轮运转特种设备、线路防护、自然灾害及异物侵限监测等设施设备的运用、维护的规章制度建设、安全管理等工作。

⑥ 安全监督管理局：负责安全管理制度规定建设；负责安全管理的监督工作；负责组织或参与铁路交通事故的内部调查处理等工作，下设沈阳、北京、上海、武汉、成都、兰州六个安全监督管理特派员办事处，负责辖区的铁路安全监督管理工作。

⑦ 运输调度指挥中心：负责全路运输调度集中统一指挥工作，组织完成铁路日常运输生产任务及应急救援指挥和特种运输、军事运输组织、施工管理、运输十八点统计等工作。

2）所属运输企业

目前中国国家铁路集团有限公司下设 18 个铁路局集团公司和 3 个专业运输公司。

18 个铁路局集团公司包括中国铁路哈尔滨局集团有限公司、中国铁路沈阳局集团有限公司、中国铁路北京局集团有限公司、中国铁路太原局集团有限公司、中国铁路呼和浩特局集团有限公司、中国铁路郑州局集团有限公司、中国铁路武汉局集团有限公司、中国铁路西安局集团有限公司、中国铁路济南局集团有限公司、中国铁路上海局集团有限公司、中国铁路南昌局集团有限公司、中国铁路广州局集团有限公司、中国铁路南宁局集团有限公司、中国铁路成都局集团有限公司、中国铁路昆明局集团有限公司、中国铁路兰州局集团有限公司、中国铁路乌鲁木齐局集团有限公司、中国铁路青藏集团有限公司。

3 个专业运输公司包括中铁集装箱有限责任公司、中铁特货运输有限责任公司、中铁快运股份有限公司。

各铁路局集团公司一般设置与国铁集团部、局职能对应的运输管理部门，对铁路局集团公司管辖范围内的铁路日常运输生产实施统一指挥和组织。

3）基层运输站段

铁路局集团公司设置生产管理的业务部门和基层生产站段，对基层运输组织工作进行组织管理。业务部门包括运输部、货运部、机务部、车辆部等部门。为了完成铁路运输各环节不同的任务，一般设有车务段（直属车站）、机务（机辆）段、工务段、电务段、通信段、车辆（机辆）段、动车段、供电段、房建段、客运段、货运中心等。

① 车务段（直属车站）：负责列车运营控制指挥，车务段管理车站货运等业务，管辖辖区内的各大小车站，货运和客运的计划和收入，列车的运行监控等。

② 机务（机辆）段：主要负责铁路机车整备维修运用及驾驶乘务管理工作。

③ 工务段：主要负责铁路线路设备的维修与养护工作。

④ 电务段：主要负责铁路信号、通信设备的维修工作。

⑤ 通信段：主要负责铁路专网通信设备设施的维修工作。

⑥ 车辆（机辆）段：主要负责铁路车辆整备维修及车辆乘务员管理工作。

⑦ 动车段：主要负责动车组整备维修及机械师管理工作。

⑧ 供电段：主要负责铁路接触网及供电设施整备维修工作。

⑨ 房建段：主要负责铁路站场站房维护工作。

⑩ 客运段：主要负责旅客列车服务工作。

⑪ 货运中心：主要负责货运营销与服务工作。

近年来，部分铁路局集团公司根据管辖特点，在部分区域采取专业融合方式设置了站段，如工电段、综合段、运营维修段等。

项目自测

一、填空题

1. 运输业的产品是旅客和货物的（　　），单位是“人·km”“t·km”，为了统计的方便，一般应采用（　　）。

2. 世界上第一条铁路是（　　）年在（　　）（国家）修建的。

3. 从我国国情出发，（　　）应是我国主要运输方式。

4. 我国交通运输业的发展方向是（　　）运输发挥骨干作用。

5. 1881年中国人自己建设的第一条铁路叫（　　）铁路。

6. 我国杰出的铁路工程师（　　）在京张铁路建设中巧妙采用（　　）型展线方案。

7. 新中国成立后我国修建的第一条铁路叫（　　）铁路。

8. 现代交通运输业主要包括铁路、公路、水路、航空及（　　）运输。

9. 通用性最强的运输方式是（　　）运输；运输成本最高的是（　　）运输。

10. 中国第一条铁路是1876年在上海修建的（　　）铁路。

二、判断题

1. 运输业对它的劳动对象只提供服务，不能自由支配。（　　）

2. 运输是进行物质产品生产的必要条件。（　　）

3. 运输业的产品可以储存、调拨和积累。（　　）

4. 中国第一条铁路是英国人于1876年在上海修建的淞沪铁路。（　　）

5. 运输业的产品是旅客和货物。（　　）

三、简答题

1. 简述运输业的作用、种类。

2. 简述世界铁路运输业的发展历史。

3. 新中国成立以后，典型铁路项目有哪些？

4. 铁路运输业有何特点？

5. 按照产权性质划分，目前我国铁路系统分为哪四类？

6. 铁路局集团公司一般设置哪些生产管理的业务部门和基层生产站段？

项目 2　认知铁路线路

项目描述

铁路线路是机车车辆和列车运行的基础。它承受着由机车车辆轮对传来的巨大荷载，并引导机车车辆轮对运行。为了确保列车按规定速度安全、平稳和不间断地运行，铁路线路各部分必须经常保持完好状态。

本项目主要学习铁路等级及主要的技术标准和线路的平面和纵断面的基本常识，铁路线路标志的种类；围绕铁路线路的整体工程结构，介绍铁路路基、桥隧建筑物相关知识；介绍轨道的组成与无缝线路的特点；介绍铁路限界与线间距的技术要求；介绍普通线路与高速铁路线路的工务工作。

知识目标

（1）了解铁路等级的划分标准；

（2）了解路基的组成；

（3）了解桥隧建筑物的类型和构造；

（4）掌握轨道的组成；

（5）了解无缝线路的含义和特点；

（6）了解铁路限界的分类和意义；

（7）熟悉工务作业的主要内容。

技能目标

（1）能够识读线路平面图与纵断面图；

（2）能够识读线路标志；

（3）能够识别路堤与路堑；

（4）能够识别轨道各部件的名称和用途；

（5）能够正确分析机车车辆限界和建筑限界；

（6）能够描述普通线路设备和高速铁路线路维修要求。

任务 2.1　初识铁路线路

任务描述

本任务主要学习铁路等级划分、铁路线路主要技术标准；介绍铁路线路平面和纵断面的基本常识；介绍铁路线路标志的种类及设置位置。

相关知识

铁路线路是机车车辆和列车运行的基础。它承受着由机车车辆轮对传来的巨大压力，并引导机车车辆轮对运行。铁路线路是一个整体的工程结构，包括路基、桥隧建筑物和轨道三大部分。

为了确保列车按规定速度安全、平稳和不间断地运行，铁路线路各部分必须经常保持完好状态，以保证铁路运输部门能够优质完成客货运输任务。

2.1.1　铁路线路等级

根据《铁路轨道设计规范》（TB 10082—2017/XG1—2023）中的等级划分，铁路线路分为高速铁路、城际铁路、客货共线铁路、重载铁路线路四类，并为每一级铁路规定了旅客列车最高设计速度和货物列车最高设计速度。

1. 高速铁路

高速铁路是指设计速度为 250～350 km/h、运行动车组列车的客运专线铁路；设计速度分为 250 km/h、300 km/h、350 km/h 三级。

2. 城际铁路

城际铁路是指专门服务于相邻城市间或城市群，设计速度 200 km/h 及以下，仅运行动车组列车的客运专线铁路；设计速度分为 200 km/h、160 km/h、120 km/h 三级。

3. 客货共线铁路

客货共线铁路是指客货列车共线运行，旅客列车设计速度 200 km/h 及以下、货物列车设计速度 120 km/h 及以下、轴重 25 t 及以下的铁路；按照其作用及通过总重不同，可分为Ⅰ级、Ⅱ级、Ⅲ级、Ⅳ级共四个等级。

具体条件见表 2－1－1 所示。

表 2－1－1　客货共线铁路等级

等级	铁路	远期年客货运量
	铁路在路网中的意义	
Ⅰ级	在路网中起骨干作用的铁路	≥20 Mt

续表

等级	铁路 铁路在路网中的意义	远期年客货运量
Ⅱ级	在路网中起联络、辅助作用的铁路	10～<20 Mt
Ⅲ级	为某一区域服务，具有地区运输性质的铁路	5～<10 Mt
Ⅳ级	为某一地区或企业服务的铁路	<5 Mt

注：年客货运量为重车方向的货运量与由客车对数折算的货运量之和；旅客列车 1 对/d 按年货运量 1.0 Mt 折算。

4. 重载铁路线路

重载铁路具有轴重大、牵引质量大、运能大、效率高、运输成本低的特点，其设计、维修、管理均与普通客货共线铁路有很大的不同，因此在《铁路轨道设计规范》（TB 10082—2017/XG—2023）中将重载铁路从客货共线铁路中单独列出。重载铁路是指满足列车牵引质量 8 000 t 及以上，轴重为 27 t 及以上，在至少 150 km 线路区段上年运量大于 4 000 万 t 三项条件中两项的铁路。

在铁路线路的各项技术标准中，线路等级居主导地位。线路等级不同，在线路的平、纵断面设计中所采用的技术标准和装备类型等也不一样。所以，在进行线路设计时，首先要确定线路的等级。

2.1.2　铁路线路主要技术标准

对于客货共线线路，铁路线路技术标准主要包括：旅客列车设计速度、正线数目、限制坡度、最小曲线半径、牵引种类、机车类型、牵引质量、到发线有效长、闭塞类型等。

重载铁路的铁路线路技术标准在客货共线线路基础上增加了设计轴重，将旅客列车设计速度替换为货物列车设计速度。

对于高速铁路和城际铁路，铁路线路技术标准则包括设计速度、正线数目、正线线间距、最小曲线半径、最大坡度、动车组编组辆数（城际铁路）、到发线有效长、列车运行控制方式、调度指挥方式、最小行车间隔等。

铁路线路技术标准是确定铁路运输能力的决定因素，也直接影响线路施工的进度与费用，所以在制定铁路线路技术标准时要做到技术先进、经济合理。

2.1.3　铁路线路平面和纵断面

铁路线路在空间的位置是用它的线路中心线表示的。线路中心线在水平面上的投影，叫作线路平面，反映了线路的曲直变化和走向。线路中心线（平面曲线展直后）在垂直面上的投影，叫作线路纵断面，反映了线路的起伏变化和高程。

从运营的观点来看，最理想的线路是既直又平的线路。但是由于地面存在山脉、河流、湖泊、沼泽、森林、矿区、城镇以及其他各种建筑物，铁路沿线的地形、地质、水文等自然条件千变万化，如果把铁路修得过于平直，就会造成工程数量、工程造价过大，且工期漫长。

从工程观点来看，铁路线路最好能够随地形条件而有适当的起伏和弯曲。这样，既可以减少工程数量，降低造价，又便于避开地形、地质和地物上的障碍，但这又会给运营造成很大的困难，甚至还会影响铁路行车的平稳与安全。

因此，在进行线路的平面和纵断面设计时，需要综合考虑工程造价和运营效果，要在满足运营的基本要求前提下，尽可能地减少工程量，降低造价，从而使铁路线路能够随地形条件有适当的起伏和曲直变化。

1. 线路平面及平面图

1）线路平面及组成

线路平面由直线、圆曲线及缓和曲线所组成。

如图 2－1－1 所示，某铁路线路要从 *A*、*B*、*C* 三点经过，方案一是走最短路径，可将 *A*、*B* 和 *B*、*C* 分别用直线相连。这样一来，在 *AB* 线路上要修建两座桥梁跨越河流，在 *BC* 线段上要开凿隧道穿越山岭；方案二是用折线 *ADB* 和 *BEC* 来代替 *AB* 和 *BC*，使其绕避障碍，在折线的转角处则用曲线连接。

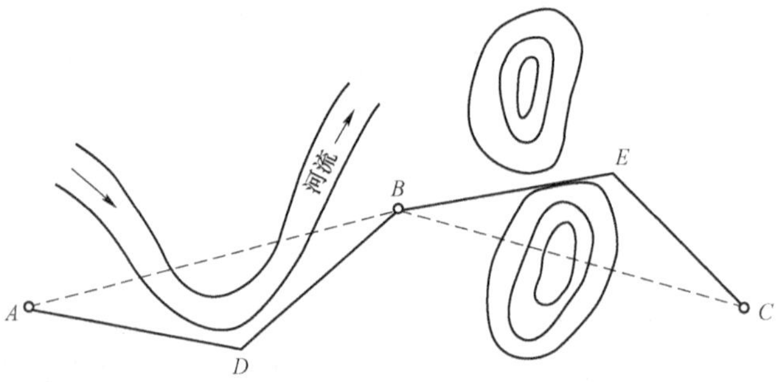

图 2－1－1　铁路线路绕避地形障碍示意图

曲线的设置可用来绕避地面障碍或地质不良地段，从而减少工程量，缩短工期，降低造价，获得较好的经济效果。

然而，曲线的存在也会给列车运行造成阻力增大和限制行车速度等不良影响。曲线半径越小，曲线阻力越大，运营条件越差，大半径曲线对列车运行的影响较小，且半径越大，越有利于行车；而小半径曲线则容易适应地形变化，改善工程条件，半径越小，越容易绕避障碍。因此，线路平面设计应因地制宜、由大到小地选用合适的曲线半径。为测设、施工和养护的方便，曲线半径一般应采取 50、100 m 的整倍数。我国铁路采用的曲线半径有 10 000、8 000、6 000、4 000、3 000、2 500、2 000、1 800、1 600、1 400、1 200、1 000、800、700、600、550、500、450、350 m。

列车在曲线上行驶时所受到的离心力与通过曲线速度的平方成正比，与曲线的半径成反比。

2）最小曲线半径

线路平面的最小曲线半径应根据路段设计速度、工程条件及运输性质和运输需求比选确定，《铁路技术管理规程》（普速铁路部分）规定，Ⅰ、Ⅱ级铁路区间线路最小曲线半径不得小于表 2－1－2 规定的数值。

表 2－1－2　Ⅰ、Ⅱ级铁路区间线路最小曲线半径

铁路等级	路段设计行车速度/（km/h）	最小曲线半径/m	
		一般	困难
Ⅰ级	200	3 500	2 800
	160	2 000	1 600
	120	1 200	800
Ⅱ级	120	1 200	800
	80	600	500

3）缓和曲线

在铁路线路（正线）上，直线和圆曲线往往不宜直接相连，它们之间应加设一段缓和曲线，如图 2－1－2 所示。缓和曲线的半径是从缓和曲线所衔接的直线一端起，由无穷大逐渐变化到另一端所衔接的圆曲线的半径 R。这样，就能保证列车平顺地从直线进入圆曲线（或由圆曲线进入直线），使离心力逐渐增加（或减小），从而避免轮轨间的突然冲击，改善行车条件，提高旅客的舒适度。缓和曲线的设置还可使曲线的轨距加宽和外轨超高得以过渡。

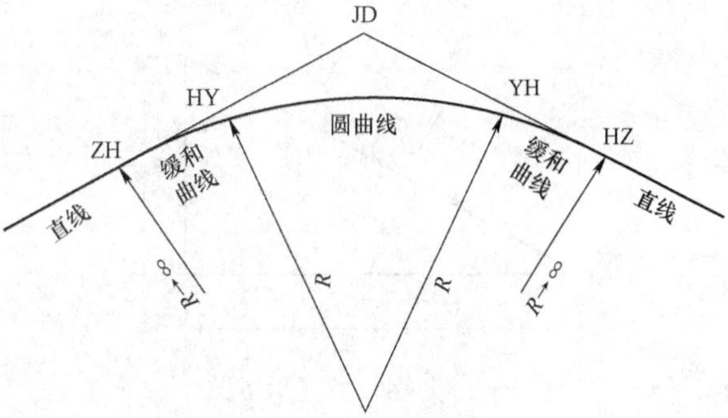

图 2－1－2　缓和曲线

4）线路平面图

用一定比例尺，把线路中心线及两侧的地形地貌投影到水平面上，就得到线路平面图，如图 2－1－3 所示。

线路平面图是铁路勘测设计的重要设计文件，表明了线路中心线的曲直变化和里程，沿线车站、桥隧建筑物等数量和位置，以及用等高线（地面上高度相等的各点连线）表示的沿线地形、地物等情况。

2. 线路纵断面及纵断面图

1）线路纵断面及组成

线路纵断面是由平道、坡道及设于变坡点处的竖曲线所组成。

（1）坡度值和坡段长度。

坡道用坡度值和坡段长度来表示。坡度值是指坡道线路中心线与水平线夹角的正切值，即坡道段的始点和终点的高度差与两点间的水平距离之比值，如图 2–1–4 所示。坡道的坡度有正、负之分，上坡为正（+），下坡为负（–），平道为零（0）。

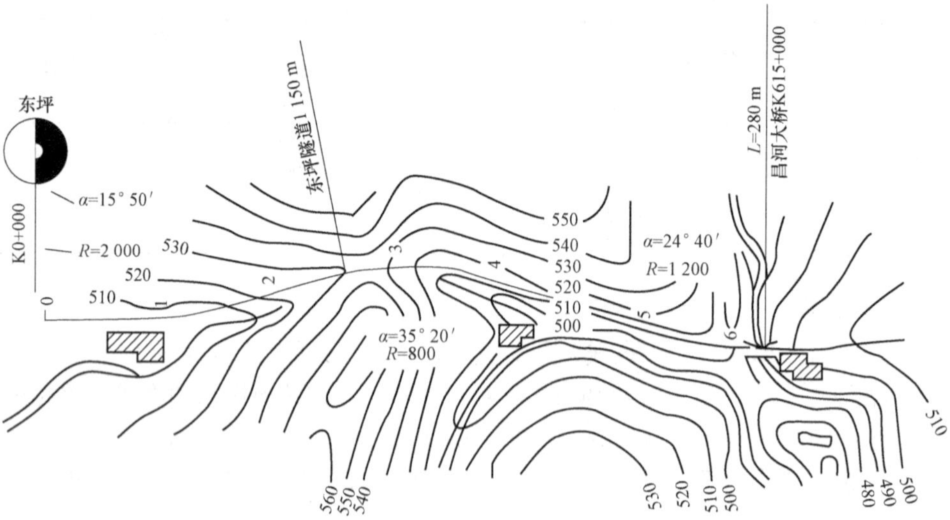

图 2–1–3　线路平面图

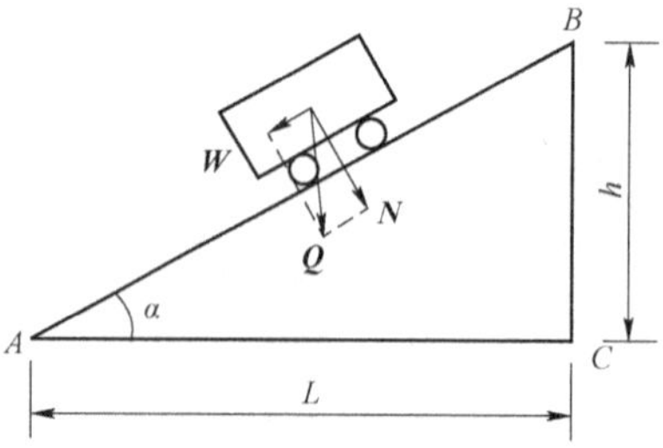

图 2–1–4　坡度示意图

铁路线路坡度的大小通常用千分率来表示：

$$i = \tan\alpha = \frac{h}{L} \times 1\,000\ ‰$$

式中：i——坡度值千分率，‰；

α——坡道段线路中心线与水平线的夹角，（°）；

h——坡道段始点与终点的高差，m；

L——坡段长度，即坡道段始点与终点的水平距离，m。

设 L 为 1 000 m，h 为 6 m，则 AB 坡道的坡度就为 6‰。

（2）线路限制坡度。

坡道给列车的运行造成了一定的不利影响，列车上坡运行时，除其他的运行阻力外，在坡道上又附加了一个沿坡道向下的重力的分力（$W=Q \cdot i$），即增加了一个坡道附加阻力。显然，坡道越陡，即坡度越大，附加的坡道阻力也越大。列车上坡时，如果坡道过陡，机车的牵引力不足，列车速度会越来越低甚至停车而影响正常的运行。列车下坡时，这个重力的分力有使列车不断加速的趋势，为保证列车速度不要太快，不超过规定速度以避免列车发生事故，在必要时必须进行制动，使列车降低速度运行。如果坡度过陡，列车刹车的制动力不足，就会造成刹不住车的现象。

因此从上坡、下坡列车运行角度出发，要求坡道的坡度不能过大。在一个区段上，决定一台某一类型机车所能牵引的货物列车质量（最大值）的坡度，叫作限制坡度。在我国铁路线上，普通货物列车质量达数千吨，重载列车总重万吨以上，而机车的牵引力是不可能无限大的，因此为保证在限制坡度上如此重的货物列车能正常行驶，不致使列车速度越来越低甚至停车，因而限制坡度都比较小。

限制坡度的大小，影响着一个区段甚至整条铁路线路的运输能力和铁路造价。限制坡度越小，列车重量越大，运输能力就越大，运营费用也越省，运营效果就越好；但是，若将限制坡度定得过小，就不易适应自然地面的起伏变化，也会使工程量加大，造价提高。因此，对于一条新建铁路或改建铁路来说，选择多大的限制坡度合适，就是一个十分重要的问题，往往需要经过周密考虑、综合研究才能确定。一般来说，一条线路（或一个区段）的限制坡度应根据铁路等级、地形类别、牵引种类和运输要求比选确定，并应考虑与邻接铁路的牵引定数相协调。我国《铁路技术管理规程》（普速铁路部分）规定的最大限制坡度的数值如表 2-1-3 所示。在个别线路的越岭地段，由于地形障碍显著而集中，若仍采用表 2-1-3 中所规定的限制坡度，实际上有困难或工程造价太高时，在经过技术经济比较后，允许线路采用大于限制坡度的加力牵引坡度。加力牵引坡度是指在大于限制坡度的坡道地段，为了统一区段的列车牵引重量标准，保证必要的线路通过能力而进行多机牵引的坡度。各级铁路的加力牵引坡度，内燃牵引的可增至 25‰，电力牵引的可增至 30‰。

表 2-1-3　区间线路限制坡度　　‰

线路等级		牵引种类	
		电力	内燃
Ⅰ	一般	6.0	6.0
	困难	15.0	12.0
Ⅱ	一般	6.0	6.0
	困难	20.0	15.0

（3）竖曲线。

竖曲线是纵断面上设置的圆曲线，其半径 R 对于Ⅰ、Ⅱ级线路均采用 10 000 m。

平道与坡道、坡道与坡道的交点，叫作变坡点。列车经过变坡点时，由于坡度的突然变化，车钩内产生附加应力，坡度变化越大，附加应力越大，越容易造成断钩事故。为了保证列车的运行平顺和安全，我国铁路规定，在Ⅰ、Ⅱ级线路上相邻坡段坡度代数差大于 3‰，Ⅲ级线路上相邻坡段坡度代数差大于 4‰时，应以竖曲线连接两个相邻坡道段。如图 2-1-5（a）所示，相邻坡段坡度代数差为 6‰，图 2-1-5（b）中相邻坡段坡度差为 5‰，故需设置竖曲线。

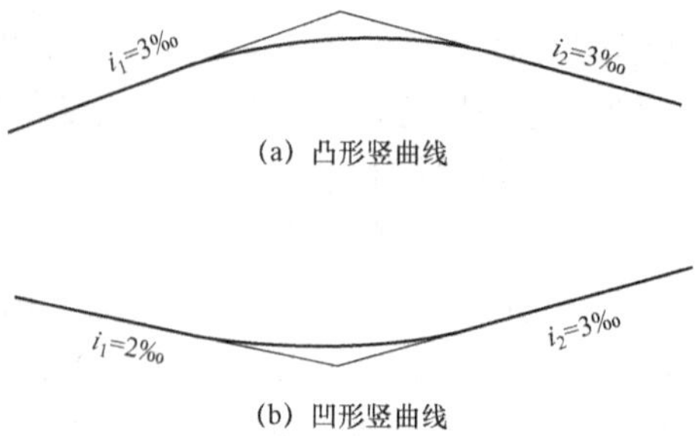

图 2-1-5　竖曲线示意图

2）线路纵断面图

用一定的比例尺，把线路中心线（展直后）投影到垂直面上，并标明平面、纵断面的各项有关资料，就成为纵断面图。

如图 2-1-6 所示，线路纵断面图的上部是图，主要表明了线路中心线（即路肩设计标高的连线）、地面线、车站、桥隧建筑物等有关资料及其他有关情况。

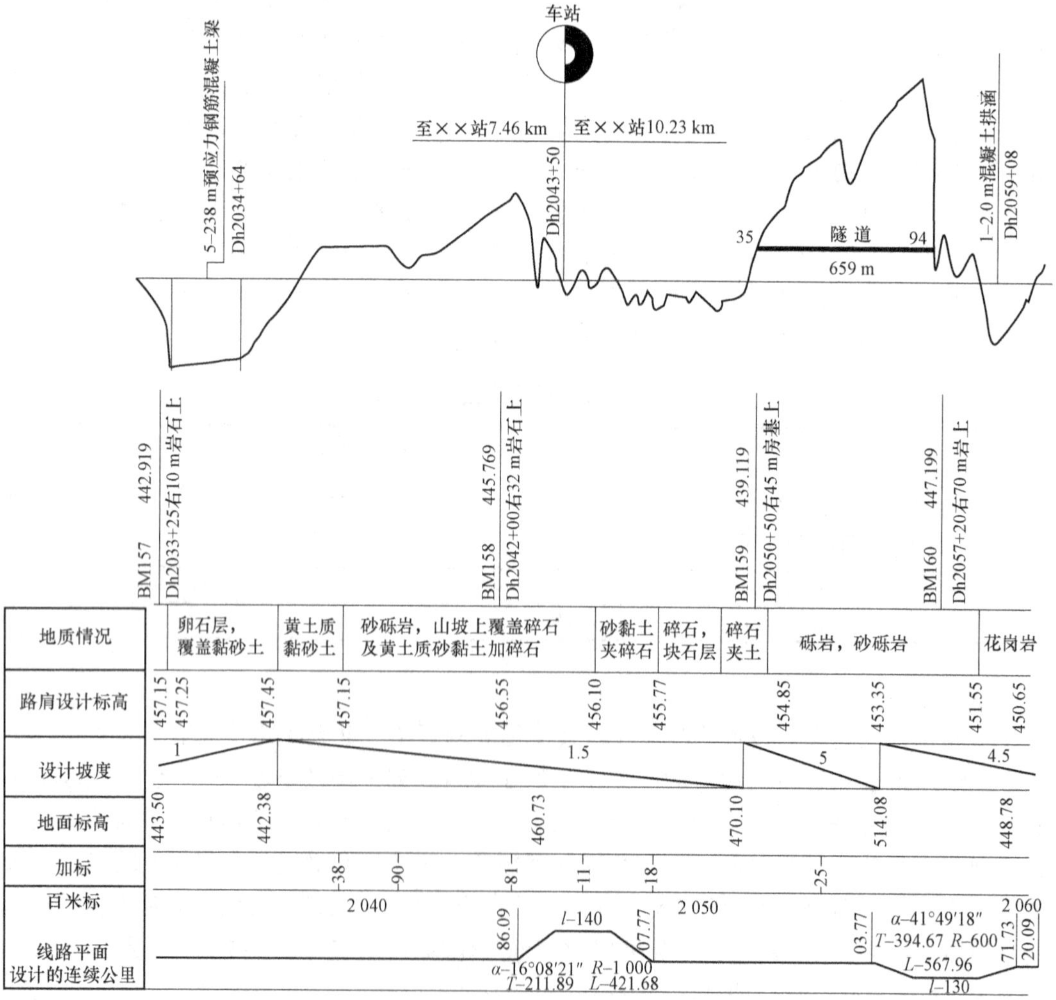

图 2-1-6　线路纵断面图

线路纵断面图的下部是表，主要有设计坡度、地面标高、路肩设计标高及线路平面的有关资料等。

铁路线路平面图和纵断面图是全面、正确反映线路主要技术条件的重要文件，也是指导线路施工工作和在线路交付运营后仍需使用的技术资料。

2.1.4　线路标志

为了列车行驶和线路的养护维修等工作的需要，在线路沿线设有各种线路标志。

1. 设置的位置

（1）线路标志应设在其内侧距线路中心不小于 3.1 m 处。

（2）线路标志，按计算公里方向设在线路左侧。双线区段须另设线路标志时，应设在列车运行方向左侧。

2. 与工务有关的线路标志

与工务有关的线路标志包括公里标、半公里标、曲线标、圆曲线与缓和曲线始终点标及坡度标等。

（1）公里标和半公里标均为里程标。公里标、半公里标，设在一条线路自起点计算每一整公里、半公里处，如图 2－1－7（a）所示。

（2）曲线标为曲线的技术参数标。在曲线标上标明了曲线长、缓和曲线长、曲线半径、（外轨）超高、（轨距）加宽等曲线技术参数，该标设于曲线中部，如图 2－1－7（b）所示。

（3）圆曲线与缓和曲线的始终点标。设于直线与缓和曲线、圆曲线与缓和曲线的连接处，表明缓和曲线的起点与终点，如图 2－1－7（c）所示。

（4）坡度标。设在线路坡度的变坡点处，两侧各标明其所向方向的上、下坡度值及其长度，如图 2－1－7（d）所示。

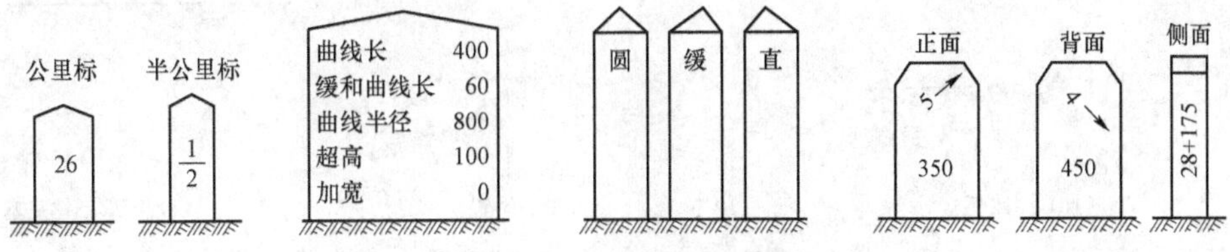

(a) 公里标、半公里标　(b) 曲线标　(c) 圆曲线和缓和曲线　(d) 坡度标

图 2－1－7　与工务有关的线路标志

任务 2.2　认识路基和桥隧建筑物

任务描述

本任务主要学习铁路路堤和路堑的基本形式；介绍铁路路基的组成结构；介绍桥梁、

涵洞、隧道的组成和分类。

相关知识

路基和桥隧建筑物是铁路线路的基础，它们直接承受轨道传递过来的荷载。因此，路基和桥隧建筑物的状态与线路质量的关系极为密切。在铁路线路的施工过程中，先修筑路基和桥隧建筑物，然后再铺设轨道。

2.2.1 路基

路基工程主要由路基本体、路基防护和加固建筑物、路基排水设备三部分组成。

1. 路基的组成

1）路基的两种基本断面

最常见的路基两种基本断面就是路堤和路堑。此外，还有半路堤、半路堑、半堤半堑或不填不挖路基，如图 2－2－1 所示。

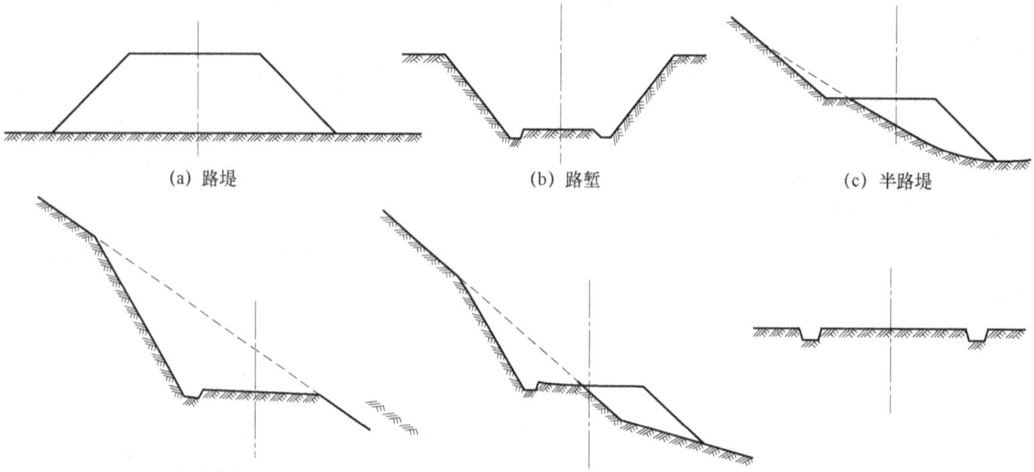

(a) 路堤　(b) 路堑　(c) 半路堤　(d) 半路堑　(e) 半堤半堑　(f) 不填不挖路基

图 2－2－1　路基横断面

（1）路堤：指铺设轨道的路基面高于自然地面，经填筑而形成的路基。路堤的组成包括路基面、边坡、护道、纵向排水沟或取土坑等，如图 2－2－2 所示。

（2）路堑：指铺设轨道的路基面低于自然地面，经开挖而形成的路基。路堑的组成包括路基面、边坡、侧沟、弃土堆和截水沟等，如图 2－2－3 所示。

2）组成说明

（1）路基面：路基顶部表面，包括道床覆盖部分和两侧的路肩。路基面的作用在于铺设轨道和在路肩上设置有关标志。

（2）边坡：路基两侧的斜坡。边坡的作用在于保持路基的稳定。边坡的坡度取决于边坡的土质情况。一般来说，边坡过陡易发生塌滑，过缓又会增加填挖工程量。

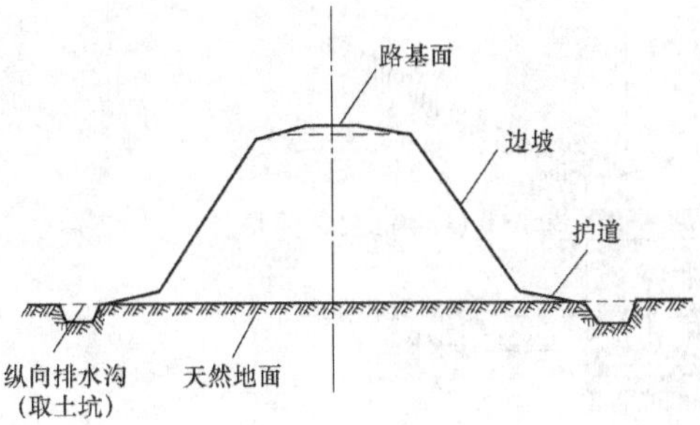

图 2－2－2　路堤

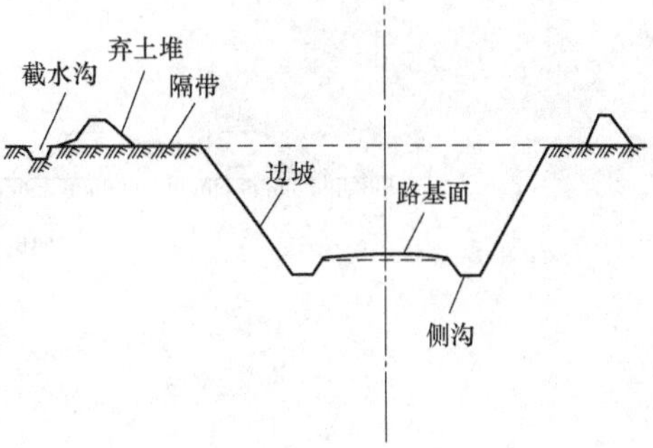

图 2－2－3　路堑

（3）纵向排水沟：位于路堤两侧，用于纵向排水，以避免水浸路基。

（4）取土坑：就地取土填筑路堤而形成的坑洼。取土后应按排水要求修整，作为纵向排水沟使用。

（5）护道：路堤坡脚与排水沟（取土坑）之间的斜坡。护道的作用在于防止排水沟中的水流直接冲刷路堤坡脚，稳固路基并为行人提供方便。

（6）侧沟：路堑中路基面两侧的排水沟。侧沟的作用在于排除路基面和边坡上的地面水，以保持路基面的干燥。

（7）弃土堆：由开挖路堑的土壤堆积而成。一般情况下弃土堆应置于迎水的一侧，以阻挡山水下流。

（8）截水沟：位于路堑的最外方，用以截引山坡上的地面水，以防止山水流入路堑而冲刷边坡造成水土流失。

2. 路基的排水和防护措施

1）路基的排水

为了保证路基的坚实和稳固，使路基经常处于干燥状态，路基上设有一套完整的排水设施，如纵向排水沟、侧沟、截水沟等都是为排泄地面水而设置的，如图 2－2－4 所示。

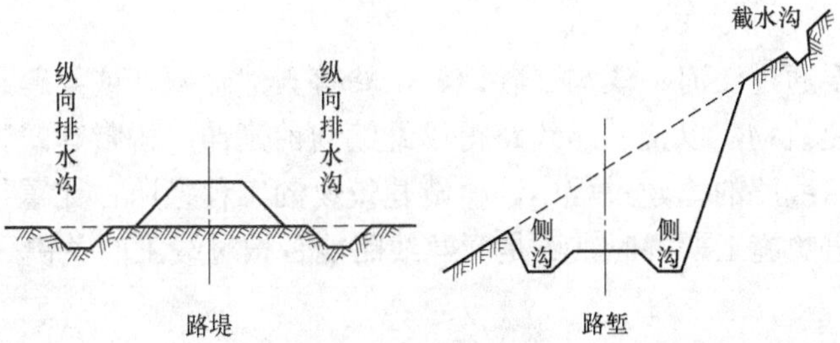

图 2－2－4　路基地面排水设备

除地面水外，地下水也是破坏路基良好状态的一个重要原因（尤其是在路堑地段）。为了拦截、排泄地下水，降低地下水位来保持路基的干燥，通常采用渗沟、渗管等地下排水设备，如图 2－2－5 所示。地下水渗入渗沟以后，可通过渗管纵向排出路堑。

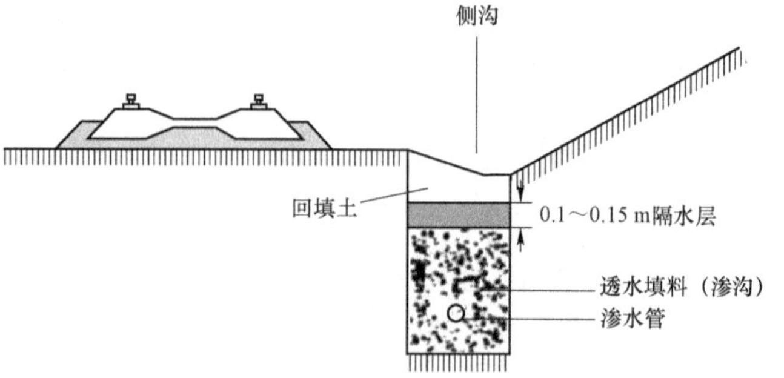

图 2－2－5　渗沟和渗管

2）路基的防护和加固

路基边坡是路基稳定的主要因素之一。边坡最易受到自然因素的作用而遭到破坏，从而直接影响路基的稳固。因此，要对边坡加以防护。边坡的防护或加固措施通常有种草、铺草皮、抹面、喷浆、设置砌石护坡和挡土墙等，如图 2－2－6 所示等。

图 2－2－6　挡土墙

2.2.2　桥隧建筑物

当铁路线路要通过江河、溪沟、谷地、山岭等天然障碍，或要跨越公路、铁路时，就需要修建桥隧建筑物，以使铁路线路得以继续向前延伸。桥隧建筑物包括桥梁、涵洞和隧道等。在铁路线路的修建过程中，桥隧建筑物的工程量所占比重往往都相当大，而且大桥和长大隧道的施工期限时常还是新建线路能否按时竣工的关键。

1. 桥梁

1）桥梁的组成

桥梁的组成包括桥面、桥跨结构、墩台及基础三大部分，如图 2－2－7 所示。桥面就是桥梁上铺设的轨道及人行道和护栏部分；桥跨结构就是桥梁承受荷载、跨越障碍的部分；墩台则是桥跨结构的支承体，即桥梁的支座部分，其中设于桥梁中部的称为桥墩，设于桥梁两端的称为桥台，桥墩与桥台的底部称为基础。

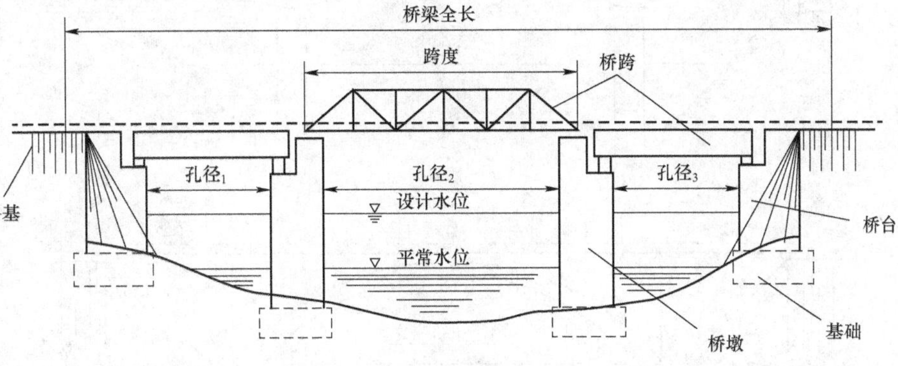

图2-2-7　桥梁的组成

两个相邻墩台之间的空间叫作桥孔；而墩台之间在设计水位处的距离叫作孔径；从桥跨结构底部到设计水位的高度以及两相邻墩台之间的限界空间叫作桥下净空。孔径和桥下净空的大小应满足泄洪、排水及通航等要求。每一桥跨两端支点间的距离叫作跨度；整个桥梁包括墩台在内的总长度，是桥梁的全长。

2）桥梁的分类

铁路桥梁的形式多样、种类很多，通常可按建造材料、桥梁长度、构造形式和跨越障碍等进行分类。

（1）按建造材料分为钢桥、钢筋混凝土桥和石桥等。

钢桥强度大、质量轻、跨越能力大，多用于跨度较大的桥梁；钢筋混凝土桥则经济实用、易养护，噪声小；石桥是以石料修筑的桥梁，多为拱形，且坚固耐久，养护工作量小，可就地取材，节省大量的钢材和水泥。

（2）按桥梁的长度（L）分为小桥（$L<20$ m）、中桥（20 m$\leqslant L<100$ m）、大桥（100 m$<L<500$ m）和特大桥（$L\geqslant 500$ m）。

（3）按跨越障碍分为跨河桥、谷架桥和立交桥等。跨河桥是桥梁的主要类型，作用在于跨越江河、湖泊等；谷架桥则是跨越山谷深洼或其他建筑物的桥梁，用以代替高路堤；立交桥就是跨越公路、铁路的桥梁，以避免相互干扰。

（4）按受力情况分为梁桥、拱桥和斜拉桥等，如图2-2-8所示。梁桥、拱桥结构简单、稳定性好，在桥梁建筑中占有相当重要的地位；斜拉桥由梁、斜拉索和高出桥面的塔柱组成，其最大的特点就是自重轻、跨度大、造型美。

2. 涵洞

涵洞一般置于路堤下部，横穿路堤，绝大多数涵洞洞顶有填土，所以在涵洞处路堤通常是连续的；而桥梁则通常使路堤断开，即路堤不连续。涵洞的单孔孔径一般在0.75～6.0 m之间。涵洞按其作用可分为泄洪涵、交通涵，也有泄洪和交通兼顾的涵洞。

涵洞的组成主要包括洞身、基础、端墙及翼墙等，如图2-2-9所示。

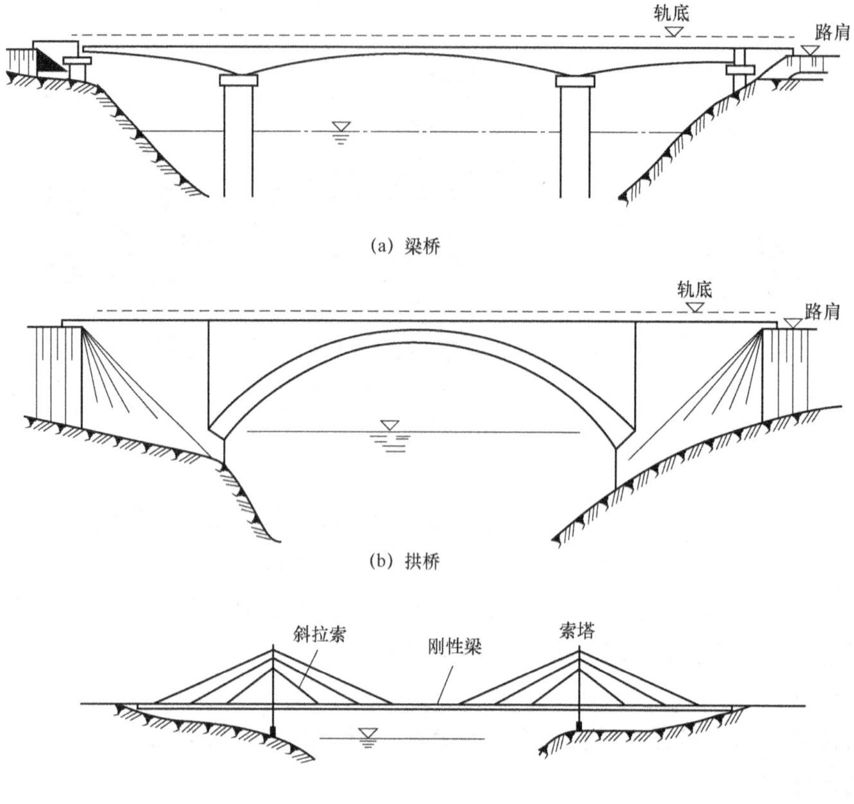

(a) 梁桥

(b) 拱桥

(c) 斜拉桥

图 2-2-8　不同外形的桥梁

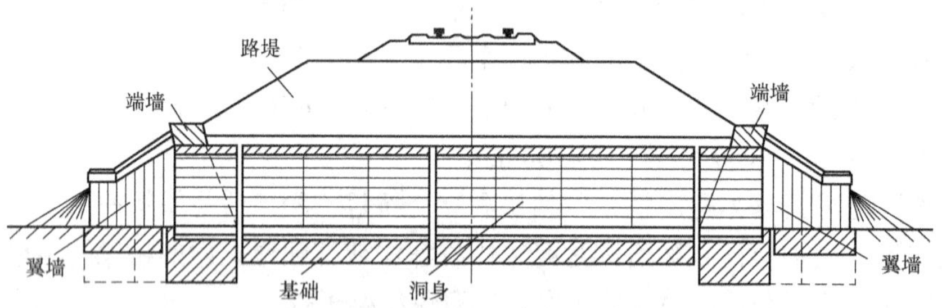

图 2-2-9　涵洞

洞身埋于路基之中，应具有一定的纵向坡度有利于排水；端墙及翼墙的作用则是保护路堤边坡，使其不受水流冲刷，并引导水流通过涵洞。

涵洞按其修建材料的不同有石涵、混凝土涵、钢筋混凝土涵等；按其截面的形状不同有箱涵、管涵和拱涵等。

3. 隧道

隧道是铁路线路越过山岭时，为避免开挖深路堑或修建很长的迂回线，而修建的穿越山岭的建筑物，如图 2-2-10 所示。此外，还有各种水底隧道及大中城市的地下铁道。

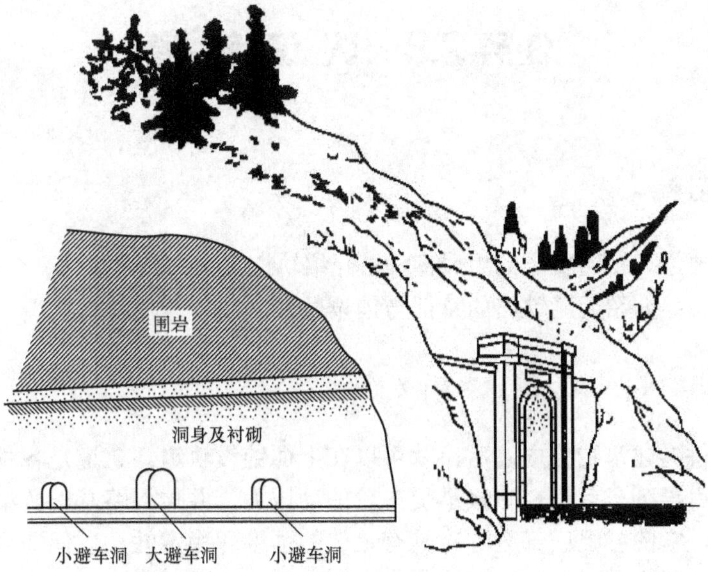

图 2-2-10　隧道

1）隧道的组成

隧道一般由洞身、衬砌、洞门、避人（车）洞等组成。长大隧道还有专门的通风和照明设备。

（1）洞身。

洞身是列车通过的通道。为保证行车安全，洞身必须按建筑限界标准修建。

（2）衬砌。

隧道内部一般都要用混凝土等材料进行衬砌。衬砌的作用是用来承受地层的压力，防止坑道周围地层的变形，防止岩石的风化和坍落，维护坑道轮廓不侵入建筑限界的范围，以确保行车安全。

（3）洞门。

隧道的两端应修筑洞门，其主要作用是用来保证洞口土体仰坡和边坡的稳定，并通过洞门位置的排水系统将仰坡流下的雨水引离隧道，以防止水流冲刷洞门。

（4）避人洞和避车洞。

为使工作人员、行人及运料小车避让列车，在隧道的两侧互相交错修建了避人洞和避车洞。它们是隧道的附属建筑物。

2）隧道的分类

（1）按长度可分特长隧道、长隧道、中长隧道和短隧道。

特长隧道：隧长 10 km 以上。

长隧道：隧长 3 000 m 以上至 10 000 m。

中长隧道：隧长 500 m 以上至 3 000 m。

短隧道：隧长 500 m 及以下。

（2）按洞内行车线路的多少可分为单线隧道、双线隧道及多线隧道。

任务 2.3 认 识 轨 道

任务描述

本任务主要学习铁路轨道的组成部件；介绍轨道铺设的技术要求；介绍道岔的组成、分类及编号方法；介绍无缝铁路的特征与铺设条件。

相关知识

在路基、桥隧建筑物修成之后，就可以在上面铺设轨道。轨道是各种列车行驶的基础，其作用是引导列车运行，直接承受车轮的动压力，并传到路基、桥梁和隧道等基础结构上。因此，它的各组成部分均应具有足够的强度和稳定性，以保证列车能够按照规定的速度安全、平稳和不间断地运行。

2.3.1 轨道的组成

轨道由钢轨、轨枕、联结零件、道床、防爬设备及道岔等主要部件组成，如图 2－3－1 所示。

1. 钢轨

钢轨的作用是引导车轮的运行方向，直接承受车轮的巨大作用力并将其传递给轨枕。另外，在电气化铁路或自动闭塞区段，钢轨还兼作轨道电路之用。因此，钢轨应具有足够的强度、韧性和耐磨性。

钢轨的断面形状采用具有最佳抗弯性能的工字形断面，由轨头、轨腰、轨底三部分组成，如图 2－3－2 所示。

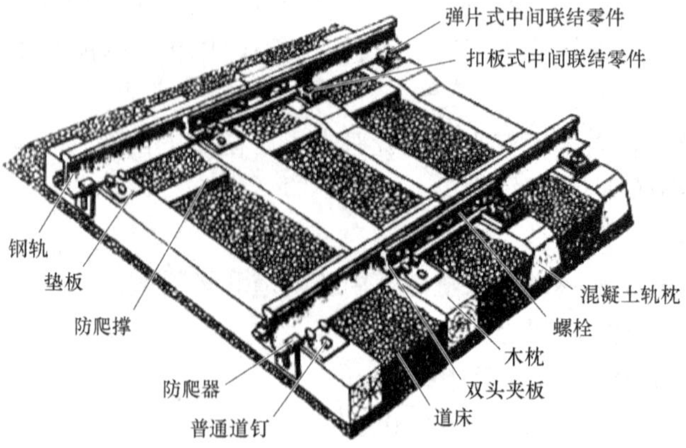

图 2－3－1 轨道的组成

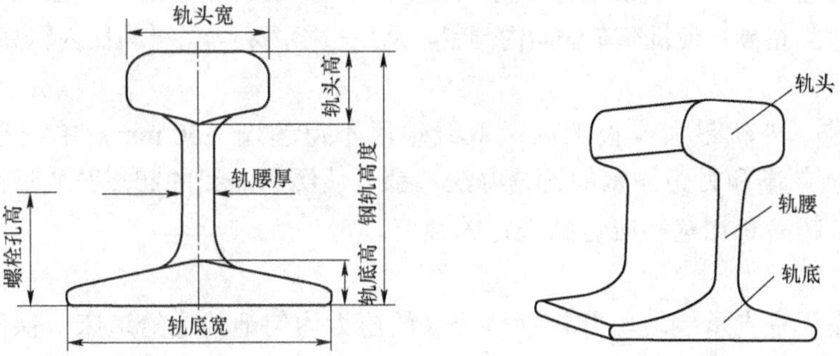

图 2－3－2　钢轨

在我国，钢轨的类型是用单位长度的质量（kg/m）来表示的。我国现行的标准钢轨类型有 75、60、50、43、38 kg/m。单位长度质量越大其强度就越高，对列车的高速运行和重载就越有利。目前我国钢轨的标准长度有 12.5、25、75、100 m 长定尺轨。

1）轨距

轨距是钢轨头部踏面下 16 mm 范围内两股钢轨工作边之间的最小距离。我国和大多数国家主要采用 1 435 mm 的标准轨距。与标准轨距相对应的还有宽轨距和窄轨距。

在机车车辆运行的长期作用下，轨距会有一定的误差。线路维修验收时，轨距相对于标准轨距的静态允许偏差见表 2－3－1。道岔轨距应符合道岔标准图的规定。

表 2－3－1　线路、道岔轨距静态允许偏差

线路允许速度/（km/h）	$v \leqslant 120$	$120 < v \leqslant 160$	$160 < v \leqslant 200$
线路允许偏差/mm	+6，－2	+4，－2	±2
道岔允许偏差/mm	+3，－2	+3，－2	±2

为保证机车车辆的走行部能顺利通过曲线，要对小半径曲线的轨距适当加宽。我国《铁路技术管理规程》（普速铁路部分）规定曲线轨距加宽见表 2－3－2。

表 2－3－2　曲线轨距加宽标准

曲线半径 R/m	轨距加宽值/mm
$R \geqslant 295$	0
$245 \leqslant R < 295$	5
$195 \leqslant R < 245$	10
$R < 195$	15

2）水平

直线地段两股钢轨的顶面原则上应保持同一水平，在正线和列车到发线上，两股钢轨的轨顶面高差不允许超过 4 mm。

3）外轨超高

机车车辆在曲线上运行时，由于离心力的作用使曲线外轨承受了较大的挤压力，不仅加速外轨的磨耗，而且使旅客感到不舒适，严重时还会导致翻车。因此，通常要将曲线上的外轨适当抬高，使机车车辆向内倾斜，从而平衡离心力。外轨比内轨高出的部分叫作超高。

我国规定，外轨最大实设超高：双线地段不得超过 150 mm，单线地段不得超过 125 mm。外轨超高和轨距加宽的设置办法，都是从缓和曲线的起点开始逐渐增加，到圆曲线起点时，超高和加宽都应达到规定的数值。

2. 轨枕

轨枕的作用是支承钢轨，并将钢轨传来的压力均匀地传递给道床，保持钢轨应有的位置和轨距。轨枕应具有必要的坚固性、弹性和耐久性，并且造价低廉、制作简单、铺设及养护方便。

轨枕按其制作材料的不同，主要有木枕和钢筋混凝土枕两种。木枕具有弹性好、易加工、重量轻、易铺设、易更换等优点。其缺点是木材消耗量大，使用寿命较短（经防腐处理后的木枕一般可用 15 年左右），特别是它的强度、弹性和耐久性不一致，在机车车辆作用下易出现轨道不平顺，所以木枕的使用越来越受到限制。木枕如图 2－3－3 所示。

图 2－3－3　木枕

钢筋混凝土轨枕使用寿命长，稳定性能好，可提高轨道的强度和稳定性，减少线路的养护工作量，其材料来源较广，还可大量节省木材，是我国铁路主要使用的轨枕类型。钢筋混凝土枕如图 2－3－4 所示。

图 2－3－4　钢筋混凝土枕

我国普通轨枕的长度为 2.5 m，道岔用的岔枕长度为 2.6～4.8 m，钢桥用的桥枕长度为 3.0～4.8 m 等多种规格。

单位长度线路铺设轨枕的数量，应根据轨道类型确定，一般铺设数量为 1 520～1 840 根/km。铺设轨枕数越多，轨道强度就越大。

3. 联结零件

联结零件包括接头联结零件和中间联结零件（也称钢轨扣件）两类。接头联结零件是用来联结钢轨与钢轨间接头的零件，包括夹板、螺栓、螺帽和弹性垫圈等。钢轨接头如图 2-3-5 所示。

图 2-3-5　钢轨接头

在钢轨的接头处要适当保留一定的缝隙，叫作轨缝。当气温发生变化时，轨缝可满足钢轨的伸缩。车轮通过接头时会产生撞击，从而增加行车阻力，也会使旅客感到不舒适，还会增加线路的维修工作。因而，钢轨的接头是轨道的薄弱环节。

中间联结零件的作用就是将钢轨紧扣在轨枕上，使钢轨与轨枕联为一体。中间联结零件因轨枕的不同，有木枕扣件和钢筋混凝土枕扣件两类。木枕用的扣件包括普通道钉和垫板。普通道钉用其钩头将钢轨固定于轨枕；垫板置于轨底与木枕之间，其目的在于增加木枕与轨底的接触面积，使木枕经久耐用。钢筋混凝土轨枕用的扣件有扣板式、弹条式两种基本类型。弹条式扣件因其弹性好、扣压力大，在主要干线上大量采用。弹条式扣件如图 2-3-6 所示。

图 2-3-6　弹条式扣件

4. 道床

道床是铺设在路基面上的石碴（道碴）层。其主要作用是支承轨枕，把从轨枕传来的压力均匀地传递给路基；固定轨枕的位置，阻止轨枕纵向和横向移动；缓和机车车辆轮对对钢轨的冲击；调整线路的平面和纵断面。道床的材料应当具有坚硬、不易风化、富有弹性，并有利于排水的特点。道床分为有砟道床和无砟道床两种类型，如图 2-3-7 所示。普速铁路大多采用有砟道床，常用的材料有碎石、粗砂等，粗砂在非渗水土路基道床中作垫层；无砟道床主要应用在高速铁路上。

图 2-3-7　有砟道床与无砟道床

道床的断面呈梯形，其顶面宽度、边坡坡度及道床厚度等尺寸均按轨道的类型而定。

5. 防爬设备

在列车运行所产生的纵向力的作用下，钢轨会产生纵向移动，有时还会带动轨枕一起移动，这种现象叫作轨道爬行。轨道爬行常出现在单线铁路的重车方向、长大下坡道及进站前的制动距离内。

轨道爬行往往引起轨缝不匀、轨枕歪斜等线路病害，对轨道的破坏性极大，严重时还会危及行车安全。因此，必须采取有效措施加以防止。通常的做法是，一方面加强钢轨与轨枕间的扣压力和道床阻力；另一方面就是设置防爬器与防爬撑。

常用的防爬器为穿销式防爬器，防爬器是由带挡板的轨卡和穿销组成，如图 2-3-8 所示。为了充分发挥防爬器的作用，在线路上使用时，在 3～5 根轨枕之间安装防爬支撑，形成一个整体，组成一组防爬设备，共同抵抗线路爬行力。

6. 道岔

道岔是一种使机车车辆能从一股道转入或越过另一股道的线路连接设备，大量铺设在车站内，以满足各种作业需要，最常见的是普通单开道岔。

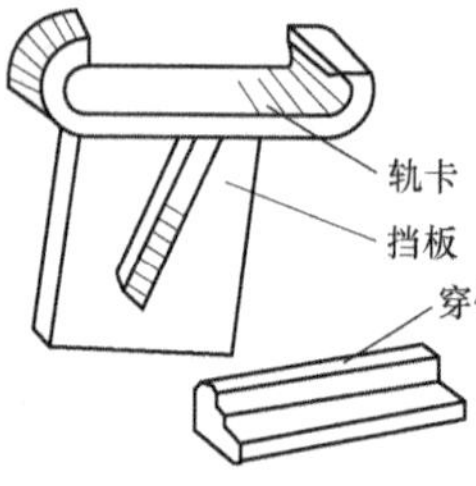

图 2-3-8　防爬器

1）道岔的分类

根据道岔的构造特点、用途和平面的形状，标准道岔主要有以下几种。

(1) 普通单开道岔。

这种道岔保持主线为直线，侧线在主线的左侧或右侧岔出（面对道岔尖端而言）。侧线向右侧岔出的，称为右向单开道岔，简称“右开道岔”，如图2－3－9所示。侧线向左侧岔出的，称为左向单开道岔，简称“左开道岔”，如图2－3－10所示。

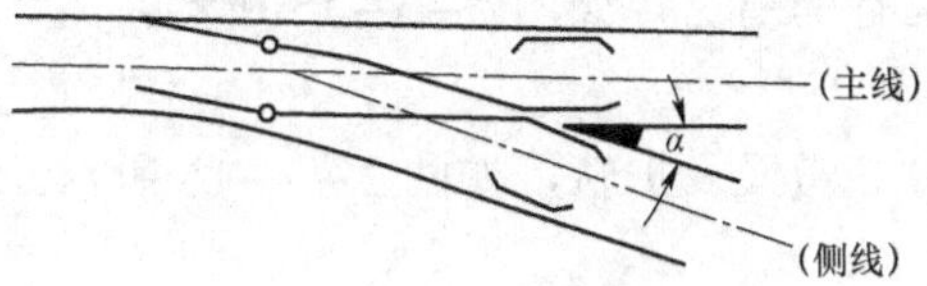

图2－3－9 右开道岔

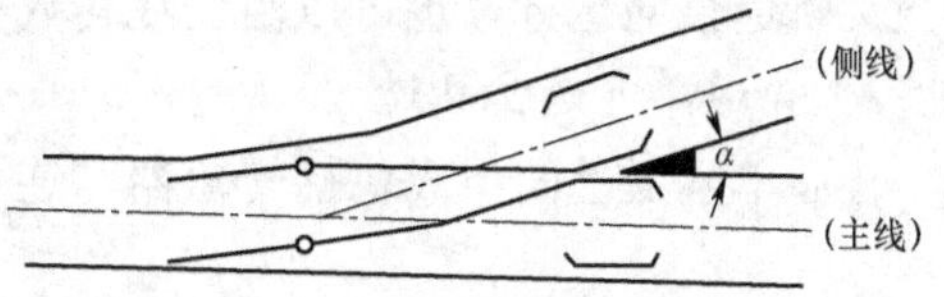

图2－3－10 左开道岔

在各种类型道岔中，普通单开道岔使用最广泛，大约占总数的90%以上。

（2）对称双开道岔。

对称双开道岔指自主线向左右两侧对称岔出两条线路的道岔，两辙叉角相等，如图2－3－11所示。

（3）菱形交叉。

菱形交叉指两条线路平面相交时引渡列车由一条线路跨越另一条线路的设备。机车车辆通过交叉设备时，只能沿原线路继续运行而不能转线，如图2－3－12所示。

图2－3－11 对称双开道岔

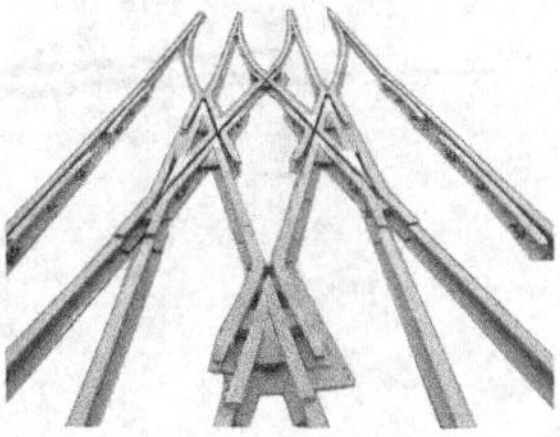

图2－3－12 菱形交叉

（4）对称三开道岔。

对称三开道岔指主线为直线，可以同时衔接三条线路，所以具有两套尖轨，分别用两组转辙机械操纵，如图2－3－13所示。

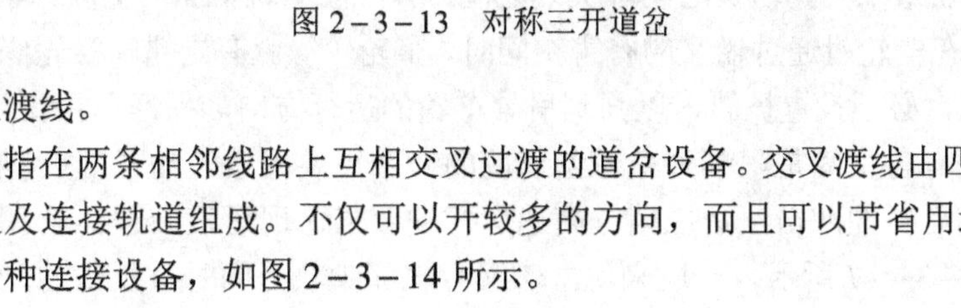

图2－3－13 对称三开道岔

（5）交叉渡线。

交叉渡线指在两条相邻线路上互相交叉过渡的道岔设备。交叉渡线由四组单开道岔、一组菱形交叉及连接轨道组成。不仅可以开较多的方向，而且可以节省用地，是车站内使用较多的一种连接设备，如图2－3－14所示。

（6）交分道岔。

交分道岔是在菱形交叉的基础上，增设两组转辙器和两条侧线，使机车车辆既可以顺交叉轨道直向运行，也可以沿曲线转入侧线运行的道岔，如图 2－3－15 所示。

2）普通单开道岔构造

普通单开道岔的组成包括转辙器、连接部分、辙叉及护轨，如图 2－3－16 所示。

图 2－3－14　交叉渡线

图 2－3－15　交分道岔

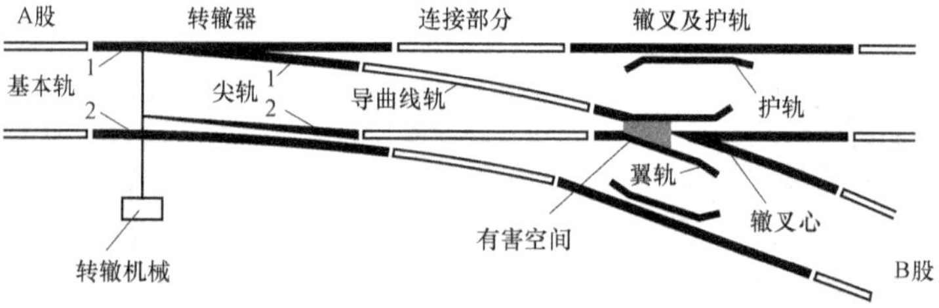

图 2－3－16　普通单开道岔构造

（1）转辙器。

转辙器由两根尖轨、两根基本轨及转辙机械组成。尖轨是转辙器的主要部件，通过连接杆与转辙机械相连；操纵转辙机械就可变换尖轨的位置，以确定道岔的开通方向。

（2）连接部分。

道岔的连接部分是用不同长度的钢轨，将前端转辙器与后端辙叉及护轨部分连接起来，以组成整组道岔。在单开道岔中，主线为直线，侧线为曲股（曲股称导曲线）。它包括两根直轨和两根导曲线轨。在导曲线上一般不设缓和曲线和超高，所以列车在侧向过岔时，速度要受到限制。

（3）辙叉及护轨。

辙叉及护轨包括辙叉心、翼轨及护轨。其作用是保证车轮安全通过两条钢轨的相互交叉处。从两翼轨最窄处到辙叉心实际尖端之间，有一段钢轨中断的空隙，叫作辙叉的有害空间。当机车车辆轮对通过辙叉的有害空间时，车轮轮缘就有走错辙叉轮缘槽而导致脱轨的可能。因此，必须设置护轨，以强制引导车轮的运行方向，保证车轮安全过岔。

道岔上的有害空间是限制列车过岔速度的一个重要因素。为了消灭有害空间，减轻车轮对翼轨和心轨的冲击，适应列车高速运行的要求，现已设计和铺设了活动心轨辙叉道岔，如图 2－3－17 所示。一般来说，辙叉心轨和尖轨是同时被扳动的，当尖轨开通某一方向时，可动心轨的辙叉心轨就与开通方向一致的翼轨密贴，与另一翼轨分开，从而消灭了有害空间，不仅避免了车轮对心轨和翼轨冲击，而且提高了列车直向过岔速度，被广泛用于高速行车的线路上。

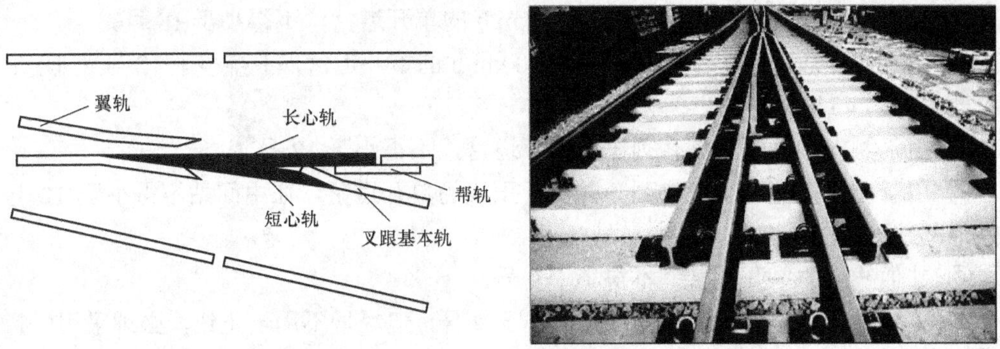

图 2-3-17　活动心轨辙叉道岔

3）道岔号数

道岔因其辙叉角的不同，有不同的道岔号（N），道岔号数表明了道岔各部分的主要尺寸。我们习惯用辙叉角（α）的余切值来表示道岔号，如图 2-3-18 所示。

$$N=\cot\alpha=\frac{FE}{AE}$$

图 2-3-18　道岔号数计算示意图

辙叉角 α 越小，N 值就越大，导曲线半径也相应越大，机车车辆侧线通过道岔时允许速度也就越高。所以，采用大号码道岔对列车运行是有利的。然而，道岔号越大，道岔全长就越长，铺设时占地就越多。因此，采用多大号的道岔来连接线路，应根据线路的用途来决定。目前，我国定型生产的普通单开道岔主要有 9、12、18、30 号等型号，它们所允许的侧向过岔最高速度分别为 30、45、80、140 km/h。

（1）道岔使用要求。

① 道岔应铺设在直线上，正线道岔不得与竖曲线重叠，其他道岔应尽量避免与竖曲线重叠。

② 正线道岔钢轨应与线路上的钢轨采用同一类型。其他道岔钢轨在不得已情况下采用与线路钢轨不同类型时，须保证道岔钢轨强度不低于线路钢轨强度，并在道岔前后各铺一节与道岔同轨型的钢轨。

③ 线路允许速度 120 km/h 及以下区段的正线道岔，采用固定型辙叉道岔；线路允许速度 120～160 km/h，或货车轴重 25 t 及以上区段的正线道岔，采用可动心轨道岔或固定型辙叉道岔；线路允许速度 160 km/h 以上区段的正线道岔，须采用可动心轨道岔。

④ 道岔应保持良好状态，道岔各零部件应齐全，作用良好，缺少零部件时应及时补充。道岔出现伤损或病害时，应及时修理或更换。

（2）道岔辙叉号数的选择。

① 用于侧向通过列车，速度超过 80 km/h 的单开道岔，不得小于 30 号。

② 用于侧向通过列车，速度超过 50 km/h 的单开道岔，不得小于 18 号。

③ 用于侧向通过列车，速度不超过 50 km/h 的单开道岔，不得小于 12 号（非 AT 弹性可弯尖轨为 45 km/h）。

④ 用于侧向接发停车旅客列车的单开道岔，不得小于 12 号。

⑤ 用于侧向接发停车货物列车并位于正线的单开道岔，在中间站不得小于 12 号，在其他车站不得小于 9 号。

⑥ 其他线路的单开道岔，不得小于 9 号。

⑦ 狭窄的站场采用交分道岔，不得小于 9 号，但尽量不用于正线，必须采用时，不得小于 12 号。

⑧ 峰下线路采用对称道岔，不得小于 6 号；采用三开道岔，不得小于 7 号。

⑨ 段管线采用对称道岔，不得小于 6 号。

2.3.2 无缝线路

1. 无缝线路的含义和分类

无缝线路也叫长钢轨线路，通常是在焊轨厂将标准轨焊接成 250～500 m 的轨条，再运到现场就地焊接成 1 000～2 000 m 后铺设。

与普通线路相比，无缝线路在其长钢轨段内消灭了轨缝，避免了车轮对钢轨接头的冲击，使得列车运行平稳，旅客舒适，延长了线路设备和机车车辆的使用寿命，减少了线路养护维修工作量，并能适应高速行车和重载的要求。

无缝线路按处理长钢轨内部因轨温变化而引起的温度应力方式的不同，分为温度应力式和放散温度应力式两种类型。温度应力式无缝线路结构简单，铺设和维修保养方便，因而得到世界各国的广泛采用。

2. 无缝线路的锁定轨温

在无缝线路上，用强力扣件和防爬设备将钢轨紧扣在轨枕上，称为锁定线路。锁定线路时的轨温称为锁定轨温。选择锁定轨温是一件十分重要的工作，锁定轨温偏高，冬季产生的温度拉力大，易造成钢轨折断；反之，锁定轨温偏低，夏季产生的温度压力大，易使线路胀轨跑道，给行车带来危害。根据多年来铺设无缝线路的经验，在实际铺设时，无缝线路的锁定轨温，一般以当地历年最高轨温与最低轨温的中间值，作为锁定轨温。

3. 无缝线路的组成

无缝线路一般由固定区、伸缩区和缓冲区三部分构成。长钢轨中部，钢轨的自由伸缩已全部被扣件阻力和道床阻力及防爬设备所约束，不能随轨温变化而伸缩，称为固定区；长钢轨两端，钢轨所受的扣件阻力及道床阻力是逐渐增大的，温度力是逐渐被克服的，因此，接头处钢轨会有部分伸缩，称为伸缩区；缓冲区是由 2～4 根或更多根标准钢轨组成的，目的是便于调整轨缝，放散应力和修理及更换绝缘接头和道岔。

无缝线路在 20 世纪 30 年代开始出现，50 年代以后逐步得到推广。我国自 1958 年开始铺设，经过几十年的建设和运营实践，现已全面推广应用。

任务 2.4　认识限界

任务描述

本任务主要学习铁路限界的含义；介绍机车车辆限界和建筑限界的基本常识；介绍铁路线间距的基本规定。

相关知识

为了确保机车车辆在铁路线路上运行的安全，防止机车车辆撞击邻近线路的建筑物和设备，而对机车车辆和接近线路的建筑物、设备所规定的不允许超越的轮廓尺寸线，称为限界。

铁路限界是一个与线路中心线垂直的横断面，其横向尺寸是指水平宽度，由线路中心线起算；其高度尺寸为垂直高度，自钢轨面起算，单位均为毫米。

铁路基本限界可分为机车车辆限界和建筑限界两种。

2.4.1　机车车辆限界

机车车辆限界是机车车辆横断面的最大容许尺寸的轮廓，它规定了机车车辆不同部位的宽度、高度的最大尺寸和底部零件至轨面的最小距离。机车车辆限界是和桥梁、隧道等限界起相互制约作用的，当机车车辆在满载状态下运行时，也不会因产生摇晃、偏移等现象而与桥梁、隧道及线路上其他设备相接触，以保证行车安全。

机车车辆无论空、重状态，均不得超出机车车辆限界。如图 2-4-1 所示为机车车辆上部限界图。

机车车辆的中心最大高度为 4 800 mm。因此，机车车辆顶部的任何装置，如加高烟囱或天窗的开度等均应在 4 800 mm 之内，以防机车车辆顶部与桥梁、隧道上部相撞。

客货共线铁路机车车辆在钢轨水平面上部 1 250～3 600 mm 范围内，其左右半宽为 1 700 mm。但为悬挂列车尾部的侧灯，在 2 600～3 100 mm 范围内允许两侧各加宽 100 mm。

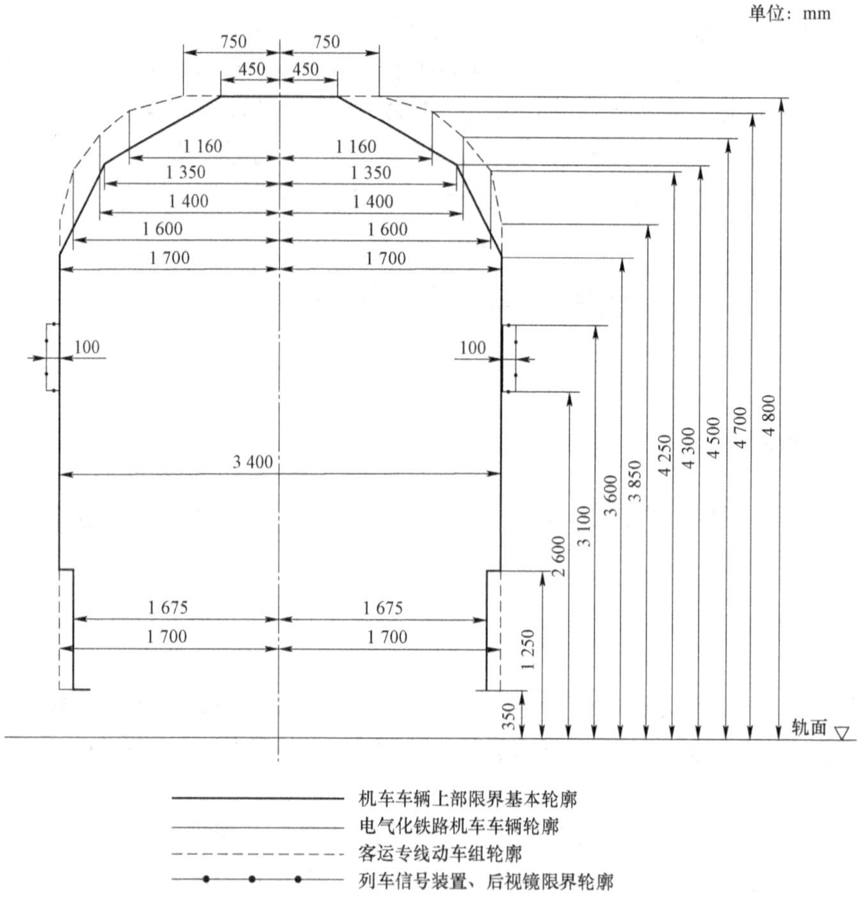

图 2－4－1　机车车辆上部限界图

2.4.2　建筑限界

建筑限界是一个和线路中心线垂直的横断面，它规定了保证机车车辆安全通行所必需的横断面的最小尺寸。

一切建（构）筑物、设备，均不得侵入铁路建筑限界。与机车车辆有直接互相作用的设备，在使用中不得超过规定的侵入范围。

建筑限界与机车车辆限界之间的空间为安全空间。留有安全空间的目的：一是组织“超限货物列车”运行；二是适应运行中的列车横向晃动偏移和竖向上下振动，防止与邻近的建筑物或设备发生碰撞，如图 2－4－2 所示。

如图 2－4－3 所示，为 $v \leq 160$ km/h 客货共线铁路基本建筑限界。

机车车辆限界在装载货物时作为货物的装载限界。随着经济的发展，经由铁路运输的长大货物不断增加，当货物装车后，货物任何部分的高度和宽度超过机车车辆限界时，称为超限货物。按货物超限的程度，分为一级超限、二级超限和超级超限三个级别。对于超限货物运输，应采取特殊的组织方法来进行。

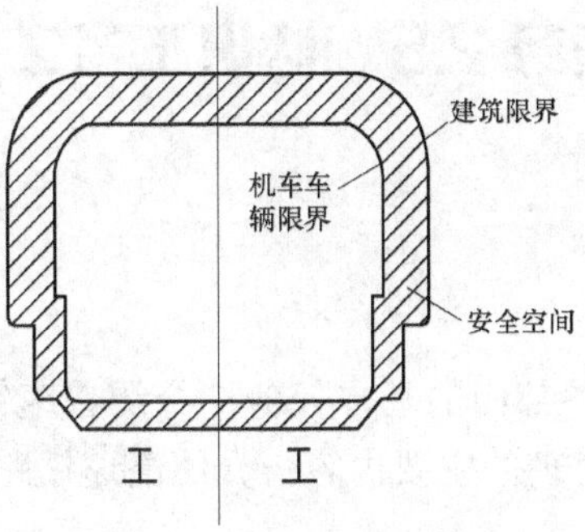

图 2－4－2　建筑限界和安全空间

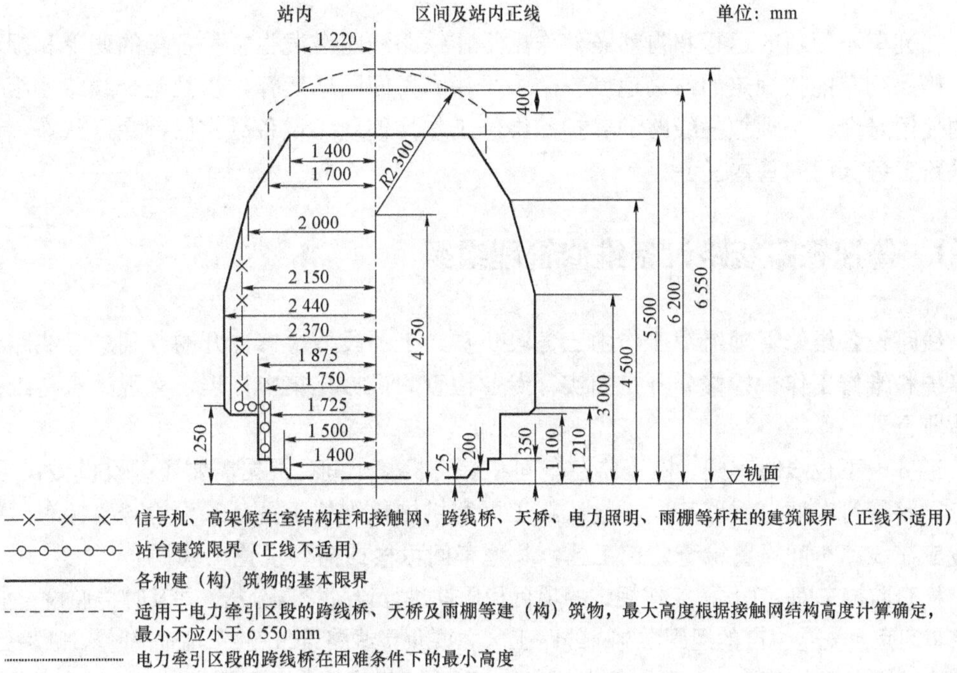

图 2－4－3　$v \leqslant 160$ km/h 客货共线铁路基本建筑限界

2.4.3　线间距

线间距为区间及站内两相邻线路中心线间的最小距离。

线间距是根据有关限界、行车组织的需要以及人身安全和作业安全的要求而确定的。直线地段的线间距要符合普速铁路线间距规定和高速铁路线间距规定。例如，普速铁路双线区间，两正线中心线间的最小距离为 4 000 mm；车站内相邻两股到发线中心线间最小距离规定为 5 000 mm；若两相邻股道均通行超限货物列车且线间设有高柱信号机时，则线间距为 5 300 mm 等。曲线地段的线间距，除依据规定的直线地段线间距数值外，还需考虑曲线的内侧加宽值和外侧加宽值，可通过计算求得。

任务 2.5　认识工务工作

任务描述

本任务主要学习铁路工务部门的基本任务；介绍普速铁路线路设备维修管理组织内容，介绍普速铁路线路设备修理的主要内容；介绍高速铁路线路维修工作的主要内容。

相关知识

在列车不间断的运行和自然条件作用下，铁路线路会发生各种各样的变形和损坏。为了确保列车能按规定的最高速度安全、平稳和不间断地运行，以及延长线路各组成部分的使用寿命，必须加强线路的养护和维修工作，使线路设备经常保持完好状态，这就是铁路工务部门的基本任务。

2.5.1　普速铁路线路设备维修管理组织

线路设备维修管理组织工作由工务段负责，工务段按检修分开的原则进行线路设备的养护和维修工作。检修分开是指实行专业检查和机械化集中修理，实现检查与维修的异体监督。

工务段下设线路车间、检查监控车间和综合机修车间，根据需要还可设机械化维修、道口、路基等车间。线路车间下设线路工区和机械化维修工区，未设检查监控车间的工务段应在线路车间设置检查监控工区，其他车间可根据需要设置工区。

检查监控车间（工区）应按规定的项目和周期进行设备检查分析，并及时传递检查信息；线路车间负责安全生产的组织实施；线路工区主要负责线路设备巡查、临时补修、故障处理；机械化维修车间（工区）主要负责综合维修、配合大机维修作业和经常保养；综合机修车间负责钢轨、道岔焊补，养路机械的维修保养，工具制作、修理及线路配件修理等工作。

工务段的管辖范围：正线延长单线以 500～700 km 为宜，双线以 800～1 000 km 为宜，特殊情况下由铁路局集团公司规定；山区铁路或管辖范围内有编组站或一等及以上车站时，管辖正线长度可适当减少。

线路车间的管辖范围：正线延长单线以 60～80 km 为宜，双线以 100～120 km 为宜。

线路工区的管辖范围：正线延长以 10～20 km 为宜。

2.5.2　普速铁路线路设备修理分类

线路设备修理分为线路设备大修和线路设备维修。

凡影响行车的线路施工、维修作业均应在天窗内进行，用于线路大、中修及大型养路机械作业的施工天窗不少于 180 min，维修天窗根据维修作业需要合理安排，并应做到综合利用，平行作业。

1. 线路设备大修

1）基本任务

线路设备大修的基本任务是根据运输需要及线路设备损耗规律，有计划、按周期地对线路设备进行更新和修理，恢复和提高线路设备强度，增强轨道承载能力。

2）大修原则

线路设备大修应贯彻“运营条件匹配，轨道结构等强，修理周期合理，线路质量均衡”的原则，坚持全面规划、适度超前、区段配套的方针，并应采用无缝线路。

线路设备大修应由大修设计和施工专业队伍承担，采用必要的施工机械和运输车辆，并安排与施工项目相适应的施工天窗。

2. 线路设备维修

1）基本任务

线路设备维修的基本任务是保持线路设备完整和质量均衡，使列车能以规定速度安全、平稳和不间断地运行，并尽量延长线路设备使用寿命。

2）维修原则

线路设备维修应贯彻“预防为主，防治结合，修养并重”的原则，按线路设备技术状态的变化规律和程度，相应地进行综合维修、经常保养和临时补修，有效地预防和整治线路病害，有计划地补偿线路设备损耗，以取得较好的技术经济效益。

线路设备维修应实行天窗修制度，并实行检修分开的管理体制。

3）线路设备维修分类

（1）综合维修

综合维修指根据线路变化规律和特点，以全面改善轨道弹性、调整轨道几何尺寸和更换、整修失效零部件为重点，以大型养路机械为主要作业手段，按周期、有计划地对线路进行的综合性维修，以恢复线路完好技术状态。

（2）经常保养

经常保养指根据线路变化情况，以养路机械为主要作业手段，对全线进行有计划、有重点的经常性养护，以保持线路质量处于均衡状态。

（3）临时补修

临时补修指以小型养路机械为主要作业手段，及时对线路几何尺寸超过临时补修容许偏差管理值及其他不良处所进行的临时性整修，以保证行车安全和平稳。

2.5.3　高速铁路线路维修工作

线路维修工作分为周期检修、经常保养和临时补修。

周期检修指根据线路及其各部件的变化规律和特点，对钢轨、道岔、扣件、道床、无缝线路及轨道几何形位等按相应周期进行的全面检查和修理，以恢复线路完好技术状态。铁路局集团公司可根据线路设备状态、线路条件、运输条件和自然条件等具体情况调整维修周期，并报国铁集团核备。

经常保养指根据动、静态检测结果及线路状态变化情况，有计划、有重点地对线路设备进行经常性养护或经常性修理，以保持线路质量经常处于均衡状态。

临时补修指对轨道几何尺寸超过临时补修容许偏差管理值或轨道设备伤损状态影响其正常使用的处所进行临时性修理，以保证行车安全和舒适。

项目实训

铁路线路认知实训

（1）识别路堤与路堑；

（2）识别路基的组成部分；

（3）识别轨道各个组成部分；

（4）测量钢轨的长度和轨距；

（5）识别普通单开道岔构造。

项目自测

一、填空题

1.（　　）是机车车辆和列车运行的基础。

2. 铁路线路是一个整体的工程结构，包括（　　）、（　　）和（　　）三大部分。

3. 路基的两种基本断面是（　　）和（　　）。

4. 轨道由钢轨、（　　）、（　　）、（　　）、（　　）及道岔等主要部件组成。

二、判断题

1. 铁路线路曲线半径越小，曲线阻力越小，运营条件越好。（　　）

2. 如果坡道过陡，机车的牵引力不足，会使列车速度越来越低从而影响正常的运行。（　　）

3. 我国直线轨距标准是 1 435 mm。（　　）

4. 为了消灭有害空间，适应列车高速运行的要求，设计和铺设了活动心轨辙叉道岔。（　　）

5. 线路设备维修管理组织工作由机务（机辆）段负责。（　　）

三、选择题

1. 我国客货共线铁路一共划分为（　　）个等级。

A. 一　　B. 二　　C. 三　　D. 四

2.（　　）的设置可用来绕避地面障碍或地质不良地段。

A. 直线　　B. 曲线　　C. 竖曲线　　D. 坡度

3. 建筑限界与机车车辆限界之间的空间为（　　）。

A. 避险空间　　B. 驾驶空间　　C. 有害空间　　D. 安全空间

4.（　　）为区间及站内两相邻线路中心线间的最小距离。

A. 线间距　　B. 轨间距　　C. 站间距　　D. 车间距

5. 线路设备修理分为线路设备大修和（　　）。

A. 中修　　B. 小修　　C. 临时维修　　D. 线路设备维修

四、简答题

1. 简述铁路线路平面图和纵断面图的含义和作用。
2. 简述路基的组成和基本断面形式。
3. 道岔根据其构造特点、用途和平面的形状分为几种类型？
4. 简述铁路限界的分类和作用。

项目 3　认知铁路车站与枢纽

项目描述

铁路车站是铁路办理客、货运输业务和列车技术作业的场所，也是铁路系统的一个基层生产单位，铁路枢纽在铁路网上处于相当重要的位置。

本项目主要学习铁路车站的定义、分类、线路种类、股道等基本概念，介绍中间站、区段站、编组站作业和主要设备，以及铁路枢纽设备和类型。

知识目标

（1）了解车站作用、分类，股道有效长等基本概念；

（2）理解区间、区段、车站线路种类与线间距的含义；

（3）掌握中间站、区段站、编组站的主要设备；

（4）了解铁路枢纽的设备和类型。

技能目标

（1）能熟练读懂股道和道岔的编号；

（2）熟知中间站、区段站、编组站主要作业。

任务 3.1　初 识 车 站

任务描述

本任务主要学习车站的作用、分类，区间、区段、车站线路种类、股道和道岔的编号及股道有效长等基本概念。

相关知识

车站既是铁路办理客、货运输的基地，又是铁路系统的一个基层生产单位。车站应设有配线，并办理列车接发、会让和客货运业务。为此，车站上设有客货运输设备及与列车有关的各项技术设备，还配备了客运、货运、行车、装卸等方面的工作人员。

3.1.1　车站的概念、作用和分类

1. 车站的概念

为满足对铁路运输需要，确保行车安全和必要的通过能力，须通过分界点将一条上千公里的铁路线划分成若干个区段和许多个区间及闭塞分区。如图 3－1－1 中的甲、乙、丙、A、B、C、D、E、F、G、H 车站都是分界点。

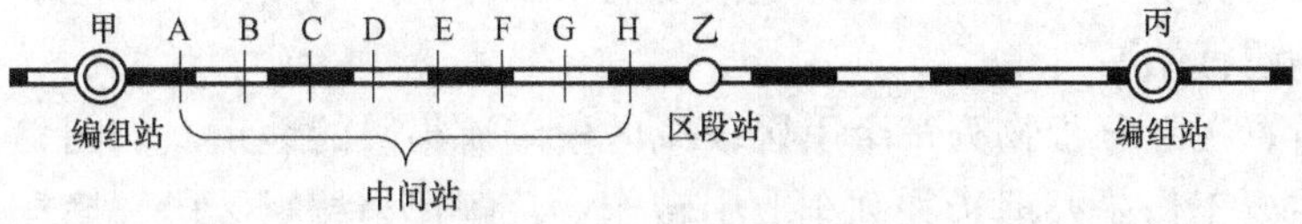

图 3－1－1　铁路线路示意图

被车站划分的铁路线路叫正线，除正线以外，车站还配有其他线路（到发线、牵出线等），所以把车站定义为在铁路线上设有配线的分界点。此外，还有无配线的分界点，包括线路所和通过信号机。

2. 车站的作用

车站作为铁路运输生产基地和对外服务窗口有着广泛的作用。

① 车站是铁路和外部（工农业和城市）联系的纽带。

② 车站是铁路运输业的基层生产单位。在车站上，除办理旅客与货物运输的各项作业外，还要办理与列车有关的各项作业。例如：列车的接发、会让、越行；列车的解体与编组；机车的换挂与车辆的检修等。

③ 车站在铁路运输生产过程中起着重要的作用。它是客货运输的始发、中转和终到作业的地点，是铁路与运输有关的行车、客运、货运、机务、车辆、工务、电务、供电等部门协调地进行生产活动的场所。

④ 车站在贯彻党的方针政策，执行铁路规章制度，充分利用设备能力，提高运输效率，降低运输成本，保证列车运行安全、正点，完成和超额完成铁路运输任务等方面，有着十分重要的作用。

3. 车站的分类

目前，我国铁路网上有大大小小、各式各样的车站几千个。这些车站因业务性质、所担负的任务量和技术作业的类型不同，而有不同的分类。

1）按业务性质分类

车站按业务性质分为客运站、货运站和客货运站。客运站是专门办理旅客运输业务的车站，通常设置在政治、经济、文化中心城市和旅游胜地等有大量旅客集散的地点。车站的主要任务是：组织旅客安全、迅速、准确、方便地上下车；办理行包、邮件的装卸搬运；组织旅客列车安全、正点到发和客车车底取送；为旅客提供舒适的服务条件。货运站是专门办理货物运输业务的车站，通常设置在大城市、矿场、林区、港口等有大量货物到发、装卸的地点。主要担当货物列车的始发、终到和有关调车作业、货车装卸、取送作业，以及与货运有关的业务。客货运站是既办理旅客运输业务又办理货物运输业务的车站。铁路网上绝大多数的车站都属于客货运站。

2）按技术作业分类

车站按技术作业分为中间站、区段站和编组站。编组站和区段站统称为技术站。

中间站设置在技术站之间的区段内，如图 3－1－1 所示中的 A、B、C、D、E、F、G、H 代表的车站均为中间站。它的主要工作是办理列车的接发、会让和通过作业，摘挂列车的调车和装卸作业。有些中间站还办理市郊列车的折返、补机摘挂、列车技术检查、列车的始发和终到等各项作业（只办理接发列车工作的中间站，单线区段称为会让站，双线区段称为越行站）。

区段站设置在划分货物列车牵引区段或区段车流集散的地点，如图 3－1－1 所示的乙站。它的主要工作是办理货物列车的中转作业，解体与编组区段、摘挂列车，更换货运机车和机车乘务人员，进行车辆技术检修和货运检查整理。

编组站设置在大量车流集散的地点，如图 3－1－1 所示的甲站和丙站。它的主要工作是担当大量货物列车的解编作业，编组直达、直通、区段、摘挂列车，更换货运机车和机车乘务人员，进行车辆技术检修和货运检查整理。

此外，车站还可以按其他一些特征加以区分。例如：位于铁路局集团公司管辖分界处的车站，称为分界站；位于海河港湾地区的车站，称为港湾站；位于工业企业专用铁道的接轨点或铁路枢纽内工业区附近的车站，称为工业站。

4. 车站等级

车站按其所担负客货运量和技术作业量的大小及其在政治、经济上和铁路网上所处的地位，划分为特等站和一、二、三、四、五等站。车站等级是确定车站规模、设置和配备定员的依据。

3.1.2 分界点、区间及区段

1. 区间和分界点

1）区间和分界点的概念

为了保证行车安全和必要的线路通过能力，铁路上每隔一定距离（约 10 km）需要设置一个车站（或线路所或通过色灯信号机），把每一条铁路线划分成若干个长度不同的段落，每一段落则称为区间。车站、线路所、通过色灯信号机就成为分界点。区间和分界点是组成铁路线路的两个基本环节。

2）分界点的分类

分界点可以分为有配线的分界点和无配线的分界点。车站除正线以外，还配有其他线路（到发线、牵出线等），所以把各种车站均称为有配线的分界点。此外，还有无配线的分界点，它包括非自动闭塞区段的两车站间设置的线路所和自动闭塞区段的两车站间划分为若干个闭塞分区处所设置的通过色灯信号机。

3）区间的分类

两相邻车站之间的区间称为站间区间（如图 3－1－2 所示），相邻两线路所间或线路所与车站之间的区间就叫作所间区间（如图 3－1－3 所示）。自动闭塞区间，同方向相邻两架通过色灯信号机机柱中心线之间或进站（出站）信号机机柱与通过色灯信号机机柱中心线之间的一段线路空间，称为闭塞分区（如图 3－1－4 所示）。

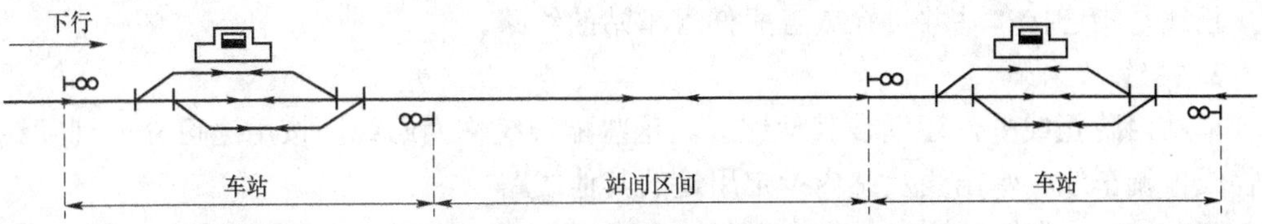

图 3－1－2　站间区间

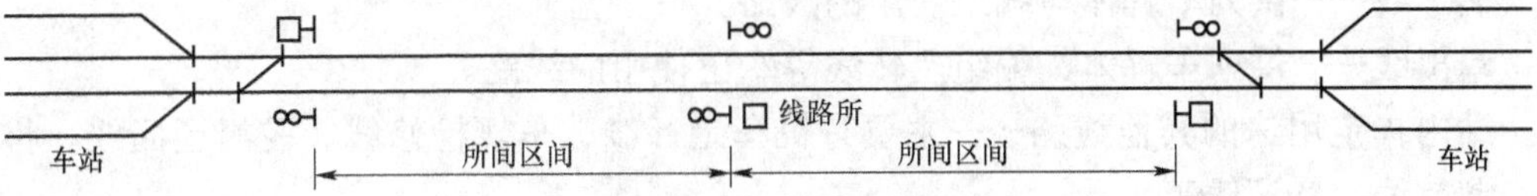

图 3－1－3　所间区间

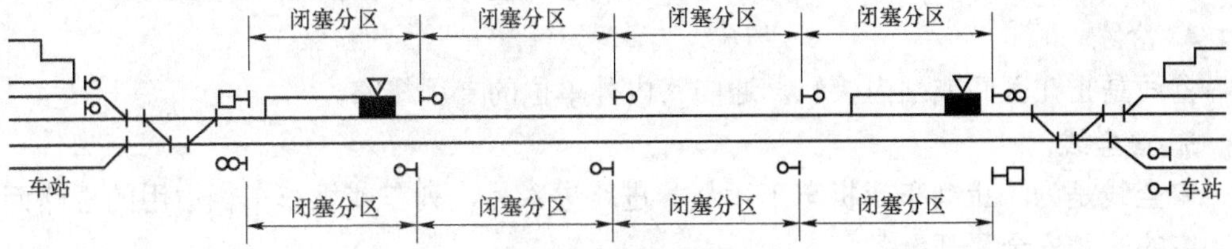

图 3－1－4　闭塞分区

2. 区段

区段通常是指两相邻技术站间的铁路线段。它包含了若干个区间和分界点，如图 3－1－1 中甲—乙区段和乙—丙区段。区段的长度一般取决于牵引动力的种类或路网状况。

3.1.3　车站线路种类

如图 3－1－5 所示，铁路线路分为正线、站线、段管线、岔线、安全线和避难线等。

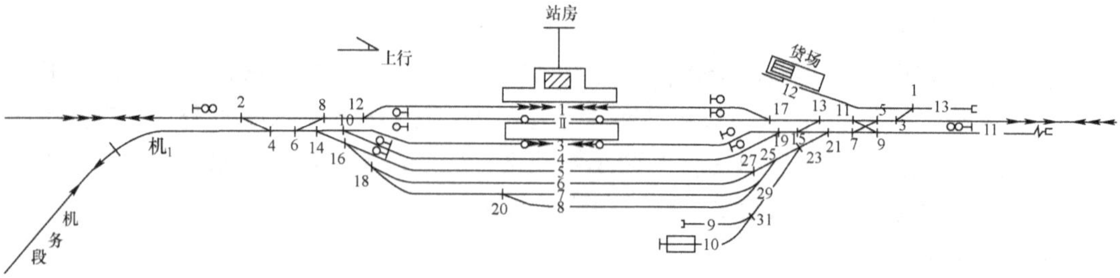

Ⅱ—正线；1，3，4—到发线；5，6，7，8—调车线；9，10—站修线；
11，13—牵出线；12—货物线；$机_1$—机车走行线

图 3-1-5　车站线路图

1. 正线

正线是指连接车站并贯穿或直股伸入车站的线路。

2. 站线

车站内除正线外，还铺设其他配线，这些配线统称为站线，按用途可分为到发线、货物线、调车线、牵出线及站内指定用途的其他线路。

到发线——供接发旅客或货物列车的线路。

货物线——供办理货物装卸车使用的线路。

调车线——供列车解体与编组使用的线路。

牵出线——供列车解体、编组及转线等牵出使用的线路。

站内指定用途的其他线路——主要有机车走行线、车辆检修线、驼峰迂回线、推送线、溜放线、禁溜线等。

3. 段管线

段管线是指机务、车辆、工务、电务、供电等段专用并由其管理的线路。

4. 岔线

岔线是指在区间或站内接轨，通向路内外单位的专用线路。

5. 安全线

安全线是为防止列车或机车车辆从一进路进入另一列车或机车车辆占用的进路而发生冲突的一种安全隔开设备。

6. 避难线

避难线是在长大下坡道上能使失控列车安全进入的线路。

3.1.4　站界、股道和道岔的编号及股道有效长

1. 站界及警冲标

1）站界

为了保证行车安全和分清工作责任，车站和它两端所衔接的区间应有明确的界限，通常称为“站界”。

如图 3－1－6（a）所示，在单线铁路，车站的范围是以两端进站信号机机柱中心线为界，外方是区间，内方属于车站。如图 3－1－6（b）所示在双线铁路上，站界是按上下行正线分别确定的。进站一端以进站信号机机柱中心线为界，出站一端则以站界标中心线为界。

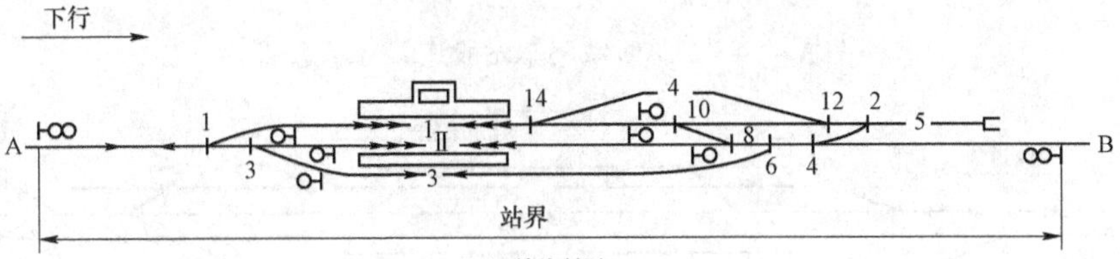

(a) 单线铁路

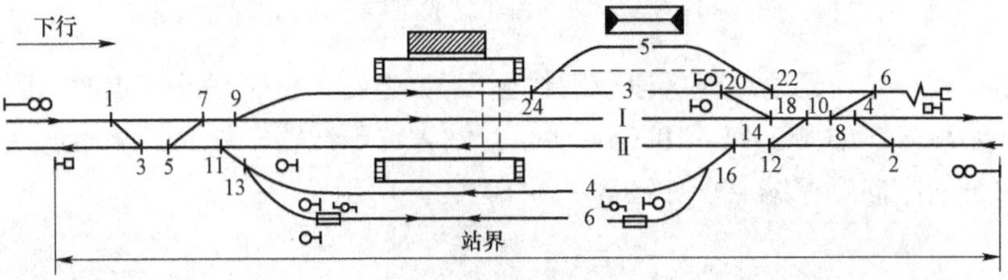

(b) 双线铁路

图 3－1－6　站界示意图

2）警冲标

如图 3－1－7 所示，警冲标是信号标志的一种，设在两会合线路线间距离为 4 m 的中间，用来指示机车车辆的停留位置，防止机车车辆的侧面冲撞。

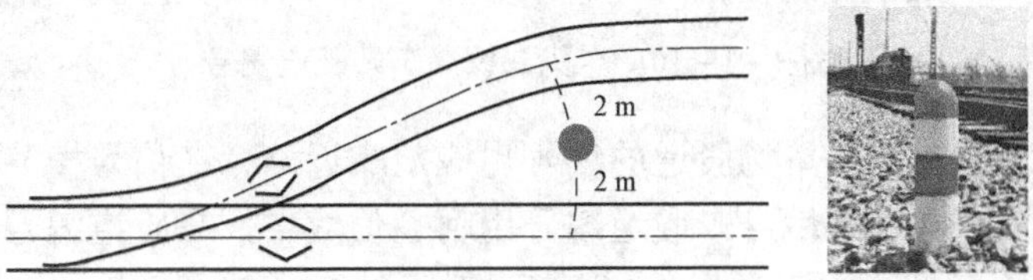

图 3－1－7　警冲标示意图

2. 股道和道岔编号

为便于车站生产指挥作业上的联系和对设备维修管理，应对站内股道和道岔进行统一编号。同一车站或车场内的股道和道岔不得有相同的编号。

1）股道编号方法

站内正线规定用罗马数字编号（Ⅰ，Ⅱ，Ⅲ，…），站线用阿拉伯数字编号（1，2，3，…）。

（1）单线区段内的车站：从靠近站舍的股道起向远离站舍的方向顺序编号（正线同时编号）。位于站舍左右或后方的股道，在站舍前的股道编完后，再顺序编号，如图 3－1－8 所示。

（2）双线区段内的车站：从正线起按列车运行方向，分别向外顺序编号。下行正线一侧用单数，上行正线一侧用双数，如图 3－1－9 所示。

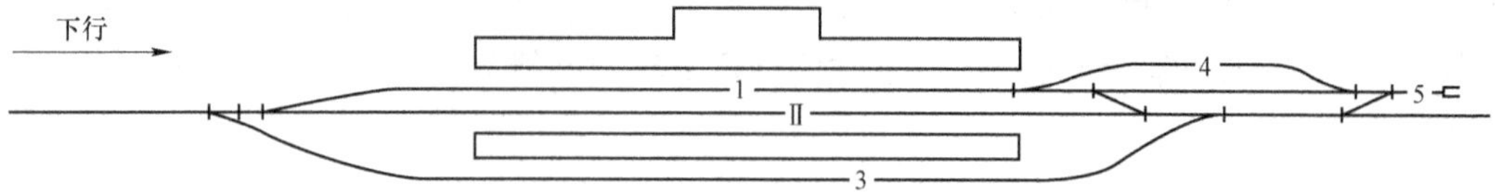

图 3－1－8　单线铁路车站股道编号示意图

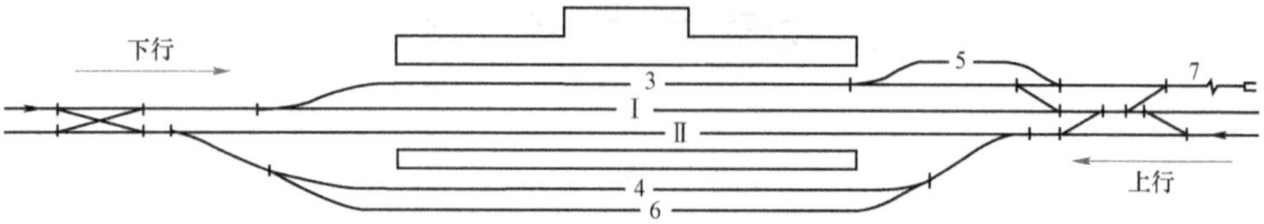

图 3－1－9　双线铁路车站股道编号示意图

（3）尽头式车站（无论单线区段或双线区段）：当站舍位于线路终点时，面向终点方向由左侧开始编号，如图 3－1－10（a）所示；站舍位于线路一侧时，从靠近站舍的线路起向远离站舍的方向顺序编号，如图 3－1－10（b）所示。

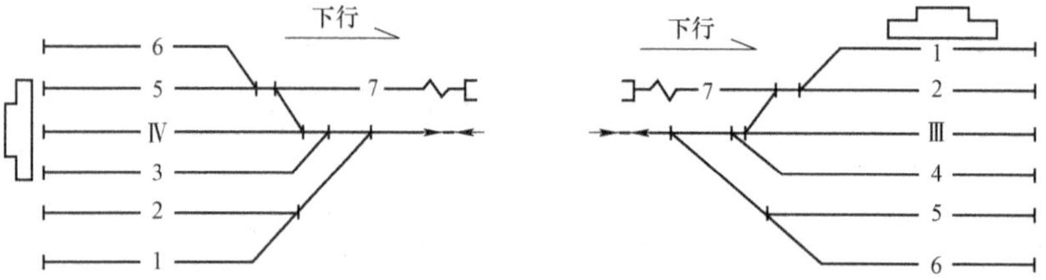

(a) 站舍位于线路终点时　　(b) 站舍位于线路一侧时

图 3－1－10　尽头式铁路车站股道编号

（4）划分车场的车站：车场股道的编号也应从靠近站舍（信号楼）的股道起，向远离站舍（信号楼）方向顺序编号。股道编号用阿拉伯数字，在股道编号前冠以罗马数字表示车场，如二场三股道，应写为Ⅱ3 股道。对无站舍（信号楼）的车场，应顺公里标方向从左向右编号。

2）道岔编号方法

① 用阿拉伯数字从车站两端由外向里依次编号，上行列车到达一端用双数，下行列车到达一端用单数，如车站一端有两个及其以上方向时，道岔按主要方向编号，如图 3－1－11 和图 3－1－12 所示。

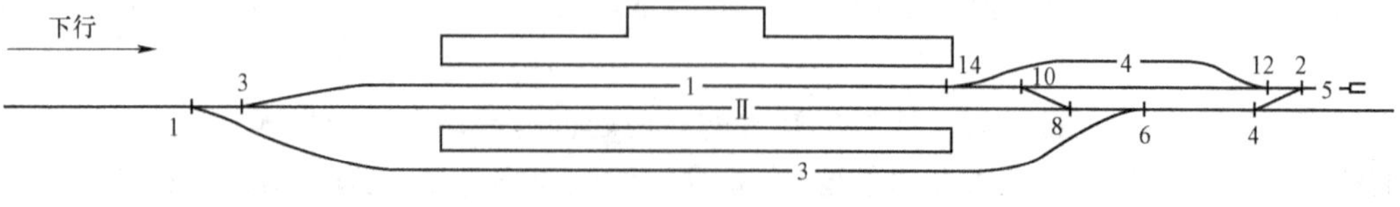

图 3－1－11　单线铁路道岔编号示意图

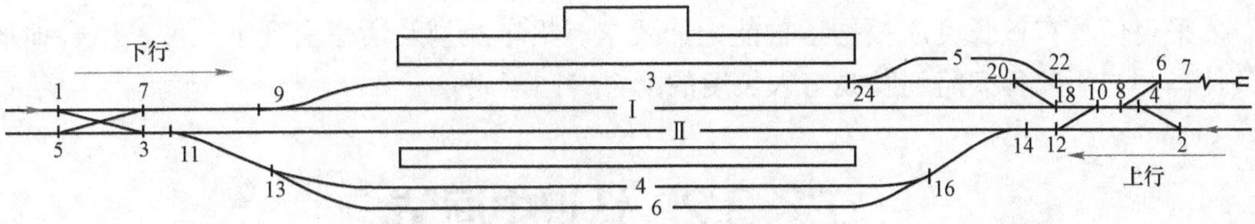

图 3－1－12　双线铁路道岔编号示意图

② 每一道岔均应编为单独的号码，对于渡线、交分道岔等处的联动道岔，则应编为连续的单数或双数。（如图 3－1－12 中的 1、3、5、7 号道岔）

③ 两端道岔区域划分的原则是：当行车室（信号楼）位于车站（场）中心附近时，以车站值班员室（信号楼）中心线为界。

④ 当车站有几个车场时，每一车场的道岔必须单独编号，此时道岔号码应使用三位数字，百位数字表示车场号码，个位和十位数字表示道岔号码，避免在同一车站内有相同的道岔号码，如 101～199 或 201～299。

⑤ 尽头式车站向线路终点方向顺序编号。

3. 股道全长和有效长

车站上的每一股道都有全长和有效长之分。股道全长是股道的实际长度，即股道一端的道岔基本轨接头至另一端的道岔基本轨接头的长度（如为尽头线则为至车挡的距离）。

股道有效长是指股道全长范围内可以停留机车车辆而不妨碍信号显示、道岔转换、邻线行车的部分，如图 3－1－13 所示。

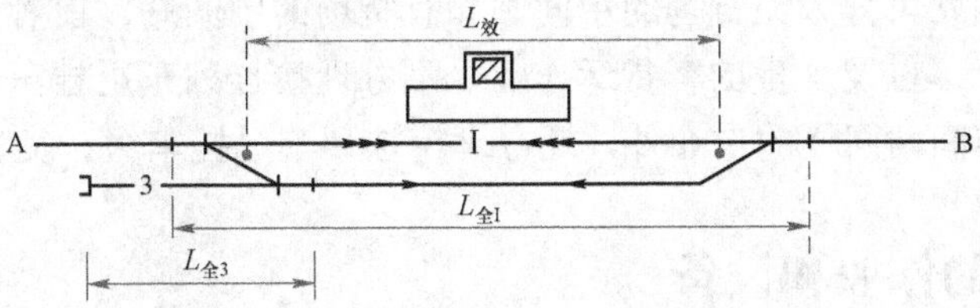

图 3－1－13　股道全长和有效长示意图

股道有效长度的起止范围由下列因素确定：

① 警冲标；

② 道岔的尖轨尖端（无轨道电路时）或道岔基本轨接头处的钢轨绝缘（有轨道电路时）；

③ 出站信号机（或调车信号机）；

④ 车挡（为尽头式线路时）；

⑤ 车辆减速器。

上述各项因素怎样确定股道有效长度，视股道的用途及连接形式而定。

货物列车到发线的有效长度，应根据规定的列车长度及列车停车时的附加距离（规定为 30 m）等因素确定。

我国铁路采用的货物列车到发线有效长度在Ⅰ、Ⅱ级铁路上为 1 250、1 050、850、750、650 m，Ⅲ级铁路上为 850、750、650 m 或 550 m。开行重载列车为主的铁路可采用大于 1 050 m 及以上的到发线有效长。

采用何种有效长度应根据运输能力的要求、机车类型及所牵引列车长度，结合地形条件，并与相邻各铁路到发线有效长度的配合等因素确定。

任务 3.2　认识中间站

任务描述

本任务主要学习中间站作业、设备和布置图、会让站和越行站的概念。

相关知识

在铁路区段内，为满足区间通过能力及客货业务需要而设有配线的分界点称为中间站。它的主要任务就是调整列车运行，提高铁路区段通过能力，保证行车安全，主要办理列车的到发、通过、会让和越行，以及客、货运业务。

中间站的规模虽然较小，但数量很多，遍布于铁路沿线中小城镇和农村，在发展地方工农业生产、沟通城乡物资交流中起着十分重要的作用。因此，中间站的设置位置，既要符合线路通过能力的要求，又要适当满足地方工农业生产发展的需要，并应考虑地形、地质等自然条件。

我国铁路中间站可分为无货场的中间站和有货场的中间站。前者一般只办理列车的通过、会让和越行，以及少量的客货运作业，不办理摘挂列车甩挂车组的作业；后者除办理与无货场的中间站同样的作业外，还办理摘挂列车甩挂车组、货物装卸的作业。

3.2.1　中间站的作业和设备

1. 中间站的作业

① 列车的到发、通过、会让、越行。

② 旅客的乘降和行李、包裹的承运、保管、装卸及交付。

③ 货物的承运、保管、装卸及交付。

④ 摘挂列车甩的车辆摘挂和到货场或专用线取送车辆的调车作业。

此外，有的中间站如有工业企业线接轨或加力牵引起终点及机车折返站时，还需要办理工业、企业线的取送车、补机的摘挂、待班和机车整备等作业。

2. 中间站的设备

为了完成上述作业，中间站应根据作业的性质和工作量大小而设置以下设备。

（1）客运设备：包括旅客站舍（售票房、候车室、行包房）、旅客站台、雨棚和跨越设备（天桥、地道、平过道）等。

（2）货运设备：包括货物仓库、货物站台和货运室、装卸机械等。

（3）站内线路：包括到发线、牵出线和货物线等，它们分别用于接发列车、进行调车和货物装卸作业。

（4）信号及通信设备。

此外，个别中间站根据作业需要还设有机车整备及列车检修等设备。

3.2.2　会让站和越行站

1. 会让站

会让站设置在单线铁路上，主要办理列车的到发和会让，也办理少量的客货运业务。因此，会让站应铺设到发线、旅客乘降设备，并设置信号及通信设备、技术办公用房。在会让站上，既可以会车，也可以越行。先到的列车在本站停车，等待反方向的列车到达本站。两辆列车互相交会，叫作会车；先到的列车在本站停车，等待后一辆同方向的列车通过本站或到达本站停车后先开，叫作越行。

2. 越行站

越行站设置在双线铁路上，主要办理同方向列车的越行，必要时办理反方向列车的转向，也办理少量的客货运业务。因此应设置到发线、旅客乘降设备、信号及通信设备、技术办公房屋等。

3.2.3　中间站布置图

中间站常见的布置图按到发线相互位置的不同，主要分为横列式和纵列式两种类型。

1. 横列式中间站布置图

横列式中间站布置的特点是到发线沿正线横向排列。这种布置图具有占地少、站坪长度短、工程投资省、设备集中、管理方便、到发线使用灵活等优点。因此，中间站广泛采用此种布置方式。图 3－2－1 所示是单线铁路中间站横列式布置图，图 3－2－2 所示是双线铁路中间站横列式布置图。

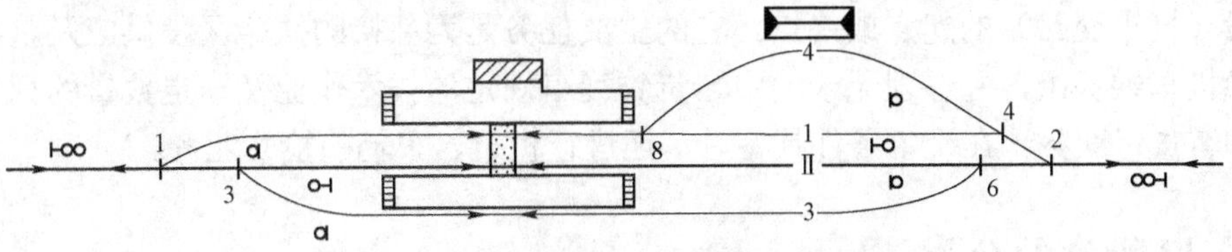

图 3－2－1　单线铁路中间站横列式布置图

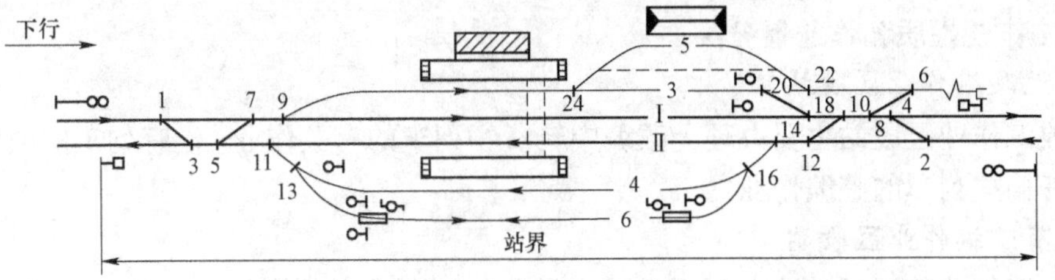

图 3－2－2　双线铁路中间站横列式布置图

2. 纵列式中间站布置图

纵列式中间站布置图的特点是到发线沿正线纵向排列，通常逆运转方向错移一辆货物列车到发线的有效长度。这种布置有利于组织列车不停车会车，提高区间通过能力；适应重载列车到发的需要；便于车站值班员与司机交接行车凭证。但这种布置站坪长度长、工程投资大，且增加了中间咽喉，车站定员多；车站值班员瞭望信号确认进路也不方便，车长与值班员联系工作走行距离长。因此这种布置利少弊多，故一般只在山区因地势陡窄或需组织不停车会让才采用。图 3－2－3 所示是单线铁路中间站纵列式布置图。

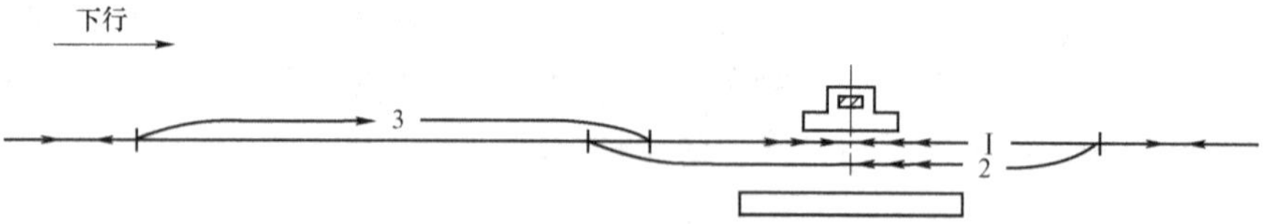

图 3－2－3　单线铁路中间站纵列式布置图

任务 3.3　认识区段站

任务描述

本任务主要学习区段站分类、作业、设备及区段站布置图。

相关知识

区段站是设于铁路网上相邻牵引区段分界处的车站，多设在中等城市和铁路网中牵引区段（机车交路）的起点或终点。它的主要任务是为邻接的铁路区段供应及整备机车或更换机车乘务组，并办理无改编中转货物列车规定的技术作业及一定数量的列车解编作业和客货运业务。在设备条件具备时，还进行机车、车辆的检修业务。

3.3.1　区段站的分类

1. 按作业性质和作业量分类

1）无改编作业区段站

无改编作业区段站主要办理无改编中转货物列车的有关作业，没有列车的改编任务，或只担任摘挂列车的整编作业。

2）有改编作业区段站

有改编作业的区段站除办理无改编中转货物列车的有关作业外，还担任区段、摘挂列车和少量直通、直达列车的解编作业。

2. 按到发场的相互位置分类

1）横列式区段站

横列式区段站是上、下行到发场平行布置在正线的一侧，调车场并列位于到发场外侧，且上、下行到发场及调车场均位于站房对侧。

2）纵列式区段站

纵列式区段站是上、下行到发场分设在正线的两侧，并逆运转方向错移，呈纵列布置，上、下行共用的调车场位于一个到发场的外侧。

3）客货纵列式区段站

客货纵列式区段站是货物列车到发线与旅客列车到发线纵列布置，且客运运转设备与站房横列设置。

3.3.2 区段站的作业与设备

1. 区段站的作业

根据区段站所担负的任务，一般主要办理下列作业。

（1）客运业务：与中间站所办理的客运业务基本相同，只是数量较大。

（2）货运业务：与中间站所办理的货运业务大致一样，但作业量往往较大。在某些区段站，还进行冷藏车的整备及牲畜车的供水作业。

（3）运转作业：包括与旅客列车和货物列车有关的运转作业。

① 与旅客列车有关的运转作业：主要办理旅客列车的接发及通过作业，有的车站还办理旅客列车的始发、终到作业及个别客车的摘挂作业。

② 与货物列车有关的运转作业：主要办理无改编中转货物列车的接发和有关技术作业；对区段和沿途摘挂列车，要进行解体和编组作业，同时还办理向货场、工业企业专用线的取送车作业等；有的区段站还办理部分改编货物列车的成组甩挂作业以及直达、直通货物列车的解编作业。

（4）机车业务：以更换货物列车机车和乘务组为主，同时还办理机车的整备及检修作业，有些车站还更换旅客列车机车和乘务组。在采用循环交路的区段站上，机车不需入段，可在站内到发线上或其附近进行整备作业。

（5）车辆业务：主要办理列车的技术检查和车辆的检修（摘车修和不摘车修）业务。

由上述可知，区段站所办理的作业，无论从数量上或种类上，都远较中间站繁杂。而在所办理的各类列车中，又以无改编中转货物列车所占比重为最大。

所有到达区段站的货物列车，按它在该站所进行的作业性质，可以分为两类：第一类是无改编中转列车，即到达本站不解体，只作技术检查和机车换挂等作业，然后继续运行的列车；第二类是改编列车（解体列车），即列车到达本站后要将其解体，车组进入调车场集结编组形成车列后由车站出发的列车。

解体是指在技术站上，将到达本站的货物列车（货物作业地点取回的车列）分解为单独的车辆或车组；编组是指在技术站上，将本站单独的车辆或车组按照一定规定编为一列列车。

2. 区段站的设备

为了保证上述作业的完成，在区段站上应设有下列各项设备。

（1）客运业务设备。这主要有旅客站房、旅客站台、雨棚及横越线路设备等。

（2）货运业务设备。这主要指货物站台、仓库、雨棚、货物堆放场、货物装卸线、存车线及装卸机械、办公房屋等。

（3）运转设备有以下两种。

① 供旅客列车使用的运转设备。这包括旅客列车到发线、客车车底停留线等。

② 供货物列车使用的运转设备。这包括货物列车到发线、调车线、牵出线（有时设简易驼峰）、机车走行线及机待线等。

（4）机务设备。这包括机务段和折返段。在机务段所在的区段站上，如采用循环运转制时，在到发场应设有机车整备设备，采用长交路轮乘制时可设置机车运用段或换乘点。

（5）车辆设备。这包括车辆段、列车检修所和站修所等。

除上述各项设备外，还有信号通信设备、给水、排水及电力供应设备和技术办公房屋等其他设备。

3.3.3 区段站布置图

由于地形、城市规划、运量及运输性质、正线数目等因素的影响，为合理布置区段站的各项设备而形成了多种多样的布置图。

按区段站中各车场相互位置的不同，区段站的布置图可分为横列式、纵列式和客货纵列式三种类型。

1. 主要设备的布置原则

① 旅客列车到发线应紧靠正线，使旅客列车到发有顺直的进路。所有客运设备应设于靠城镇的一侧，以利于客运业务的组织及旅客出入车站。

② 货物列车到发场也应紧靠正线，使列车到发有顺直及便捷的进路。

③ 调车场应尽量靠近到发场，使车列转线的行程较短，干扰较少。

④ 机务段（或机务折返段）的位置应尽可能靠近到发场，并且要有便捷的通路，以利机车及时出入段。

⑤ 货场的位置，一方面希望设于靠城镇一侧，便于货物搬运；另一方面又希望靠近调车场，以减少车辆取送时间及干扰。

⑥ 站修所（或车辆段）要靠近调车场，以缩短扣修车辆的取送行程。

2. 区段站布置图

1）横列式区段站布置图

这种区段站是上、下行到发场平行布置在正线一侧，调车场并列于到发场的外侧，如图 3－3－1 所示。

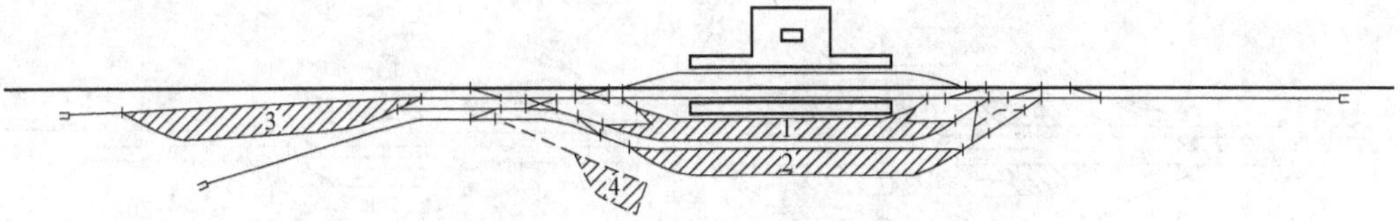

1—到发场；2—调车场；3—机务段；4—货场

图 3－3－1　横列式区段站布置图

这种布置图的主要优点是布置紧凑、站坪长度短、占地面积小、设备集中、管理方便、作业灵活性大、对地形适应性强并便于进一步发展。其缺点是一个方向的列车机车出入段走行距离长，对于站房同侧的货场取送车作业与正线有交叉干扰。

2）纵列式区段站布置图

这种区段站是上、下行到发场分设在正线两侧，并逆运转方向全部错移，在其中一个到发场的一侧设一个双方向共用的调车场，如图 3－3－2 所示。

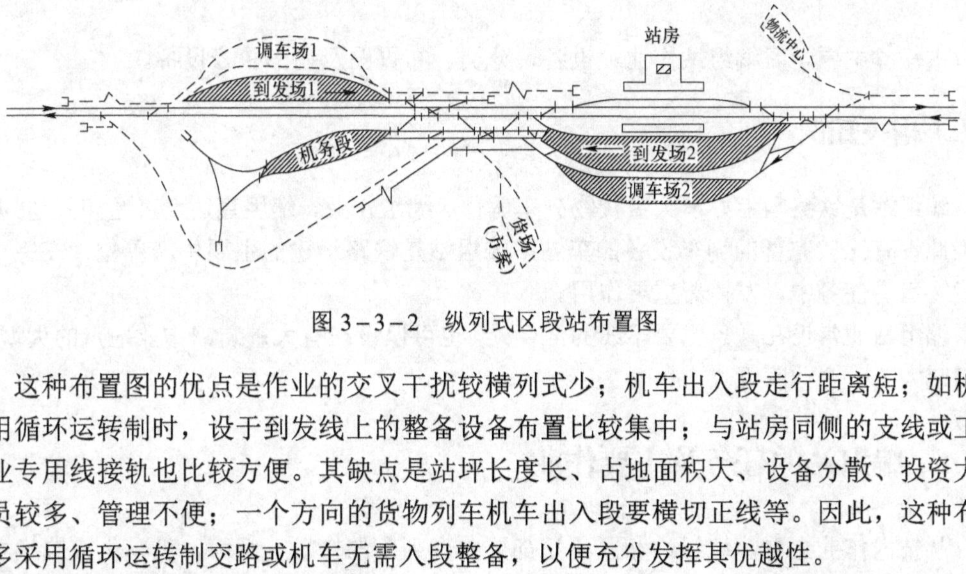

图 3－3－2　纵列式区段站布置图

这种布置图的优点是作业的交叉干扰较横列式少；机车出入段走行距离短；如机车采用循环运转制时，设于到发线上的整备设备布置比较集中；与站房同侧的支线或工业企业专用线接轨也比较方便。其缺点是站坪长度长、占地面积大、设备分散、投资大、定员较多、管理不便；一个方向的货物列车机车出入段要横切正线等。因此，这种布置图多采用循环运转制交路或机车无需入段整备，以便充分发挥其优越性。

3）客货纵列式区段站布置图

这种区段站是客运运转设备（主要指旅客列车到发场）与货运运转设备（主要指货物列车到发场）纵向配列，如图 3－3－3 所示。

客货纵列式区段站布置图往往是在改建时逐步发展形成的。由于客货两场分设并专用，客货作业相互干扰少，客货运转设备分别集中，管理方便。此外，货场、调车场布置在城镇一侧，有利于货场取送车、工业企业专用线的接轨。但机务段的位置往往不容易与客、货运车场很好配合，带来一定的交叉干扰影响。

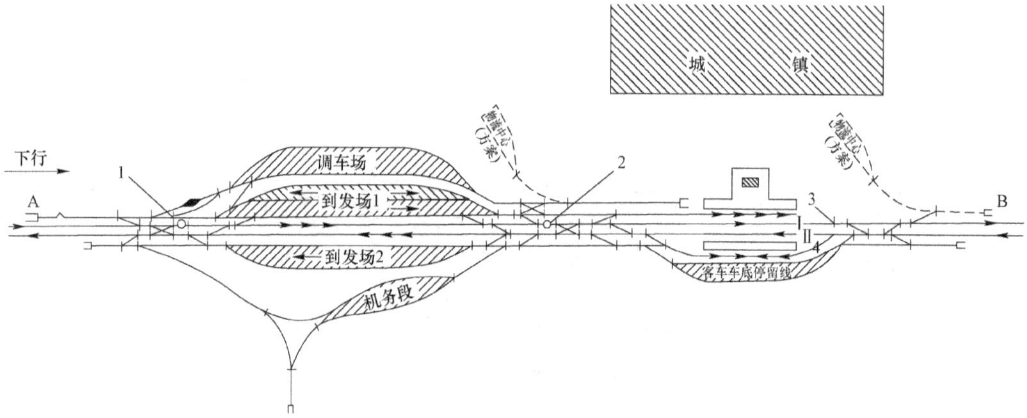

图 3－3－3　客货纵列式区段站布置图

任务 3.4　认识编组站

任务描述

本任务主要学习编组站作业、设备、分类、布置图及调车驼峰设备。

相关知识

编组站是铁路网上办理大量货物列车解体、编组作业，编组直达、直通和其他列车，并为此设有比较完善的调车设备的车站。编组站是铁路运输的主要生产单位，在完成铁路货物运输任务中，发挥着重要作用。

编组站通常设在几条主要干线的汇合处，也可以设在有大量装卸作业地点的大城市、港口或大工矿企业附近。

3.4.1　编组站的任务及主要作业

从技术作业上看，编组站和区段站都要办理列车的接发、解编、机车供应或换挂，列车的技术检查及车辆检修等作业。但二者在作业数量、性质以及设备的种类和规模上均有明显的区别：区段站主要办理中转列车的作业，解体和编组的列车数量少，而且大多是区段列车或摘挂列车；而编组站以办理改编中转货物列车为主，主要作业是大量办理列车的解体和编组，编组包括小运转列车在内的各种货物列车，其中大多数是直达列车和直通列车，所以编组站被称为“货物列车制造工厂”。

1. 编组站的任务

编组站主要负责路网上和枢纽中车流的组织，归纳起来其主要任务如下。

① 解编各种类型的货物列车。

② 组织和取送本地区的车流（小运转列车）。

③ 设在编组站的机务段，还需供应列车动力，以及整备、检修机车。

④ 设在编组站的车辆段及其下属单位（站修所、列检所）还要对车辆进行日常维修和定期检修等。

2. 编组站主要作业

编组站主要办理以下作业。

（1）改编中转货物列车作业。这是编组站最主要的作业，包括列车到达作业、解体作业、始发列车的集结、编组及出发作业。这几项作业的数量既多又复杂，分别在不同地点和车场办理。

（2）无调中转列车作业。这种列车作业比较简单，主要是换挂机车和列车的技术检查，时间短，办理地点只限于到发场（或专门的通过车场）。

（3）部分改编中转货物列车作业。这种列车除进行无改编中转货物列车作业外，还要进行变更重量、换挂车组或变更运行方向等调车作业，一般在到发场或通过场进行。

（4）本站作业车的作业。指对到达本站及工业企业线或段管线内的车辆进行货物装卸或倒装的作业。其作业过程比改编中转列车增加了送车、装卸及取车三项作业。

（5）机车整备检修作业。这部分作业与区段站相同，包括机车出入段、整备及检修作业。

（6）车辆检修作业：编组站上的车辆检修作业包括在到发线上进行车列的技术检查及不摘车维修；列检或调车过程中发现车辆损坏送往车辆段或站修所进行修理（即站修）；根据任务扣车送车辆段维修（即段修）。

根据具体情况，编组站有时还需办理以下少量作业：

① 客运作业，包括旅客乘降或换乘；

② 货运作业，包括货物装卸、换装等；

③ 军运列车供应作业。

为了减少对编组站解编作业的干扰，确保主要任务的完成，应尽量不在编组站办理客、货运业务。

3.4.2 编组站的设备

编组站常见设备有调车设备、运转设备、机务设备、车辆设备、货运设备等。

（1）调车设备。调车设备是编组站的核心设备，包括调车驼峰、调车场（线）、牵出线等几部分。当区段车流较大时，可设置专门的辅助调车场。

（2）运转设备。运转设备主要是指接发货物列车的到发线。

（3）机务设备。编组站一般均设有机务段（折返段），而且规模较大。

（4）车辆设备。车辆设备是指供到发的车辆进行检查和修理的设备。列检所通常设在到达场、出发场和到发场的适当地点，以方便与车站运转部门的联系。站修所一般在调车场的最外侧设有1～2条站修线。

（5）货运设备。常见的有货场、整倒装设备，加冰设备，牲畜、鱼苗车的上水换水设备等。

（6）其他设备。

① 客运设备。编组站的客运业务很少，一般利用正线办理客车到发（通过）。旅客列车较多时，也可以设置 1～2 条到发线及 1～2 个旅客站台。

② 站内外连接线路设备，如进出站线路、站内联络线和机车走行线等。

此外，编组站还设有信号、联锁、闭塞、通信和照明等设备。

3.4.3 编组站分类

编组站根据其在路网上的位置、作用和所承担的作业量，可分为路网性编组站、区域性编组站和地方性编组站。

（1）路网性编组站。路网性编组站是指位于路网、枢纽地区的重要地点，承担大量中转车流改编作业，编组大量技术直达和直通列车的大型编组站。设有单、双向纵列式或混合式的站场，其驼峰设有自动或半自动控制设备。

（2）区域性编组站。区域性编组站是指位于铁路干线交汇的重要地点，承担较多中转车流改编作业，编组较多的直通和技术直达列车的大中型编组站。设有单向混合式、纵列式和双向混合式的站场，其驼峰设有半自动或自动控制设备。

（3）地方性编组站。地方性编组站是指位于铁路干支线交汇点、铁路枢纽地区或大宗车流集散的港口、工业区，承担中转、地方车流改编作业的中小型编组站。设有单向混合式、横列式布置的站场，其驼峰设有半自动或其他控制设备。

若在一个铁路枢纽内设有两个或以上的编组站，则根据作业分工和作业量，将其分为以下两类。

（1）主要编组站。主要担当路网上中转车流改编任务，以解编直达、直通列车为主。

（2）辅助编组站。协助主要编组站作业，以解编地区小运转车流为主，个别情况也编组少量直达列车。

3.4.4 编组站布置图

编组站的各项作业是在各个车场上完成的。因此，调车设备的数量与规模及各车场的相互位置，就构成了编组站不同形式的布置图。

1. 编组站布置图分类

1）按照调车设备的套数分类

（1）单向编组站布置图。只有一个调车场，上、下行改编车流共用一套调车设备（包括驼峰、调车场、牵出线）完成解编作业。其驼峰溜车方向一般朝向主要改编车流运行方向。

（2）双向编组站布置图。有两个调车场，上、下行各有一套调车设备。两系统的驼峰溜车方向朝向各自的改编车流运行方向。

2）按照车场的相互位置分类

按车场相互排列位置的不同，编组站布置图又可分为横列式、纵列式和混合式三种。

（1）横列式布置图。上、下行到发场与调车场并列配置。这种编组站设备集中，便于管理，但改编作业能力小，一般适合于地方性的中小型编组站。

（2）纵列式布置图。到达场、调车场、出发场等主要车场顺序纵向排列。这种编组站虽存在站坪长、用地多、设备分散、不易管理等不足，但其改编作业为流水性作业，改编作业能力很大，一般适合于路网性的大型编组站。

（3）混合式布置图。主要车场（一般指到达场与调车场）纵列，另一部分车场（一般指出发场与调车场）横列的布置图形。这种编组站较横列式编组站作业能力大，但解体与编组能力不相适应，需要加强编组能力才能充分发挥车站设备的应有能力，一般适合于区域性的中大型编组站。

我国编组站布置图的基本类型，归纳起来共有 6 种：单向横列式、单向混合式、单向纵列式、双向横列式、双向纵列式、双向混合式。其他类型都是在这个基础上派生的。

3）“级”“场”的概念

我国铁路现场对编组站图形，在习惯上称“几级几场”。“级”是指同一调车系统中车场纵向排列形式（纵向数）：一级式就是车场横列，二级式就是到达场、调车场纵列，而三级式即到达场、调车场、出发场顺序纵列。“场”是指车场，车站有几个车场，就叫几场。

2. 典型编组站布置图

1）单向一级三场横列式编组站布置图

其基本特征是上、下行到发场并列在共用调车场的两侧，如图 3-4-1 所示。

单向一级三场横列式编组站适用于上、下行双方向改编车流较均衡、解编作业量不大或地形条件困难、远期又无大发展的中、小型编组站，也可以作为其他大中型编组站的过渡图形。

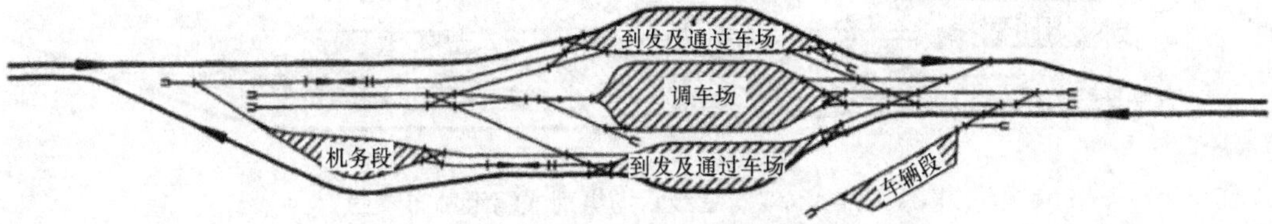

图 3-4-1 单向一级三场横列式编组站布置图

2）单向二级四场混合式编组站布置图

其基本特征是各衔接方向的共用到达场和调车场纵列配置，上、下行出发场并列设在调车场的两侧，如图 3-4-2 所示。

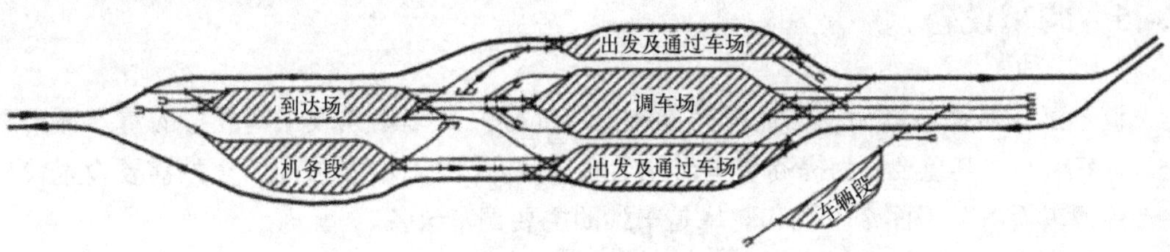

图 3-4-2 单向二级四场混合式编组站布置图

单向二级四场混合式编组站一般适用于解编作业量较大或解编作业量大而地形条件困难的大、中型编组站。

3）单向三级三场纵列式编组站布置图

其基本特征是各衔接方向共用的到达场、调车场、出发场依次纵列配置，如图 3－4－3 所示。

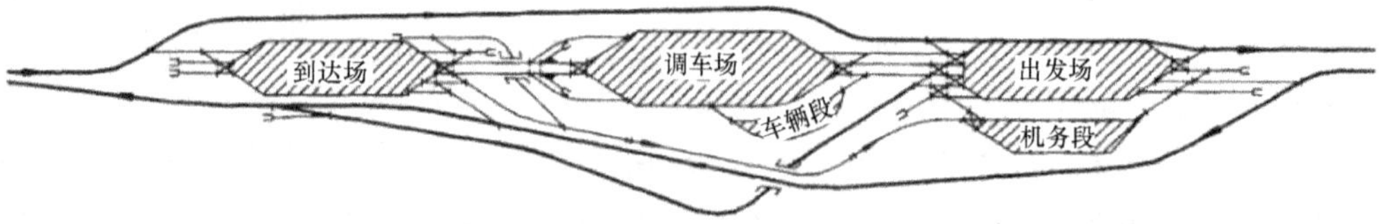

图 3－4－3　单向三级三场纵列式编组站布置图

单向三级三场纵列式编组站适用于顺驼峰方向改编车流较多、解编作业量大、衔接方向较多，要求车站具有较大的机动灵活性，而且地形条件允许或近期运量虽然不大，但远期有较大发展的大型编组站。

4）双向三级六场纵列式编组站布置图

其基本特征是上、下行各有一套独立的调车作业系统，驼峰方向相对，车场配列按到达场、调车场、出发场顺序排列，如图 3－4－4 所示。

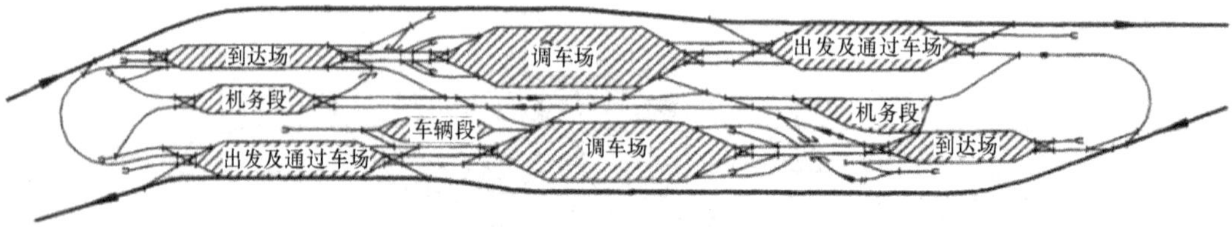

图 3－4－4　双向三级六场纵列式编组站布置图

当路网性编组站衔接方向较多，解编作业量较大，上、下行改编车流数量比较均衡，而折角改编车流量比重不大，地形条件又不受限制时，可采用双向三级六场布置图形。

3.4.5　调车设备

调车工作是铁路运输生产过程的重要组成部分，是车站完成工作任务的重要环节之一，对编组站尤其重要。为提高调车作业效率，保证调车作业的安全，车站需要设置较为完善的调车设备，平面牵出线和驼峰是车站的主要调车设备。

1. 平面牵出线

平面牵出线是车站的基本调车设备，基本上是设于平道上。调车时，车辆溜放的动力是调车机车的推力。牵出线一般设于调车场尾部，适合于车列的编组、转线、车辆的摘挂、取送等调车作业。

2. 驼峰

驼峰是专门用来解体溜放车辆的一种调车设备。调车时，车辆溜放的动力是以其本身的重力为主，调车机车的推力为辅。驼峰一般设于调车场头部，适合于车列的解体作业。

1）驼峰的分类

驼峰按日均解体作业量分为三类：大能力驼峰、中能力驼峰、小能力驼峰。

（1）大能力驼峰。大能力驼峰日均解体车数4 000辆以上，调车线不少于30条，设2条溜放线，应设有推峰机车遥控、钩车溜放速度和溜放进路自动控制系统，建在路网性和区域性编组站上。

（2）中能力驼峰。中能力驼峰日均解体车数2 000～4 000辆，调车线在16条以上，设1～2条溜放线，且设有推峰机车遥控、钩车溜放速度和溜放进路自动控制系统，建在区域性或路网性编组站上。

（3）小能力驼峰。小能力驼峰日均解体车数2 000辆以下，调车线5～16条，且设置溜放进路自动控制系统、推峰机车信号，有条件时可采用推峰机车遥控系统、钩车溜放速度自动或半自动控制系统。

根据技术设备的不同，驼峰还可分为简易驼峰、非机械化驼峰、机械化驼峰、半自动化驼峰和自动化驼峰。

2）驼峰的组成

驼峰是指峰前到达场（在不设峰前到达场时为牵出线）与调车场之间的一部分线段，如图3－4－5所示，包括推送部分、溜放部分和峰顶平台。

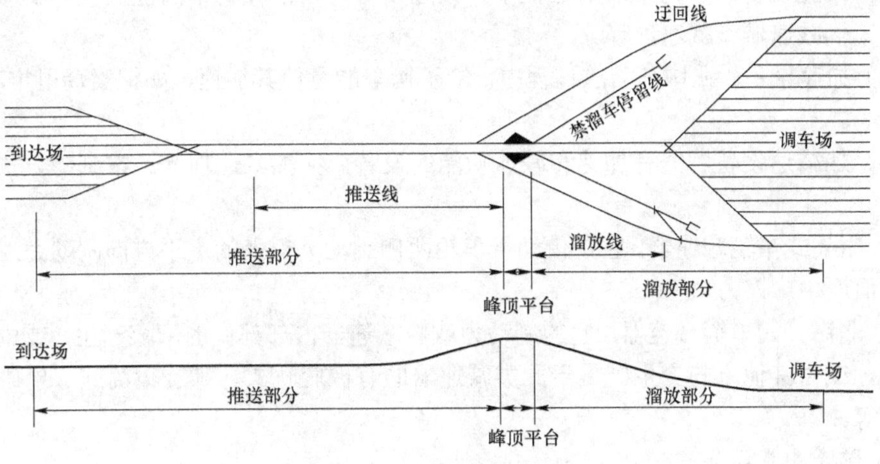

图3－4－5　驼峰组成图

（1）推送部分。推送部分是指经由驼峰解体的车列第一钩车位于峰顶平台始端时，车列全长所在的线路范围。其中，由到达场出口咽喉的最外方道岔警冲标到峰顶平台始端的线路叫作推送线。设置这一部分的目的是使车辆得到必要的位能，并使车钩压紧，便于提钩。

（2）溜放部分。溜放部分是指由峰顶（峰顶平台与溜放部分的变坡点）到计算点的线路范围。这个长度也叫作驼峰计算长度。驼峰调车场的调速制式不同，计算点的位置也不同。简易驼峰和非机械化驼峰为调车线警冲标内方 50 m，机械化驼峰为调车线警冲标内方 100 m，半自动化和自动化驼峰为打靶区末端。

（3）峰顶平台。峰顶平台是指驼峰推送部分与溜放部分的连接部分，设置的一段平坦地段。

此外，驼峰部分为了便于作业，还设有从峰顶往调车场溜放车组用的溜放线，以及存放禁止溜放车辆的禁溜线和迂回线。

3. 现代化驼峰设备

1）驼峰信号设备

为了指挥调车作业，在驼峰范围内设有各种信号设备。

（1）驼峰主体信号机。用来指挥驼峰机车进行解体作业，每条推送线设一架。

（2）线束调车信号机。指挥驼峰机车在峰下调车线之间进行转线调车，在每个线束的头部均设有线束调车信号机；同时在每条调车线上设置线路表示器。

（3）峰上调车信号机。指挥驼峰机车在峰上进行调车作业，如经由迂回线向调车场转送禁止过峰的车辆等作业，应设有峰上调车信号机。

除上述各种信号机外，在到达场每条线路靠近驼峰一端，还设有驼峰复示信号机，用来复示驼峰主体信号机的各种显示。

2）驼峰调速设备

驼峰调速设备按调速功能分为以下几种。

（1）减速设备。在钩车溜放过程中，减速设备用以消耗钩车的能量使车辆减速，如钳夹式车辆减速器、减速顶等。

（2）加速设备。在钩车溜放过程中，给予钩车能量使其加速，如钢索牵引推送小车、加速顶等。

（3）加减速设备。兼有加速和减速功能的设备，如加减速顶等。按制动方式分为以下两种。

① 钳夹式车辆减速器。它是借助于车轮两侧制动夹板上的水平方向制动力对车轮施加压力而产生摩擦力。

② 非钳夹式车辆减速器。它的制动力或由减速器内部部件的摩擦产生，或由感应电流产生，或由其他方式产生。属于此类减速器的有橡胶轨式、螺旋滚筒式、电磁式和减速小车等。

3）驼峰测量设备

为了对驼峰溜放车辆的速度进行准确控制，必须有一套能测出溜放车辆速度、重量、车辆走行性能（阻力）和线路空闲长度等的测量设备。

（1）测速设备。我国驼峰一般采用 TZ－103 型驼峰测速雷达。

（2）测长设备。测长（或测距）设备用来测量调车线空闲长度，是驼峰点式或点连式调速系统不可缺少的基础设备。我国主要采用 TDC－103A 型音频动态测长器。

（3）测重设备。测重设备是驼峰自动化基础设备之一，它不仅为非重力式减速器的控制提供重量等级参数，还可供编组作业自动化时统计编成车列的重量，也可根据车重粗略地确定车辆的走行阻力。

（4）测阻设备。在驼峰点式调速系统中，能否准确地测量和处理溜放车辆的阻力是影响调速系统效果的关键因素。

4）驼峰溜放车辆进路自动控制设备

驼峰溜放车辆进路自动控制设备是驼峰自动化的基础设备之一。国内外绝大多数驼峰均采用道岔自动集中来实现溜放进路的自动控制。

5）驼峰机车无线遥控及推送速度自动控制

驼峰机车无线遥控系统的推峰速度仍然由驼峰值班员凭经验给定，不易保证给出最优的推送速度。我国大能力驼峰基本上实现了驼峰机车无线遥控，目前正进一步研制全部由计算机控制推峰作业的全过程。

6）自动提钩及自动摘结风管设备

到目前为止，国内外大多数编组站都是由人工进行提钩及摘结风管，驼峰作业中自动提钩和自动摘结风管的设备还处在研究试验阶段。

任务 3.5　认识铁路枢纽

任务描述

本任务主要学习铁路枢纽概念、基本设备和类型。

相关知识

3.5.1　铁路枢纽的概念和作用

在铁路网的交汇点或终端地区，由各种铁路线路、专业车站或客货联合车站以及其他为运输服务的有关设备组成的总体，称为铁路枢纽，如图 3－5－1 所示。枢纽各站既有分工又有联系，共同担负着枢纽地区的铁路运输任务。

铁路枢纽是铁路网的主要组成部分。它既是客货流从一条铁路转运到各接轨铁路的中转地区，又是城市、工业区客货到发和联运的地区。它除办理枢纽内各种车站的有关作业外，在货运业务方面还办理货物的承运、装卸、发送和保管等业务，在客运业务方面办理直通、管内和市郊旅客列车作业，在货物运转方面办理无调中转和改编列车的转线作业和小运转列车作业。此外，它还是组织车流交换、进行机车车辆检修作业、调整列车运行和提供列车牵引动力的重要据点。

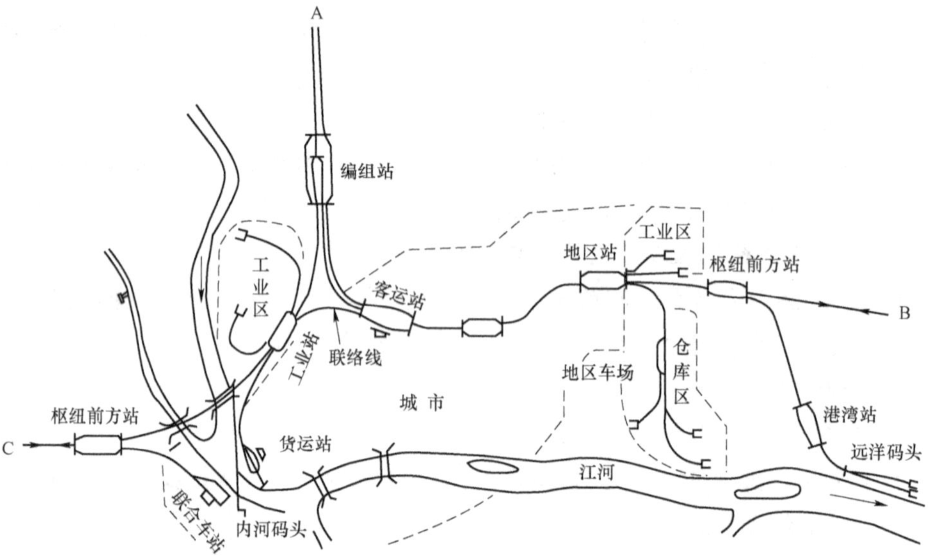

图 3－5－1　铁路枢纽布置图

铁路枢纽在铁路网上处于相当重要的位置，它们对提高铁路运输通过能力，加速机车车辆周转，促进工农业生产的发展和社会主义现代化建设以及改革开放等发挥着极其重要的作用。

3.5.2　铁路枢纽设备

铁路枢纽为了完成所担负的各种复杂而繁重的运输任务，在枢纽内一般应具有下列一些设备。

（1）铁路线路。这包括引入正线、联络线、环线、工业企业专用线等。

（2）车站。这包括编组站、货运站（综合性或专业性货运站）、客运站、工业站、港湾站等。

（3）疏解设备。这包括线路所，铁路线路与铁路线路的平面和立体疏解设备，铁路线路与城市道路的交叉设备（如道口和立交桥）。

（4）其他设备。这包括机务段、车辆段、客车整备所和动车段（所）等。

上述设备应在分析枢纽内容、货流的基础上，配合城市规划、地形条件及既有铁路设备的状况，进行总体规划与建设。

3.5.3　铁路枢纽的类型

1. 按其在路网上的地位和作用分

铁路枢纽可分为路网性铁路枢纽、区域性铁路枢纽和地方性铁路枢纽。

1）路网性铁路枢纽

凡承担的客货运量和车流组织任务涉及整个铁路网的枢纽，属于路网性铁路枢纽。这种枢纽一般都位于几条铁路干线交叉或衔接的铁路网点中的具有重要政治和经济地位的大、中工业城市，办理大量的跨局通过车流和地方车流，设有较多的专业车站，它的设备规模和能力都很大，如设在北京、沈阳、郑州、武汉、上海等地的枢纽。

2）区域性铁路枢纽

凡承担的客货运量和车流组织主要为一定的区域范围服务的枢纽，属于区域性铁路枢纽。这种枢纽一般位于铁路干线和支线交叉或衔接的铁路网点中的大、中型城市，办理管内的通过车流和地方车流，它的设备规模和能力仅次于路网性铁路枢纽，如设在太原、蚌埠、柳州等地的枢纽。

3）地方性铁路枢纽

凡承担的运量和车流组织主要为某一工业区或港湾等地方作业服务的枢纽，属于地方性铁路枢纽。这种枢纽一般位于铁路网端或大工业企业和水陆联运地区，办理大量的货物装卸和小运转作业。它的设备规模和能力较小，如秦皇岛属港湾铁路枢纽、大同属工业铁路枢纽等。

2. 根据枢纽内设备的相互位置分

根据枢纽范围内专业车站、联络线、进站线路等设备的相互位置不同，并结合一定的车流条件，可形成各种不同形式的铁路枢纽。一般分为一站枢纽、三角形枢纽、十字形枢纽、顺列式枢纽、并列式枢纽、环形枢纽、尽头式枢纽和混合式铁路枢纽等。图 3-5-2 所示为一站铁路枢纽布置图，图 3-5-3 所示为混合式铁路枢纽布置图，图 3-5-4 所示为环形铁路枢纽布置图。

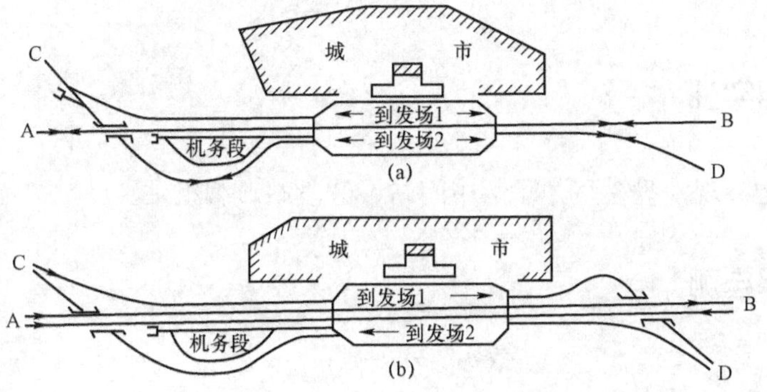

图 3-5-2　一站铁路枢纽布置图

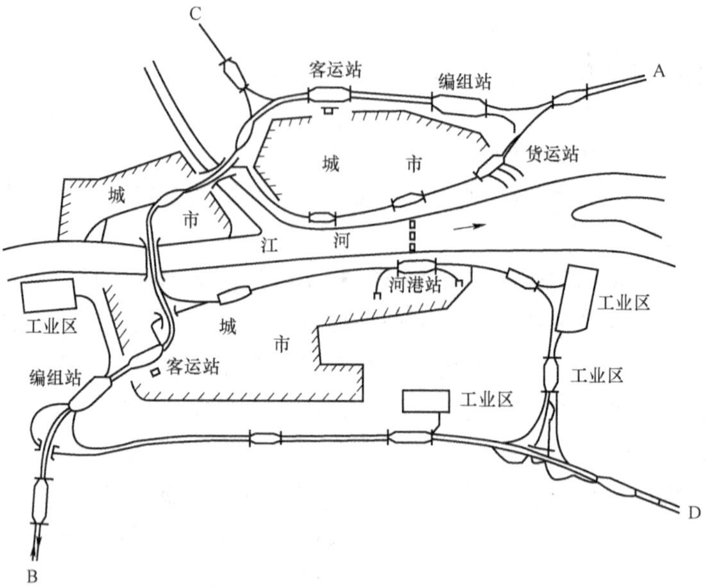

图 3-5-3　混合式铁路枢纽布置图

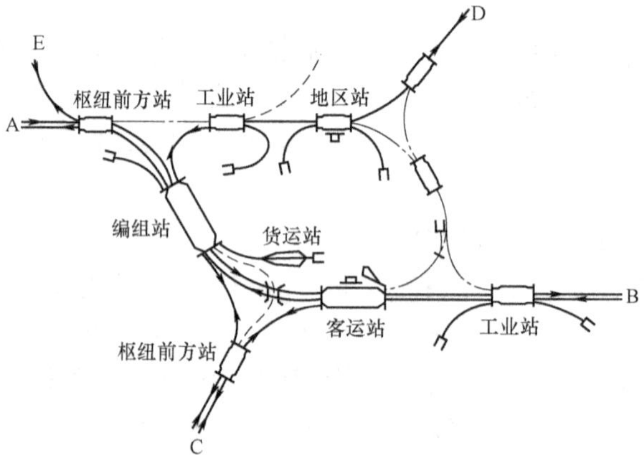

图 3-5-4　环形铁路枢纽布置图

项目实训

实训室实地参观沙盘模型，了解中间站、区段站、编组站。

项目自测

一、填空题

1. 铁路线上设有配线的分界点，一般称为（　　）。
2. 区间一般分为（　　）区间和所间区间。
3. 站内正线用罗马数字编号，站线用（　　）数字编号。

4.（　　）用来指示机车车辆的停留位置，防止机车车辆侧面冲突。

5. 驼峰由推送部分、峰顶平台、（　　）三部分组成。

二、判断题

1. 车站按其所担负的客货运量和技术作业量划分为一、二、三、四、五等站。（　　）

2. 供接发旅客及货物列车的线路称为车站到发线。（　　）

3. 车站特别用途线是指安全线和避难线。（　　）

4. 在越行站上，既可以实现会车，也可以实现越行。（　　）

5. 铁路枢纽按其在路网中的地位及作用可分为路网性铁路枢纽、区域性铁路枢纽和地方性铁路枢纽。（　　）

三、选择题

1.（　　）通常是指两相邻技术站间的铁路线段，它包括了若干个区间和车站。

A. 闭塞分区　　B. 区段　　C. 铁路局　　D. 枢纽

2. 车站和它两端所衔接的区间应有明确的界限，通常称为（　　）。

A. 分区　　B. 区段　　C. 区间　　D. 站界

3. 车站按业务性质分为（　　）。

A. 客运站、货运站、客货运站

B. 中间站、区段站、编组站

C. 横列式车站、纵列式车站、混合式车站

D. 一等站、二等站、三等站

4. 车站按技术作业分为（　　）。

A. 客运站、货运站、客货运站

B. 中间站、区段站、编组站

C. 横列式车站、纵列式车站、混合式车站

D. 一等站、二等站、三等站

5. 下列车流集散最大的车站是（　　）。

A. 中间站　　B. 区段站　　C. 编组站　　D. 客货运站

四、简答题

1. 车站线路有哪些种类？

2. 只有一个车场的车站线路是如何编号的？

3. 站内道岔是如何编号的？

4. 什么是区段站？它一般办理哪些技术作业？

5. 什么是编组站？它一般办理哪些技术作业？

项目 4　认知铁路车辆

项目描述

作为直接运载旅客和货物的工具，铁路车辆是铁路运输的重要设备。

本项目主要学习我国铁路车辆的类型、用途、基本构造、技术参数、检修制度及货车信息化与运行安全等基本知识。

知识目标

（1）了解我国铁路车辆的种类及用途；

（2）掌握铁路车辆的基本构造及主要技术参数；

（3）了解车辆的运用管理及检修制度；

（4）了解铁路车辆信息化与运行安全检测系统。

技能目标

能正确识别常见铁路客车、货车的种类，掌握铁路车辆的基本构造及主要部件的功能，熟悉铁路车辆的运营管理制度及车辆检修制度。

任务 4.1　初识铁路车辆

任务描述

铁路车辆是铁路运输的重要设备，是用来运送旅客、装运货物或作其他特殊用途的运载工具。它一般没有动力装置，须将车辆连挂成列，由机车牵引才能沿线路运行。本任务主要学习铁路客车、货车车辆的类型及用途。

相关知识

4.1.1　车辆的分类

铁路车辆按用途分为客车、货车和特种用途车。

铁路车辆按轴数分为四轴车、六轴车和多轴车。四轴车的四根轴分别组成两个相同的转向架，能相对于车底架作自由转动，使之能顺利通过曲线，我国铁路上的大部分车辆均采用这种形式。对于载重量较大的车辆，为使每一车轴作用在线路上的重量不超过线路强度所规定的重量，可以做成六轴车或多轴车。

此外，按载重量分，货车有 60 t、70 t、80 t、100 t 等多种。

4.1.2　几种主要车辆的用途

1. 客车

铁路客车是指供旅客乘坐的车辆、为旅客服务的车辆以及挂运在旅客列车中有其他用途的车辆。

1）供旅客乘坐的车辆

（1）硬座车：旅客座位为半硬质品或木制品的座车。相对的两组座椅中心距离在 1 800 mm 以下。

（2）软座车：旅客座位及靠垫设有弹簧装置，相对的两组座椅中心距离在 1 800 mm 以上。

（3）硬卧车：卧铺为三层，铺垫为半硬质品或木制品，卧室为敞开式或半敞开式。

（4）软卧车：卧铺为两层，铺垫有弹簧装置，卧室为封闭式单间，单间定员不超过 4 人。

（5）双层车：设有上、下两层客室的座车或卧车。

（6）合造车：一辆车上同时设有两种或两种以上用途的车内设备的车辆，如软硬座合造车、行李邮政合造车等。

（7）代用客车：是以货运车辆改装的，代替客车使用的车辆，如代用座车、代用行李车等。

目前我国普通铁路客车的主型车是 25 型客车，其车内空间宽敞，构造速度高，乘坐舒适，安全性好。25 型客车包括 25B、25K、25G、25Z、25T 等类型，除基本型外，还有双层客车。如图 4－1－1 所示为 25T 型提速型旅客列车，图 4－1－2 所示为 25K 型双层旅客列车。

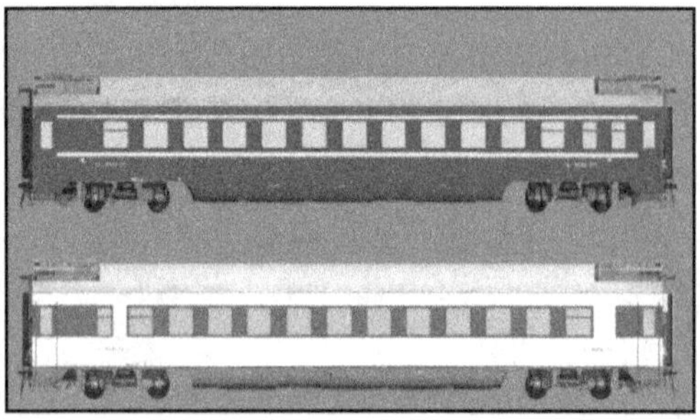

图 4－1－1　25T 型提速型旅客列车

图 4－1－2　25K 型双层旅客列车

2）为旅客服务的车辆

（1）餐车：供旅客在旅行中就餐用的车辆，车内有厨房餐室等设备，如图 4－1－3 所示。

（2）行李车：供运送旅客行李及物品的车辆，车内有行李间及行李员办公室等。

3）挂运在旅客列车中有其他用途的车辆

（1）邮政车：供运输邮件使用的车辆，车内设有邮政间及邮政员办公室等。

（2）空调发电车：专给集中供电的空调车供电的车辆，车内设有柴油发电机组，如图 4－1－4 所示。

图 4－1－3　旅客列车中的餐车

图 4－1－4　空调发电车

（3）公务车：供国家机关人员到沿线检查工作时办公用的专用车辆。

（4）医疗车：到铁路沿线为铁路职工及家属进行巡回医疗使用的车辆，车内设有医疗设备。

（5）卫生车：专供运送伤病员使用的车辆，车内设有简单的医疗设备。

（6）宿营车：供列车上乘务人员休息使用的车辆。

（7）文教车：为沿线铁路职工进行文艺演出、文化教育和技术教育使用的车辆，车内设有必要的文娱和教育用器具及设备。

（8）试验车：供科学技术试验研究使用的车辆，车内设有试验仪器设备。

（9）维修车：供检查和维修铁路线路设备的车辆，车内设有必要的维修检查装备。

2. 货车

货车是供运送货物的车辆。货车类型很多，按用途可分为通用货车、专用货车和特种货车三种。

1）通用货车

通用货车是能装运多种货物的车辆。其货物类型多不固定，在货车中所占比例较大。

（1）敞车。敞车主要用来装运散粒货物（如煤炭、矿石、砂子）、木材、钢材及小型机器设备和集装箱等。必要时，在所装运的货物上面加盖防水篷布，也可代替棚车装运怕湿货物。因此，敞车具有很大的通用性，是货车中数量最多的一种。如图 4-1-5 所示为 C_{70} 型通用敞车。

（2）棚车。棚车主要用来运送日用品、仪器等比较贵重的和怕晒、怕湿的货物。大多数棚车都是通用型的。如图 4-1-6 所示为 P_{80} 型棚车。此外，为了固定装运某种货物，还制造了一些专用棚车，如家畜车就是专门用来运送家畜的。

图 4-1-5 C_{70} 型通用敞车

图 4-1-6 P_{80} 型棚车

（3）平车。平车主要用于运送钢材、木材、汽车、各种机器和桥梁等体积或重量较大的货物，也可借助集装箱装运其他货物。大部分平车车体只有地板，有的平车装有活动墙板，这种平车也可用来装运矿石等散粒货物。如图 4-1-7 所示为 NX_{70} 型平车（集装箱共用车）。

2）专用货车

专供装运某一（或某些）种类货物的车辆。其用途比较单一，同一种车辆要求装载的货物重量或外形尺寸比较统一，有时在铁路上的运营方式也比较特别，如固定编组、专列运行等。

（1）罐车。罐车主要用来运送油、酸、水等各种液体、液化气体、压缩气体及粉状货物。罐车外形为一个卧放的圆筒，具有较大的强度和刚度。罐体上设有装卸口，有的设有安全阀，当外界温度发生变化，罐体内的压力超过一定数值时，安全阀能自行打开，将罐内气体放出；罐内压力低于一定数值时，通过安全阀向罐内补气，以保证运行安全。如图 4-1-8 所示为 GQ_{70} 型轻油罐车。装运轻油、重油、酸、碱等的罐车在结构上都不完全相同，只适宜运送一种货物，所以罐车的通用性较差。

（2）保温车。保温车主要装运鱼、肉、水果、蔬菜等鲜活易腐货物。保温车的车体与棚车车体外形相似，为了减少太阳辐射热，将车体外表涂成银灰色，墙板夹层装有隔热材料，车里装有加温、制冷、测温和通风装置。如图 4-1-9 所示为 B_{22} 型保温车。

图 4-1-7 NX_{70} 型平车（集装箱共用车）

图 4-1-8 GQ_{70} 型轻油罐车

（3）漏斗车。漏斗车是设有底架、侧墙、端墙、底门及开闭机构，车辆底架上有一个或数个周边带一定斜度的漏斗，每个漏斗口上设有底门及开闭机构的铁路货车。通常借助货物自身的重力从漏斗口卸货。根据运输货物特性要求，部分车辆设有车顶、顶盖及开闭机构。漏斗车按照装运货物品种可分为煤炭、矿石、石砟、粮食、盐、石灰石、水泥漏斗车等；按照结构形式不同可分为有盖漏斗车和无盖漏斗车。如图 4-1-10 所示为 KM_{70} 型煤炭漏斗车。

图 4-1-9 B_{22} 型保温车

图 4-1-10 KM_{70} 型煤炭漏斗车

（4）双层运输汽车专用车。双层运输汽车专用车主要用于轻型客车、SUV、MPV、皮卡车等车体较高的汽车和各种微型、小型汽车的铁路运输。随着经济的发展，此种车型需求越来越大。图 4-1-11 所示为 JSQ_6 型凹底双层运输汽车专用铁路货车。

图 4-1-11 JSQ_6 型凹底双层运输汽车专用铁路货车

另外，专用货车还包括水泥车，专门用于运送家畜及家禽的家畜车，运送农药及其他有毒物品的毒品车及粮食车等。

3）特种货车

长大货车是铁路运输中使用的一种特种车辆，专为装运各种长大重型货物，如大型机床、发电机、化工合成塔等。长大货车按其结构形式可分为长大平车、凹底平车（或称元宝车）、钳夹车和落下孔车等。由于这些车的载重量及自重较大，为适应线路允许的轴重要求，轴数较多。如图4-1-12所示为D_{22G}型120 t长大平车，图4-1-13所示为DA_{21}型210 t凹底平车。

图4-1-12　D_{22G}型120 t长大平车

图4-1-13　DA_{21}型210 t凹底平车

3. 特种用途车

特种用途车是指按特种用途设计制造的车辆，其结构和用途都有所不同，如检衡车、救援车、除雪车等。如图4-1-14所示为T_{8D}型动态检衡车，图4-1-15所示为QTJ-160型救援车。

图4-1-14　T_{8D}型动态检衡车

图4-1-15　QTJ-160型救援车

任务4.2　识别铁路车辆的基本构造

任务描述

铁路车辆种类繁多，每一种类型车辆构造都有区别，但其结构大致相似，只是具体的零部件有了更科学先进的结构设计。本任务主要学习铁路车辆的基本构造及主要部件的功能。

相关知识

为了适应和满足旅客及货物运输的不同要求，铁路车辆虽有很多类型，构造也各有不同，但从基本结构来看，一般均由车体、走行部、车钩缓冲装置、制动装置和车辆内部设备这 5 个基本部分组成。

4.2.1 车体

车体是旅客乘坐或装载货物的部分，车体一般和车底架构成一个整体，其结构与车辆的用途有关。

车底架是车体的基础。它承受车体和所装货物的重量，并通过上、下心盘将重量传递给走行部。在列车运行时，它还承受机车牵引力和列车运行中所引起的各种冲击力，所以必须具有足够的强度和刚度。货车车底架由中梁、枕梁、横梁及端梁等组成，如图 4-2-1 所示。客车车底架构造与货车车底架相似，不同的是在两端各设了一个通过台架。

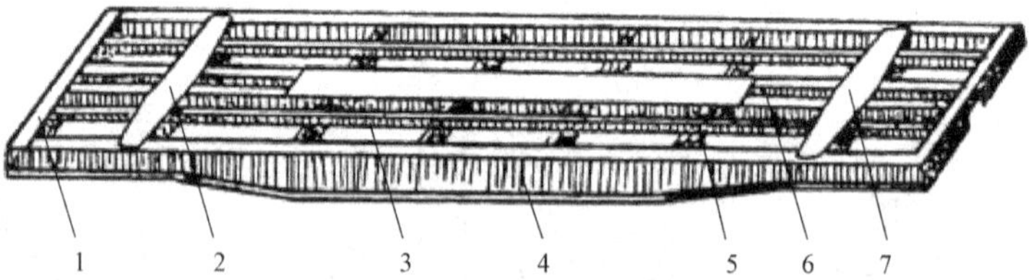

1—端梁；2—枕梁；3—纵梁；4—侧梁；5—横梁；6—中梁；7—枕梁

图 4-2-1 货车车底架结构

中梁位于车底架的中央，为车底架的骨干，两端是安装车钩缓冲装置的地方，是主要承受垂直载荷和纵向作用力的杆件。

枕梁是车底架和转向架摇枕衔接的地方。在枕梁下部安装的上旁承和上心盘，分别与转向架摇枕上的下旁承和下心盘相对，并将重量传给走行部。

车体按其承载特点可分为底架承载结构、侧墙和底架共同承载结构、整体承载结构三类。

（1）底架承载结构。全部载荷由底架承担的车体结构。这种结构的车型大部分为平车、集装箱车等。车体只有地板，没有固定的侧墙和端墙。

（2）侧墙和底架共同承载结构。载荷由侧墙、端墙与底架共同承担的车体结构。该结构可减轻底架的负担。这种结构的车型有棚车、敞车、保温车等。车体由地板、端墙、侧墙等组成。

（3）整体承载结构。车体各部分均能承受载荷。底架结构更为轻巧，可制成无中梁的底架结构，如新型罐体有较大的强度和刚度，能够承担作用在罐体上的纵向力，因此新型罐车可不设底架。

4.2.2 转向架

转向架位于车体与轨道之间，直接承载车体自重和载重，引导车辆沿轨道运行，保证车辆顺利通过曲线，并具有减缓来自车辆运行时带来的各种震动和冲击的作用，是保证车辆运行品质的关键部件。转向架的设计直接决定了车辆的构造速度、走行的稳定性和乘坐的舒适性。

转向架主要由摇枕、侧架（构架）、轮轴、摇枕弹簧减振装置、基础制动装置等部分组成。除一些特种车辆外，一般车辆均配备两台二轴转向架。如图 4-2-2 所示为我国铁路货车上广泛使用的转 K6 型货车转向架结构。

图 4-2-2 转 K6 型货车转向架结构

1. 轮对

轮对是由两个车轮紧密地压装在一根车轴上组成的。轮对承受车辆的全部重量，并以较高的速度引导车辆在钢轨上行驶，如图 4-2-3 所示。我国铁路车辆全部使用钢制整体车轮，其中货车车轮的直径为 840 mm，客车车轮的直径为 915 mm。

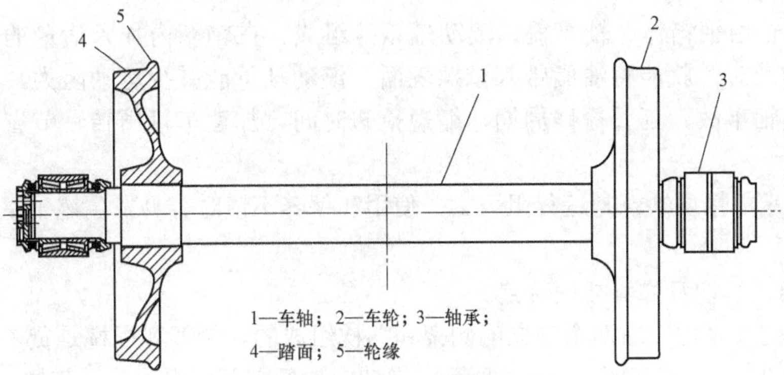

图 4-2-3 轮对结构

车轮与钢轨头部的接触面称为踏面。踏面做成一定的斜度，可使车辆的重心落在线路中心线上，以减少或避免车辆的蛇行运动，使轮对较顺利地通过曲线，减少车轮在钢轨上的滑行。车轮内侧外缘凸起的部分叫轮缘，其作用是防止轮对脱轨，保证车辆在线路上安全运行。

铁路车辆所用的车轴均为实心轴，车辆两端伸进轴箱的部分叫轴颈；压装、固定车轮的部分叫轮座，也是车轴直径最大的地方；车轴的中部为轴身。车辆在运行过程中作用于车轴的载荷是不断变化的，因此必须提高车轴材质的疲劳强度。

2. 轴箱油润装置

轴箱油润装置的作用是将轮对和侧架连接在一起，把车辆的重量传给轮对。其主要作用是保护轴颈，使轴承与轴颈间得到润滑，减少摩擦，防止在高速运行条件下发生热轴，保证车辆安全运行。

铁路车辆上有两种类型的轴箱装置，即滚动轴承轴箱和滑动轴承轴箱装置。现在大量采用的是滚动轴承轴箱，如图 4-2-4 所示。

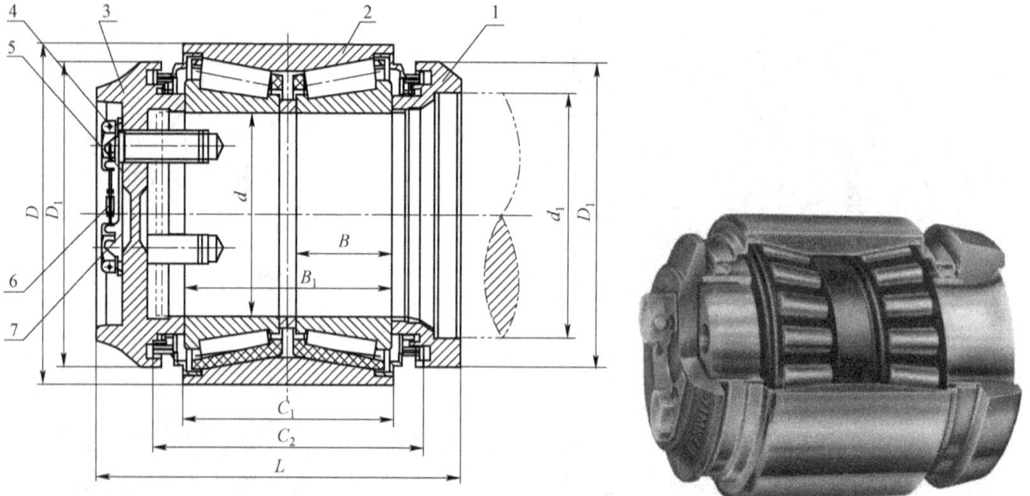

1—后挡；2—轴承；3—前盖；4—螺栓；5—防松片；6—施封锁；7—标志板

图 4-2-4　353130A 型滚动轴承结构图

这种轴箱由轴箱体、轴箱盖、滚动轴承等组成。在轴箱内加入适量的油脂，当车轴和轴承转动时，就能将油脂带入摩擦表面，滚动轴承能减少运动阻力，适合高速运行，减少燃轴事故，延长检修周期，缩短检修时间，加速车辆周转，节省油脂，降低运营成本。

滑动轴承的主要缺点是运行阻力大，使用和保养不慎时容易发生燃轴事故，故已被淘汰。

3. 侧架、摇枕及弹簧减振装置

货车转向架是由左右两个独立的侧架和摇枕组成的。侧架和摇枕是货车转向架的主要部件，如图 4-2-5 和图 4-2-6 所示，把转向架各零部件组成一个整体，承受、传递各种作用力。

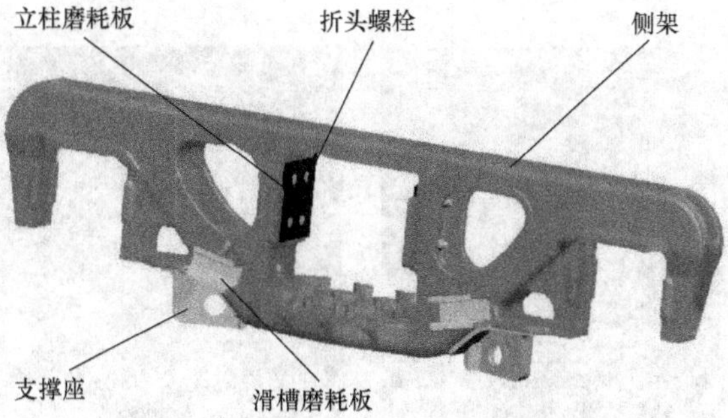

图 4－2－5　转 K6 型货车转向架侧架

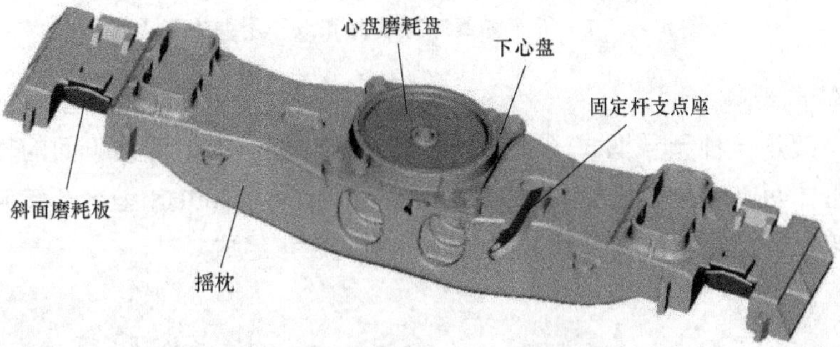

图 4－2－6　K6 型货车转向架摇枕

（1）侧架两端有轴箱导框，以便安装轴箱，转 K6 型货车转向架固定轴距 1 830 mm。其中部设有弹簧承台，是安装弹簧减振装置的地方。

（2）摇枕中间有下心盘，两旁铸有旁承座，它的两端支座在弹簧上，车体的重量和载荷通过下心盘经摇枕传给两侧的枕弹簧及侧架，并通过摇枕将两个侧架联系起来。上、下心盘间可相对转动，当车辆经过曲线时，转向架可以绕心盘自由回转，减少通过曲线的阻力。25 t 轴重货车转向架下心盘直径为 375 mm，21 t 轴重货车转向架下心盘直径为 355 mm。

（3）下旁承装在摇枕两端的旁承座内，与车体架枕梁两端的上旁承相对。当车辆通过曲线或左右摇摆时，向下倾斜一侧的上旁承和下旁承相接触而支撑车体，可以防止车体过分摇动和倾斜。

（4）弹簧减振装置的作用是缓和或消减车辆运行中受到的冲击和振动。货车弹簧减振装置和双作用弹性旁承如图 4－2－7 所示。为了更好地减轻振动，除安装弹簧装置以外，还可采用其他的减振设备，如我国货车转向架采用的摩擦减振器，客车转向架上采用的油压减振器，在高速客车、双层客车和地铁车辆转向架上还装有空气弹簧。

空气弹簧是利用装在橡胶容器中的压缩空气的气体体积可变化的原理制成的。当橡胶容器受压时，里面的空气体积变小，外力撤销后，空气体积又恢复原状，从而达到缓和冲击和减振的作用。空气弹簧与一般刚性弹簧相比，具有良好的吸收高频振动和隔音性能，以及自重轻等优点，因此，在高速客车上得到应用。

图 4-2-7 货车弹簧减振装置和双作用弹性旁承

4. 客车转向架

客车转向架是一种无导框式（又称构架式）转向架，构架侧梁下面的轴箱弹簧，直接放置在轴箱体两侧的弹簧托板上。如图 4-2-8 所示为 209HS 型客车转向架，它由构架、轮对轴箱弹簧装置、摇枕弹簧装置及基础制动装置组成。

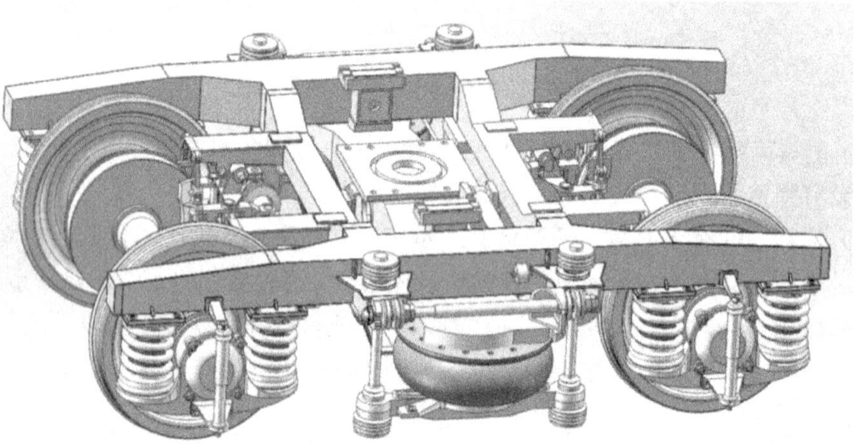

图 4-2-8 209HS 型客车转向架

客车转向架不仅要有足够的强度，而且还要有良好的运行平稳性和较高的运行速度，以便将旅客安全、迅速、平稳、舒适地运送到目的地。为了满足该要求，客车转向架除在摇枕和构架之间设有枕弹簧外，在轴箱和构架之间也设有弹簧。这两部分弹簧构成串联形式，故称此转向架为二系弹簧转向架。常见的客车转向架包括 202 型、206 型、209T 型、209TK 型、209PK 型等，主要用于 120～160 km/h 的普通客车，用于 200 km/h 以上高速客车的有 PW-200 型、CW-200 型、SW-200 型客车转向架。

目前，我国铁路已逐步淘汰转 8A 型、转 8G 型、转 8AG 型转向架，主型转向架除带有下交叉支撑装置的转 K2、K6 型外，还有摆动式 K4、K5 型转向架。其中，安装在 60 t 级货车上轴重为 21 t 的转 K2、转 K4 型转向架已停止新造。

4.2.3　车钩缓冲装置

车钩缓冲装置是机车与车辆或车辆与车辆之间进行互相连接的装置。它具有传递牵引力和制动力、缓和列车运行或调车作业时所产生的冲击力的性能。

车钩缓冲装置包括车钩、缓冲器、解钩装置及附属配件等，安装在车底架中梁的两端，要求具有强度大、摘挂方便、缓冲性能良好等特点。如图 4－2－9 所示为货车车钩缓冲装置。

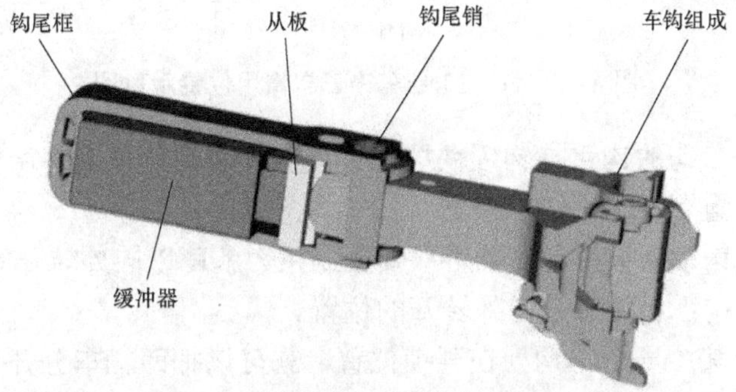

图 4－2－9　货车车钩缓冲装置

1. 车钩

车钩由钩头、钩身和钩尾三个部分组成。钩头里装有钩舌、钩舌销、钩提销、钩舌推铁和钩锁铁等零部件。如图 4－2－10 所示为 17 型车钩及零部件。

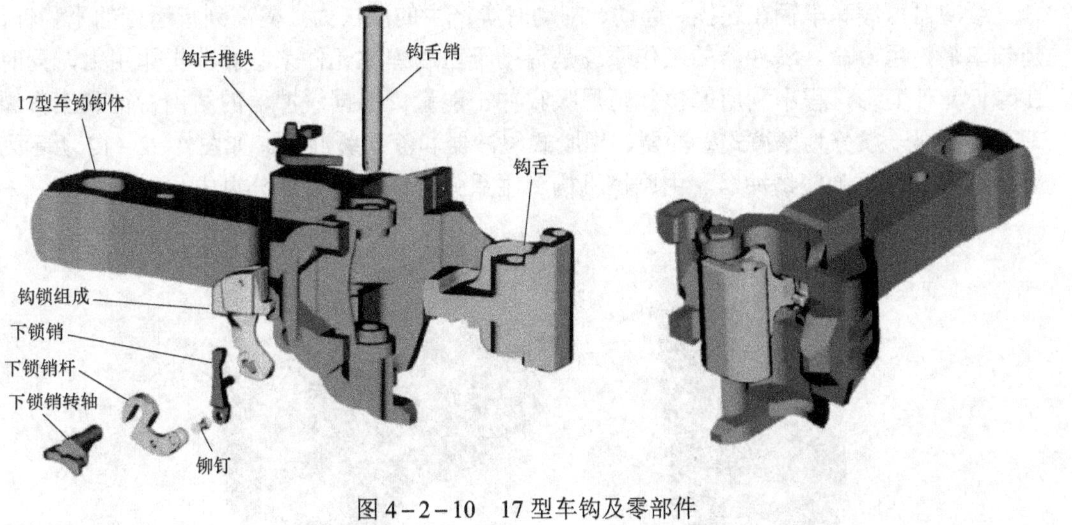

图 4－2－10　17 型车钩及零部件

为了实现挂钩或摘钩，使车辆连接或分离，这些零件的相互作用使得车钩具有闭锁、开锁和全开三个位置。以 13 号车钩为例，车钩的三态作用位置示意图如图 4－2－11 所示。

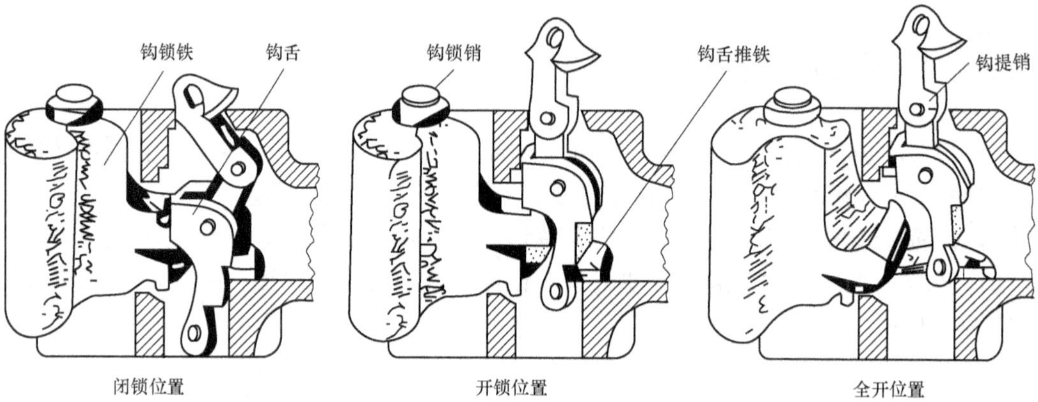

图 4-2-11　13 号车钩三态作用位置示意图

闭锁位置——车钩的钩舌被钩锁铁挡住不能向外转开的位置。两辆车连挂在一起时车钩就处在这种位置。

开锁位置——钩锁铁被提起，钩舌只要受到拉力就可以向外转开的位置。

全开位置——钩舌已经完全向外转开的位置。

摘钩时，只要其中一个车钩处在开锁位置，就可以把两辆车分开。当两辆车需要连挂时，只要其中一个车钩处在全开位置，与另一辆车钩碰撞后就可连挂。

车钩在车辆上的安装有上作用式和下作用式，上作用式是货车采用的普遍方式。为了便于装载长大货物，设有端门的敞车和平车等才采用下作用式；客车因端部有通过台，所以也采用下作用式车钩装置。另外，我国开行的单元重载列车装设的是旋转式车钩；在高速动车上采用的是密接式车钩。

2. 缓冲器

缓冲器可缓和车辆在连挂、起动、制动时等产生的冲击力，提高列车运行的平稳性，延长车辆使用寿命。缓冲器的工作原理是借助于压缩弹性元件来缓和冲击作用力，同时在弹性元件变形过程中利用摩擦和阻尼吸收冲击能量。根据缓冲器的结构特征和工作原理，缓冲器一般分为摩擦式缓冲器、橡胶式缓冲器和液压缓冲器。如图 4-2-12 所示为 MT-3 型摩擦式弹簧缓冲器，由摩擦机构、主系弹簧和箱体三部分组成。

图 4-2-12　MT-3 型摩擦式弹簧缓冲器

4.2.4 制动装置

制动装置是用外力迫使运行中的机车车辆减速或停车的一种设备。它不仅是列车安全、正点运行的重要保证，而且也是提高列车重量和运行速度的前提条件。因此，制动装置的性能好坏，对铁路的运输能力和行车安全都有重要作用。

我国机车车辆上安装的制动机主要有空气制动机和人力制动机。空气制动机又叫作自动制动机，是利用压缩空气产生制动力的，一般作为列车制动用；人力制动机是用人力进行制动，一般只在调车时对个别车辆或车组制动用。列车制动装置包括很多种类型，而空气制动机是其中最普及、最常用和最主要的制动装置。此外，还有轨道电磁制动、电阻制动、再生制动等其他类型的制动形式。

1. 空气制动系统

1）空气制动机的组成

空气制动机的部件，一部分装在机车上，另一部分装在车辆上。装在机车上的有空气压缩机、总风缸、制动阀等，由空气压缩机产生的压缩空气储存在总风缸内。车辆的制动与缓解由机车司机通过操纵制动阀来实现。

常见的货车空气制动机有GK型、103型、120型、120－1型；常见的客车空气制动机有LN型、104型、F8型。120型制动装置组成简图如图4－2－13所示。

（1）制动主管：安装在车底架下面，它贯通全车，是传送压缩空气的管路。它的两端装有折角塞门和制动软管，并用软管连接器与邻车的软管相连。

（2）截断塞门：安装在制动支管上，用以开通或截断制动支管的空气通路。它平时总在开放位置，只有当车辆上所装的货物按规定应停止制动机的作用或当制动机发生故障时，才将它关闭，以便停止该辆车的制动机作用。

通常把关闭了截断塞门、停止制动机作用的车辆叫作“关门车”。

（3）远心集尘器。利用离心力的作用，将压缩空气中的灰尘、水分、铁锈等杂质，沉淀于集尘器的下部，以免进入空气分配阀等机件，如图4－2－14（a）所示。

（4）120型空气控制阀。这是车辆制动机中最重要的部件。它连接制动支管、副风缸和制动缸，用来控制压缩空气的通路，使制动机起制动或缓解作用。它的结构、性能达到或接近世界同类产品的先进水平，是我国重载货车的核心部件。120型空气控制阀由中间体、主阀、半自动缓解阀和紧急阀四部分组成，如图4－2－14（b）所示。

（5）副风缸。这是储存压缩空气的地方。制动时，利用三通阀的作用将压缩空气送入制动缸起制动作用，如图4－2－14（c）所示。

（6）制动缸。当压缩空气进入制动缸后，推动制动缸活塞，将空气的压力转变为机械推力，然后通过制动杠杆使闸瓦紧抱车轮而起制动作用，如图4－2－14（d）所示。

（7）降压风缸。它与制动缸相连，两者之间设有空重车调整装置，可满足空、重车不同制动压力的要求。

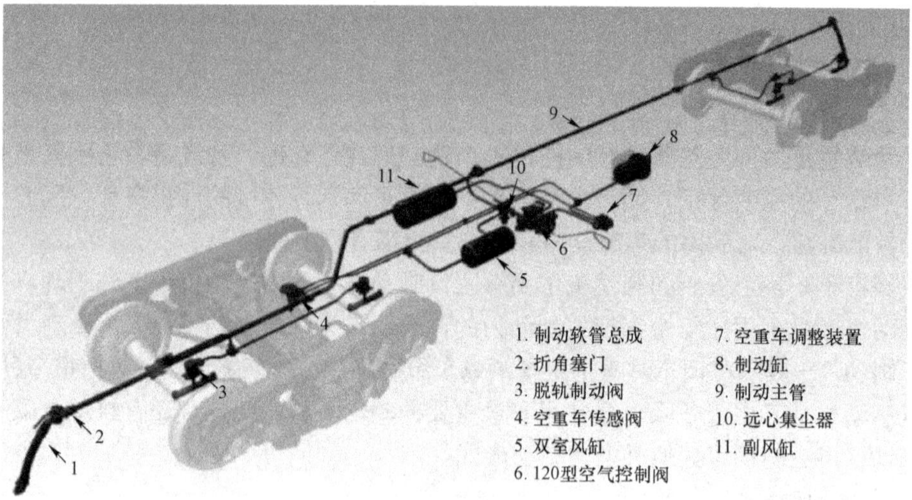

(a) 120型制动装置组成

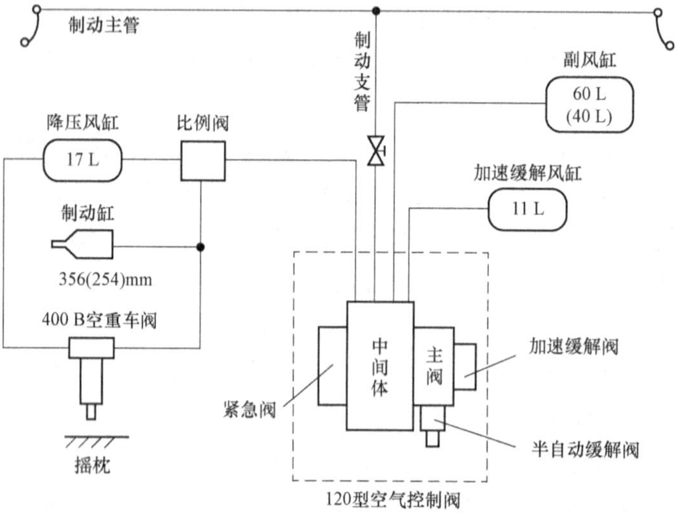

(b) 120型制动装置组成简图

图 4－2－13　120 型制动装置组成简图

（8）空重车调整装置。在大型车辆上，如果不论空、重状态都施加同样大小的制动力，对空车制动就太大，容易损坏车辆。用空重车调整装置来控制降压风缸与制动缸的通路，可以达到调整制动力的目的。空重车调整装置由测重机构和限压阀组成，如图 4－2－14（e）所示。

（9）闸瓦间隙调整器。闸瓦间隙调整器的长度在制动过程中能随着闸瓦的磨耗或更换而自动地缩短或伸长，以保持恒定的闸瓦间隙和制动缸活塞行程，如图 4－2－14（f）所示。

2）空气制动机的工作特点

（1）向制动主管充气（增压）时缓解，将制动主管内的压缩空气排出（减压）时制动，所以称为“减压制动”。当列车分离时，由于制动主管内的压缩空气向大气排出，压力突然降低，就可以自动地产生紧急制动作用，使列车立即停车，以防事故的发生或扩大。

(a) 远心集尘器

(b) 120型货车空气控制阀

(c) 副风缸

(d) 制动缸

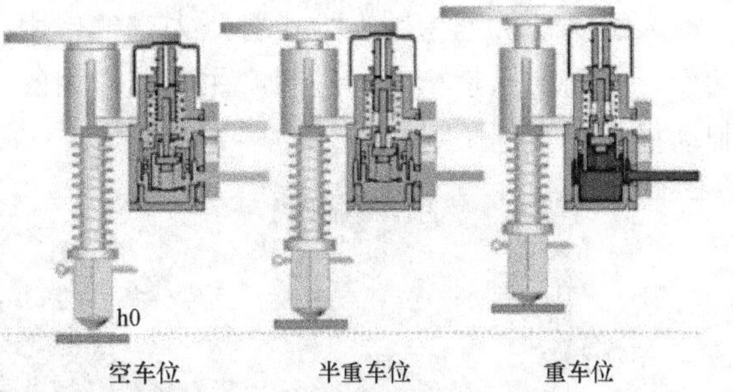

(e) 空重车调整装置

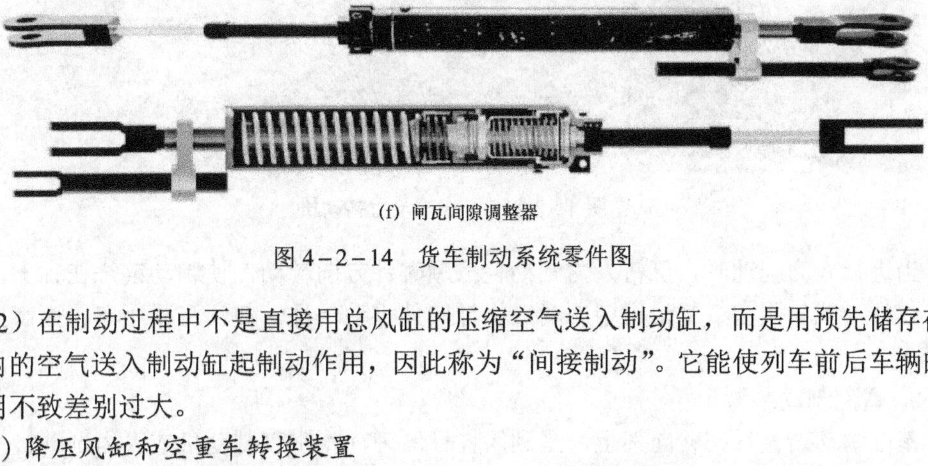
(f) 闸瓦间隙调整器

图4-2-14　货车制动系统零件图

（2）在制动过程中不是直接用总风缸的压缩空气送入制动缸，而是用预先储存在副风缸内的空气送入制动缸起制动作用，因此称为“间接制动”。它能使列车前后车辆的制动作用不致差别过大。

3）降压风缸和空重车转换装置

在装有空重车调整装置的制动机上，如果将空重车转换手把放在空车位置时，空重车转换塞门被打开，使制动缸与降压风缸连通。在这种情况下进行制动时，副风缸的压缩空气在进入制动缸的同时，也进入降压风缸中，由于容积的扩大，降低了进入制动缸内的空气压力，因而产生较小的制动力；当转换手把放在重车位时，降压风缸与制动缸间的通路被阻，制动时副风缸中的压缩空气经主阀直接进入制动缸而产生较大的制动力。

4）缓解阀和紧急制动阀

当机车和车辆连挂在一起时，可以由司机操纵制动阀对列车进行制动或缓解。但是，当货物列车到达解体站后，机车摘下入段，而车列中的制动机仍处于制动状态，在这种情况下，就不可能用向制动主管充气的办法来使制动机缓解，而只能用降低副风缸的压力达到缓解目的。因此在货车的副风缸上都装有缓解阀。使用时，拉动缓解阀，使副风缸的压缩空气经缓解阀排出，副风缸内的空气压力低于列车主管的空气压力，滑阀移动，使制动缸内的空气排出，闸瓦离开车轮而缓解。

在铁路客车车厢的端部都装有紧急制动阀。它的一端连通列车制动主管，另一端和大气相通，当列车在运行中，列车员或车长发现紧急情况时，可以按《铁路技术管理规程》要求拉动紧急制动阀，它将列车主管压力空气急剧排入大气中，施行急剧减压，使列车紧急制动。

2. 人力制动机

人力制动机是指用人力代替压力空气作用于制动缸活塞的推力来带动基础制动装置动作，使闸瓦压紧车轮，进而产生制动作用的一种装置。我国铁路货车上多用链式人力制动机（又叫链子闸），如图 4-2-15 所示，它结构简单、操纵灵活、制动力强。

图 4-2-15　链式人力制动机

当进行人力制动时，可将人力制动轮按顺时针方向转动，使制动链绕在轴上，拉动制动杠杆，就如同空气制动机中制动缸推杆向外推动一样，使闸瓦紧压车轮而产生制动作用。

3. 基础制动装置

基础制动装置设在转向架上，是利用杠杆原理，将空气制动机或人力制动机产生的力量扩大适当倍数，再均衡地向各个闸瓦传力的装置。客车多为双瓦式，货车多为单瓦式。

车辆在运行中，闸瓦会因制动时与车辆踏面摩擦而变薄，致使制动力减弱而降低制动效率，通过安装闸瓦间隙自动调整器，使车辆在运行过程中可以自动调整制动缸鞲鞴行程的大小，进而保证应有的制动力。

4. 新型车辆制动技术

随着列车速度的不断提高，动能的加大对列车制动技术提出了新的要求，因为列车的动能随运行速度的平方而增大，在一定的制动条件下，列车的制动功率与速度的三次方成正比。所以，要在不太长的时间和距离内将列车动能转化、消散或转移，仅靠传统的闸瓦制动方式和自动空气制动机操纵控制是无法达到的。因此，高速列车的制动必须采用复合制动，即多种制动协调使用，方能获得较好的效果。

1）盘型制动

盘型制动是利用制动夹钳使闸片夹紧固定装置在车轴上的制动圆盘而产生制动力的，如图4-2-16所示。

图4-2-16　盘型制动

世界各国在高速旅客列车上基本采用盘型制动装置。我国目前在地铁车辆、双层客车上也都使用盘型制动。采用盘型制动的优点是：动能转变成热能后散发快；闸片和制动圆盘材质相互间摩擦性能好，制动时减速均匀、平稳、无噪声，尤其在高速运行制动时更为明显，提高了旅客的舒适度；使车轮的磨耗减轻了，消除了车轮热裂纹等，减轻了维修工作量。

2）磁轨制动和轨道涡流制动

闸瓦制动和盘型制动都属于黏着制动。黏着制动受黏着力的限制，其制动力不能超过黏着力。随着列车速度的不断提高，可采用不受黏着限制的非黏着的制动方式。

磁轨制动和轨道涡流制动统称轨道电磁制动，属于非黏着制动。前者是通过电磁作用，使该设备上的摩擦板与钢轨摩擦而产生制动力；后者是靠电磁铁与钢轨间的相对速度引起电涡流作用形成制动力。目前，它们作为一种辅助制动方式，用在某些黏着制动力不够的高速列车上。

3）动力制动

在制动时，将牵引电机变为发电机，使列车动能转化为电能，对这些电能的处理方式不同就形成了不同方式的动力制动。运行中的列车常采用的动力制动形式有电阻制动和再生制动。

（1）电阻制动。将发电机发出的电能加于电阻器上，使电阻发热，即电能转变为热能。电阻器上的热能靠风扇强迫排风而消散于大气中。电阻制动一般能提供较稳定的制动力，但车辆底架下需要安装体积较大的电阻箱。

（2）再生制动。无论是闸瓦制动、盘型制动、磁轨制动或电阻制动，都是将列车具有的动能最终转化为热能而消散于大气中；再生制动是把列车的动能通过电机转化为电能，然后将电能反馈回电网提供给别的列车使用。这种方式既节约能源，又可减少制动时对环境的污染，基本上无磨耗，是一种较为理想的制动方式。

5. 列车尾部安全防护装置

列车尾部安全防护装置简称列尾装置，是用于货车取消守车、客车取消运转车长后，在列车尾部无人值守的情况下为提高铁路运输安全性而研制的专用运输安全装置。装置主要由安装在机车操纵室的司机控制盒和安装在列车尾部的列尾主机（有中继器时含中继器）及其相关附属设备构成。其主要功能为查询列车尾部风压、辅助列车紧急排风制动、尾部低风压报警、列车尾部标志等。首尾以无线数据传输方式（包括使用中继器中转）传递信令（编码信息），其信令通过机车列调电台、列尾专用通信平台或 GSM－R 网络发射并接收。列尾主机装置如图 4－2－17 所示。

图 4－2－17　列尾主机装置

4.2.5　车辆内部设备

车辆内部设备是指能良好地为运输对象服务而设于车体内的固定附属装置，如客车内的座席、卧铺、茶桌、行李架、给水、取暖、通风、照明、空调及各种电气设备和供电装置等。货车由于类型不同，内部设备也因此千差万别，一般来说比客车简单，如棚车中的拴马环、床托，以及保温车中装设的制冷设备和乘务员的生活设备等。

任务 4.3　认识车辆的运用与检修

任务描述

铁路车辆运用管理是为铁路运输提供质量良好的客、货车辆所进行的车辆管理和维修工作，是铁路运营工作的重要内容之一。本任务主要学习铁路车辆的运用管理制度和车辆检修制度，了解铁路车辆的运用配属，熟知车辆的运用标记和作用意义，树立安全意识、责任意识和严格按照规章制度执行的工作意识。

相关知识

4.3.1　车辆的运用管理

车辆的运用管理包括：掌握车辆的购置和配属；制订车辆检修制度，编制和执行车辆检修计划；设置车辆运用管理机构，负责进行除厂修外的全部车辆定期检修及列车检修、入库检修、乘检和临修等工作。

1. 车辆配属

1）客车

目前，客运车辆由国铁集团固定配属给铁路局集团公司的各个车辆段。在运用时编组成列，固定担当一对或几对旅客列车的运输任务，运行区段比较固定，客运车底编组也比较固定，一般不进行改编。

2）货车

国铁集团所属通用货车一般不固定配属给铁路局集团公司，而是在全路范围内通用，由各车辆段按区段负责对运行中以及在调车和装卸作业中发生的车辆故障进行检查和修理。也有部分货车实行配属制，包括：机械冷藏车，标记载重 90 t 和 90 t 以上的长大货车，固定装卸地点循环使用的专列罐车、矿石车或煤车，以及少数专用货车。这些车辆由配属车辆段负责保管和检修。其他特种货车的使用由国铁集团统一指挥。路外一些大型厂矿具有自备车，其所有权及使用权均属于这些企业；企业自备车在国铁线路上运行需签订协议，并支付相关费用。

2. 车辆管理机构

铁路车辆运用管理的基层单位是车辆段。车辆段一般设在编组站、国境站和枢纽站、货车大量集散的地点和始发、终到客车较多的地点。按专业分工分为客车车辆段、货车车辆段、客货车混合车辆段和机械保温车辆段。车辆段内设有相应的检修车间和工段，它的基本任务是承担车辆的段修和较大修程车辆的临修以及部分日常维修保养工作，在负责管理的区段内设置客车技术整备所、列车检修所、站修所等。

1）客车技术整备所

客车技术整备所简称客车整备所，又称库列检。它是客车日常维修保养的基地，通常设在旅客列车的始发和终到站。客车整备所对进库客车利用库停技检时间对客车通风、供水、供电等设备进行检查、试验和修理，消除在运行途中不易处理的故障，并进行属于本段的客车的辅修、库存客车的日常维修保养以及摘车临修等工作，以保证客车在运用中有良好的技术状态。配属客车较少的车辆段则仅设客车整备线。

2）列车检修所

列车检修所是对通过列车进行技术检查和维修的单位，分为旅客列车检修所（简称客列检）和货物列车检修所（简称列检所）。客列检设在旅客列车经过的各主要停车站；列检所设在编组站、区段站、路矿（厂）交接站、国境站以及运输上有特殊需要的地点。列检所又可分为主要列检所、区段列检所和一般列检所。主要列检所设在作业量大的编组站或大量装卸货物的车站，对车辆进行比较全面的检查和排除危及行车安全的故障；区段列检所设在编组作业量少而中转列车较多的车站，对车站编组始发的列车和加挂的车辆进行比较全面的检查，对中转列车进行重点检查；一般列检所设在铁路支线、厂矿专用线或为保证行车安全需要设置的车站，对车辆进行重点检查和修理。

3）站修所

站修所是对货车进行辅修、轴检和摘车临修的单位，设在有列检所的编组站、较大区段站和装卸量大的厂矿交接站。辅修是对车辆的制动装置、轴箱油润部分进行检修，对其他部分做辅助性修理，每半年进行一次；轴检是对车辆的轴箱油润部分进行检修，每三个月进行一次；摘车临修是列检所在检查列车时发现较大的车辆故障，在列车停站时间内不能处理时，将该车从列车中摘出进行修理。

4.3.2 车辆的运用标记

为了表示车辆的类型和特征，满足运用、检修和统计上的需要，每一铁路车辆上均应具有运用、产权、检修等标记，这也是铁路运输部门如何运用车辆的依据。

1. 车辆编码

运用中的车辆均分配唯一的编码，并涂刷在车辆侧墙上明显位置，以便于识别和管理。编码的主要内容为车种、车型、车辆制造顺序号码。

1）基本型号

基本型号以该车种汉语拼音名称中的关键字母表示，代表车辆种类。客车一般以双字母表示，货车一般以单字母表示。主要客、货车基本型号见表 4－3－1。

表 4－3－1　主要客、货车基本型号

客车						货车					
序号	车种	代码	序号	车种	代码	序号	车种	代码	序号	车种	代码
1	软座车	RZ	14	特种车	TZ	1	敞车	C	9	水泥车	U
2	硬座车	YZ	15	救援车	JY	2	棚车	P	10	家畜车	J
3	软卧车	RW	16	文教车	WJ	3	平车	N	11	集装箱专用车	X
4	硬卧车	YW	17	工具车	GJ	4	罐车	G	12	小汽车专用车	SQ
5	行李车	XL	18	市郊车	SJ	5	漏斗车	K	13	汽车驮背专用车	QT
6	邮政车	UZ	19	观光车	GG	6	保温车	B	14	长大货物车	D
7	餐车	CA	20	轨检车	DJ	7	粮食车	L	15	特种车	T
8	空调发电车	KD	21	双层硬座	SYZ	8	毒品车	W			
9	公务车	GW	22	双层软座	SRZ						
10	医疗车	YL	23	双层硬卧	SYW						
11	卫生车	WS	24	双层软卧	SRW						
12	试验车	SY	25	双层餐车	SCA						
13	维修车	WX									

2）辅助型号

辅助型号代表车辆构造型式，用阿拉伯数字表示，如 C_{80E}，其中拼音字母“C”是敞车的基本型号，80 表示载重为 80 t 的敞车，E 表示其材质和结构；YW_{25K} 中的“25”表示 25 型结构的硬座客车。

3）车号

车号表示某种车型的顺序号码，采用 4～7 位编码。客车按车种分别编号，货车按车种和标记载重分别编号。货车应有车号自动识别标签。

车辆编码示意图如图 4－3－1 所示。

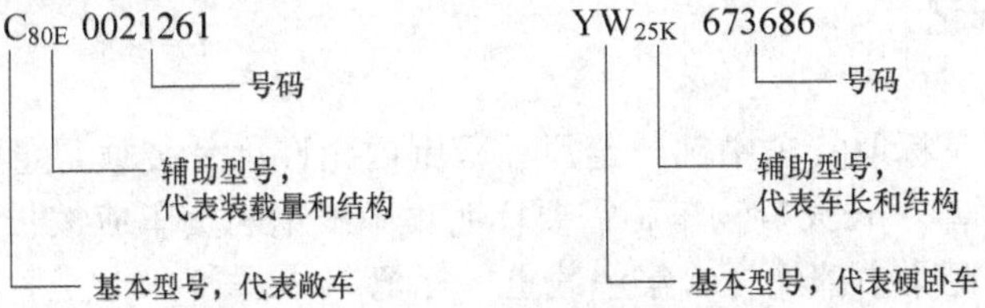

图 4－3－1　车辆编码示意图

2. 产权标记

（1）国徽。凡参加国际联运的客车须在侧墙外中部悬挂国徽。

（2）路徽。凡产权归国铁集团的车辆均应在侧墙或端墙适当的部位涂刷路徽，表示人民铁道。货车还应在侧梁适当部位安装产权牌。

（3）制造标记。新造客车、货车应安装金属的制造厂铭牌，其内容包括制造厂名和制造年份，式样由制造单位确定。

（4）路外厂矿企业自备车辆的产权标志。路外厂矿企业的自备车因运送货物或委托路内厂、段检修而需要在正线上行驶时，一般在侧墙上或其他相应部位用汉字涂打上“××企业自备车”字样。

（5）配属标记。所有客车及个别有固定配属的货车，必须涂刷所属局、段的简称。

3. 运用标记

（1）自重。表示空车时，车辆自身具备的质量称为车辆的自重，即车体和转向架本身结构，以及附于其上的所有固定设备和附件质量之和，以 t 为单位，保留一位小数。在保证车辆具有足够的强度、刚度情况下，车辆的自重越小越经济。

（2）载重。车辆标记中所注明的货物或旅客和行李包裹的质量（包括整备品和乘务人员的质量）称为车辆的载重，即车辆所允许的最大装载量，以 t 为单位。它表明车辆的装载能力。

（3）总重。车辆的自重与载重之和称为车辆的总重。对不装运货物、旅客和行李物品的车辆是指自重与整备品和乘务人员的质量之和。

（4）容积。行李车、邮政车和货车（平车除外）内部可容纳货物的体积，以 m^3 为单位，保留小数点后一位。一般以车辆内部的长×高×宽（以 m 为单位）表示。罐车还应标明容量计算表的号码，供计算不同罐车、装载不同深度时的实际装入量（空气包容积除外）。

（5）车辆全长。闭锁位时该车两端钩舌内侧间的距离，以 m 为单位，保留一位小数。

（6）换长。为了编组列车时统计工作的方便，将车辆全长换算成辆数来表示的长度，换算时以早期 C_1 型敞车长度 11 m 为计算标准。计算中保留一位小数，尾数四舍五入，即：$换长=\dfrac{车辆全长（m）}{11（m）}$。

（7）车辆定位标记。以阿拉伯数字 1 和 2 分别表示车辆的一位端和二位端。一般以制动缸活塞推出的方向为一位端，另一端为二位端。往往手制动机都安装在一位端。车辆的定位标记涂打在车辆端墙下侧。

车辆的车轴、车轮、轴箱、车钩、转向架等位置，都有一定的编号称呼。编号原则是站在一位端面向车辆，由一位端向二位端依次编号（左右对称的设施还要保证左单右双）。

4. 特殊用途标记

1）集中载重标记

集中载重标记是标明货车中部一定尺寸范围内允许承受装载重量的标记。载重大于（或等于）60 t 的平车、长大货物车和需要标明集中载重的货车应按长大货物车、平车集中载重表在车底架侧梁中部涂打“集中载重”标记。

2）货车结构特点标记

（1）MC⃝——表示可以参加国际联运的客货车。

（2）——表示禁止通过机械化驼峰的货车。

（3）人⃝——表示具有车窗、床托等的棚车，可以运送人员。

（4）古⃝——表示具有栓马环或其他栓马装置的货车。

（5）卷⃝——表示在（某些）货车的侧梁端部装有卷扬机挂钩，指定在此部位用卷扬机拉车。

（6）超⃝——表示车体局部超出车辆限界，但未超出规定。

（7）关——表示活动侧板放下时，超过车辆下部限界的平车，运行中必须关闭。

（8）㊕——表示可装运坦克或特殊货物的车辆。

（9）白色横线——在车体两侧墙中央涂以宽 200 mm 的白色横线，表示救援列车的车辆。

（10）黄、红色带——装运酸、碱类的罐车和专运危险品的特种车，在车体或罐体的四周涂打 300 mm 宽的色带，剧毒品为黄色，爆炸品为红色，并在色带中间涂打“危险”二字。

3）运用特殊标记

在部分车辆上还涂打各种运用特殊标记，如长大货物车涂打“限速”和“限制曲线半径”标记，部分货车涂打货车新产品试运期间试验标记；紧急制动阀手把旁安装“危险请勿动”铭牌等。客运车辆上还装有各种不同的使用标记。

5. 车辆检修标记

检修标记是便于车辆计划预修制度执行与管理的标记。它记载本次修理时间、类型及检修责任单位并提醒下次修理在何时进行。

1）定期修理标记

客货车均有定期修理标记，分厂修、段修两栏，如图 4－3－2（a）所示。第一栏为段修标记，按所属车辆段的简称涂打；第二栏为厂修标记；左侧为下次检修年月，右侧为本次检修年月及检修单位的简称。

2）辅修标记

客车辅修标记，右上格为本次检修日期及单位简称，左上格为下次检修日期，下面两格为下次检修后填写，如图 4－3－2（b）所示。客车辅修标记涂在制动缸（或副风缸）侧面，货车辅修和轴检标记涂在厂、段修标记下面。辅修周期为 6 个月。

3）提速客车的修理标记

如图 4－3－2（c）所示为提速客车修理标记。

08.9	07.3丰段
09.3	03.3齐厂

(a) 客货车厂、段修标记

9-15	3-15丰

(b) 客车辅修标记

A4	12.04.10	长客
A3	02.11.05	广广
A2	99.12.20	广广
A1	97.08.13	广广

(c) 提速客车修理标记

图 4－3－2　铁路车辆定期检修标记

4.3.3　车辆的技术经济参数

车辆技术参数是表明车辆结构上和运用上某些特征的一些指标，除自重、载重、容积等已在“车辆运用标记”部分做了说明外，还有以下几项。

1. 自重系数

货车的自重系数为车辆自重与标记载重的比值。客车的自重系数为客车自重与定员数的比值。

自重系数是表明车辆技术经济合理性的一个重要指标。在保证车辆的强度、刚度和使用寿命的条件下，自重系数小，说明机车对运送每一吨货物所做的功少，比较经济，所以自重系数越小越好。今后我国将大量制造大吨位的货车，以压缩车辆的自重系数，有利于降低货运成本，满足重载运输的需要。

例如：C_{80E}型敞车载重 80 t，自重 26.5 t，则自重系数$=\dfrac{26.5}{80}\approx 0.33$。

对于客车来说，应在考虑旅客的安全、舒适和车内卫生条件的同时，力求降低自重系数。

2. 轴重

轴重并不是指车轴本身的重量，而是车辆总重（自重+载重）与轴数之比，即车辆每一轮对施加于轨道上的重力。车辆的轴重受轨道和桥梁结构强度（允许的荷载）的限制，所以不允许超过规定数值。目前，我国重载货运专线允许的轴重为 25 t，其他客货混运线路允许的最大轴重为 23 t。

3. 单位容积

单位容积为车辆设计容积和标记载重之比，是车辆载重力与容积能否达到充分利用的指标。

4. 每延米轨道载重

每延米轨道载重为车辆总重量与车辆全长之比（单位为：t/m）。它是车辆设计中与桥梁、线路强度密切相关的一个指标，同时又是能否充分利用站线长度、提高运输能力的一个指标。按目前桥梁设计规范，允许车辆每延米轨道载重可取到 8 t。我国规定线路允许载重一般不得超过 6.6 t/m。

5. 构造速度

车辆设计时，按安全及结构强度等条件所允许的车辆最高行驶速度，即为构造速度。车辆实际运行速度一般不允许超过构造速度。

6. 通过最小曲线半径

配用某种形式转向架的车辆在站场或厂、段内调车时所能安全通过的最小曲线半径，即为通过最小曲线半径。例如：C_{70}型货车通过最小曲线半径为 145 m。

7. 车辆轴距

车辆轴距包括车辆全轴距、转向架固定轴距、车辆销距。车辆全轴距是指车辆上一、二位端最外面的车轴中心线间的水平距离；转向架固定轴距是指二轴车或同一转向架的最前位和最后位车轴中心线间的水平距离；车辆销距为两转向架心盘中心销间的水平距离。

8. 车钩中心线高度

为了保证车辆连挂安全可靠和车钩缓冲装置安装的互换性，我国铁路机车车辆规定：车钩缓冲器装车后，其车钩钩舌的水平中心线距钢轨面在空车状态下的高度，客车为880^{+10}_{-5} mm，货车为（880±10）mm。两相邻车辆的车钩水平中心线最大高度差不得大于 75 mm。

9. 车辆其他主要尺寸

车辆其他主要尺寸包括车辆全长、车辆宽度与最大宽度、车辆高度与最大高度、车体及底架长度、车体内部尺寸、地板面高度等。

4.3.4　车辆运用管理的主要指标

1. 反映拥有车辆数量的指标

标志拥有车辆数量的主要指标有运用车数和非运用车数等。运用车是指使用中的客、货车辆，包括编组在列车中的车辆及在装卸站和编组站进行作业的车辆；非运用车是指修理中和待修的车辆，以及铁路业务自身使用和作其他用途的非营运车辆。

2. 反映车辆使用强度的指标

标志车辆使用强度的主要指标有周转时间、日车公里、空车率、货车净载重和货车动载重等。

（1）周转时间。这是货车在两次装车之间的平均时间，以日数表示。

（2）日车公里。这是货车平均每日运行的公里数，即单位周转时间内的走行里程，以公里/日表示。

（3）空车率。这是货车空车走行里程与货车重车的走行里程之比。空车率越小，反映车辆利用率越高。

（4）货车载重量。这是反映货车载重能力利用程度的指标，通常分为货车净载重和货车动载重。实际中，常用到平均净载重和平均动载重。

① 平均净载重。这是指平均每辆货车的装载重量（净重），以 t 为单位。

② 平均动载重。这是指平均每辆货车走行 1 km 所完成的净重吨公里货物周转量。

4.3.5　车辆的检修及质量保证

为了完成运输任务，铁路必须拥有相应数量的、性能良好的车辆。因此，一方面铁路工业部门要不断地新造足够数量的车辆；另一方面车辆部门还要做好车辆在日常运用中的维修保养工作，使已有车辆经常处于质量良好的状态（因为车辆在运用中各种零部件经常发生磨耗、裂纹、折损，变形、松弛及腐蚀等损伤），才能确保安全、高速、平稳地运送旅客和货物，并延长车辆的使用寿命。

1. 检修制度

国际上通行两种检修制度：计划预防修和技术状态修。

（1）计划预防修。首先，摸清车辆主要零部件的损伤规律；然后，确定其使用极限，再在此基础上确定合理的检修循环结构和检修周期，使车辆零部件在运用中产生的损伤尚未达到极限时，就能加以修复。

（2）技术状态修。这是指按车辆技术状态修理的制度，即在设备工作寿命期内，将运行设备按照规定的状态值来检查其运行参数，只要设备运行参数在规定的状态限值以内时，就一律不检修。当运行参数超出规定的状态限界值时，就按照规定工艺进行检修，使其恢复到规定的状态值后继续使用。设备达到使用寿命期，则予以更新。这种修理制度在保证设备安全前提下，充分发挥运输设备的内在潜力，力图将检修工作量减小到最低限度。这也是中国铁路车辆将逐步实施的检修制度。

我国现在采用的是计划预防修制度。在计划预防修的前提下，将来逐步扩大实施状态修和主要零部件的专业化集中修和换件修。专业化集中修和换件修就是在全国设几个主要零部件的专修基地，进行专业化维修；其他维修单位对主要零部件实行换件修，对其他部件实行维修。

目前，我国铁路车辆的计划预防检修分为定期检修和日常维修两大类。

1）定期检修

车辆定期检修就是按照规定的期限，对整辆车辆或某些部分进行全部或部分的检修。它是根据车辆各部分在正常使用条件下的磨耗规律，对不同部件制定不同的检修周期和技术标准（到期进行检查、修理或更换），每一辆车不论其技术状态如何，经过一定时间的运用后都要进行定期检修。

（1）客车的定期检修。为了提高车辆安全性和使用效率，近年来，在借鉴国外高速客车先进的维修理论和经验的基础上，我国铁路客车建立了以走行公里为主、时间周期为辅的计划预防修制度，从而大幅度提高客车检修质量和效率。目前，最高运行速度不超过 120 km/h 的客车定期修程分为厂修、段修和辅修；对最高运行速度超过 120 km/h 的客车定期修程分为 A1、A2、A3、A4 四级，其中 A4 级在工厂完成，而其他修程则在车辆段进行。以 25T 型客车为例，定期修程如下。

A1：周期为 20 万 km（±2 万 km），或运行不足 20 万 km，但距上次 A1 级以上各修程时间超过 1 年者。

A2：周期为 40 万 km（±10 万 km），或运行不足 40 万 km，但距上次 A2 级以上各修程时间超过 2 年者。

A3：周期为 80 万 km（±10 万 km），或运行不足 80 万 km，但已做过一次 A2 修，距上次 A3 级修程时间超过 2 年者。

A4：运行超过 240 万 km（±40 万 km），或距新造或上次 A4 级修程时间超过 10 年者。

（2）货车的定期检修。货车定期检修的修程分为厂修、段修、辅修和轴检四级修程。按运行里程检修分为大修（A 级）、全面检查修（B 级）、重点检查修（C 级）三级修程。同时，按运行里程和运用时间检修的货车，执行“先到为准”的原则。

厂修是对车辆进行全面检查和彻底修理，并进行必要的现代化技术改造。目的在于恢复车辆的基本技术性能，使修理后接近新造车辆水平。主要部件的技术质量应能保证在一个段修期内正常运用。厂修一般在车辆修理工厂进行，必要时可以在有条件的车辆段进行。

段修是对车辆进行全面检查、重点分析。着重分解检查车辆的走行部、车钩缓冲装置和制动装置等部件。消除故障隐患，修复损坏、磨耗的零部件；按规定更换磨损过限的零部件，防止故障扩大。目的是保持车辆的基本性能，延长车辆的使用寿命，保证车辆安全运行。主要零部件的技术质量应能保证一个段修期。段修在车辆段进行。

辅修主要对车辆的制动装置和轴箱油润装置进行检修，同时对其他部件进行辅助性修理，以保证这些部件在运用中保持良好的状态。辅修在检修所（线）进行。

轴检是按辅修的要求，对车辆的轴箱油润装置和其他部位进行检修。摘车轴检在站修线进行，不摘车轴检在列车中进行。两种轴检均应保证在下次辅修到期前不发生轴箱油润装置故障。

2）日常维修

为使车辆经常保持良好的技术状态，在定期检修之间的运用期内，还必须对车辆进行日常检查和维修工作。只有日常检查和定期检修配合起来，才能保证车辆的完好和正常运用。

（1）货车的日常检查和维修。日常维修工作由列车检修所和站修所等单位承担。列车检修所对经本站中转或到达本站的所有车辆进行技术检查，同时还负责扣修定检到期的车辆。发现故障能在列车中修复的要及时维修；修理工作量较大者，则从列车中摘下，送入专用的站修作业场维修，即日常维修的不摘车修和摘车修。

（2）客车的日常检查和维修。客车和货车不同，它有固定的配属段，并按照规定的区段运行。所以，客车的日常维修工作主要是利用旅客列车终到后、始发前在客车整备所进行的检修，又称为库列检。在运行途中还要进行列车的技术检查。此外，在旅客列车上还派有固定的检车乘务员，负责检查车辆和车电设备的技术状态，防止因车辆技术状态不良而发生摘车或晚点，对某些检车乘务员无力处理的故障，要及早联系前方旅客列检所协助办理。

2. 货车质量保证

铁路货车质量保证是指在质量保证期内，铁路货车在正常运用中不得发生质量故障。凡由于运用中不正常冲撞、脱轨、超载、装卸碰撞、偏载、商务错装（车型不符），或由于操作不良，擅自拆卸等情况而导致的破坏，均不属质量保证范围。

在正常使用条件下，凡在制造质量保证期内配件发生质量问题时，须由配件制造单位承担质量保证责任，装用单位承担装用责任。车辆在检修中因设计、制造原因，需改造的项目或零部件在质量保证期内超过段修限度或产生裂损等影响使用的缺陷，需更换的零部件由车辆制造或检修单位无偿换新，车辆制造或检修单位继续向配件生产单位进行质量追溯。在使用质量保证期内，因内部缺陷造成事故时由配件制造单位负责。例如：120 制动阀作用不失效的质保期为 2 年，阀体无裂损的质保期为 12 年。

车辆主要零部件实行寿命管理，如侧架、摇枕、轴承、轮对、轴箱定位装置、车钩、钩舌、缓冲器、钩尾框、摇枕弹簧、轴箱弹簧等。实行寿命管理和有制造质量保证期的新制配件必须有制造时间和制造厂代号标记。标记应清晰，位置须在非磨耗部位。寿命管理的寿命期限通常以制造时间为准，时间精确到月，但车轴使用时间以轮对第一次组装时间为准。实行寿命管理的配件均规定了报废的条件。例如：货车的摇枕、侧架等主要结构件使用满 500 万 km 或 25 年则报废，或已满 20 年或 400 万 km，并且存在规程规定的一些特定裂纹，也应报废。在检修中严格执行寿命管理周期，在设计周期内发生的故障应由厂家负责。车辆运用到寿命期必须报废。实行寿命管理的配件，如剩余寿命小于一个段修期时，经检查确认质量状态良好后，可继续装车使用。

任务 4.4　认识车辆检测系统

任务描述

本任务主要学习铁路货车车辆信息化与运行安全监控系统相关组件的作用、构成和功能，了解相关设备，切实树立安全管理意识。

相关知识

随着铁路货车制造、检修、维护、监控等手段的不断升级进步，安全管理手段也逐步由过去传统的单一模式向信息化、自动化、多元化、系统化方向发展。目前，以网络信息化为依托，以车号信息为基础，以铁路货车技术管理信息系统（HMIS）为支撑，以车辆运行安全监控系统为重点，以铁路货车检修、维护自动化工装为基础的全新铁路货车安全管理体系已基本建立，铁路货车安全管理实现了质的飞跃。

4.4.1 铁路货车技术管理信息系统

近年来，以车号为基础，依托网络信息技术，铁路货车技术管理信息系统（HMIS）的基础信息系统逐步完善，提供了丰富、准确的铁路货车基础信息资源，实现了铁路货车实时运行监控。

1. HMIS 的应用

HMIS 是为铁路货车技术管理提供宏观决策信息和生产组织、质量控制及信息服务的，各种资源设备统一规划的，应用计算机、网络、通信技术并引进科学的管理方法和系统化的开发方法的人－机系统。

1）HMIS 系统的主要构成

HMIS 系统总体逻辑结构分为信息应用管理层和基础数据提供层。信息应用管理层由国铁集团、铁路局集团公司及铁路货车造修单位的管理层组成；基础数据提供层由各铁路货车造修单位的车间层组成，预留可扩展到工位的数据接口。

2）系统的主要功能

（1）铁路货车技术清查信息化。可随时分析、掌握全路铁路货车（包括自备车）保有量及铁路货车车种、车型、制造时间、制造工厂和铁路货车的主要技术参数。实现按车种分布情况、载重别分类、制造年限、转向架型号、车钩、阀型、轴承型号、缓冲器型号等铁路货车技术清查的信息化。

（2）铁路货车技术履历管理信息化。可随时分析、掌握每辆铁路货车当前或历史的技术状态和技术参数，实现每辆铁路货车从新造到报废，包括厂修、段修、辅修、临修、运用、加装改造、主要零部件更换、故障等主要技术履历管理的信息化。

（3）铁路货车技术管理工作信息化。按照铁路货车技术管理的职能，实现全路车辆调度（铁路货车部分）、新造、厂修（段做厂修）、段修、站修、运用、轮轴、制动、安全、自备车、机保车、爱车、报废等技术管理工作信息化。

（4）铁路货车及主要零部件寿命管理实现信息化。

（5）其他功能。如铁路货车定检到期预测及定检过期报警等。

3）HMIS 系统对铁路货车安全管理起到的现实作用

（1）实现技术管理智能化，使铁路货车安全管理手段多元化。

（2）实现生产组织网络化，使铁路货车安全管理手段主动化。

（3）实现智能计算与预警分析，使铁路货车安全管理手段直观化。

（4）实现信息的共享化，使铁路货车安全管理手段全面化。

2. 铁路车号自动识别设备

1）主要构成及原理

车号自动识别设备分为车上标签和地面识别设备，即：在车辆的车体底部安装电子标签，在分界口、编组站、大货运站、车辆段检修车间及站修车间入口咽喉处安装地面识别设备。当列车经过地面识别设备时，通过微波射频技术，自动识别电子标签信息，同时将采集的列车信息传到国铁集团、铁路局集团公司、铁道车辆检修单位，提供实时、准确的列车车号信息。

2）主要功能

在列车运行过程中，自动采集列车中车辆的基本信息，如铁道车辆的属性、车号、车种、车型、换长、制造厂、制造日期等。

3）对铁路货车安全管理起到的现实作用

车号自动识别系统的应用，使铁路货车车号安全管理实现了由人工管理向信息化管理的转变、由粗放式管理向集约式管理的转变、由静态管理向动态管理的转变、由不可控到即时监控的转变。

（1）实现了铁路局集团公司间分接口自动交接、核对，为铁路运输费用结算提供了客观依据。

（2）实现了铁路货车的全路自动追踪、调度与管理。

（3）显著提高了铁路货车的正点率。

（4）杜绝了铁路货车错号、重号的发生。

（5）车号信息正在成为铁路货车管理、行车安全保障、运行维护管理等运用领域的重要基础性信息。

（6）为解决 5T 设备故障车辆追踪和定位难题创造了条件。通过为 5T 设备配套车号智能跟踪装置，增加车号/车次识别功能，为 5T 设备解决故障车辆跟踪、故障轴承定位和车辆识别提供了全新的手段，提高了故障定位的准确率，使安全管理手段进一步得以完善。

（7）为其他铁路货车安全管理现代化、智能化手段的普及使用提供了重要的基础信息。

4.4.2　车辆运行安全监控系统

车辆运行安全监控系统（以下简称 5T 系统）采用智能化、信息化、网络化技术，实现地面设备对铁路货车运行安全的动态检测，安全防范关口前移，充分体现了“预防为主”的安全管理指导思想，有效提高了铁路货车运行安全防范能力，同时也为提高铁路货车安全管理综合能力，奠定了坚实的基础。

5T 系统包括：车辆轴温智能探测系统（THDS），对运行列车轴承温度进行监控、跟踪、预报；铁道车辆运行品质轨边动态监测系统（TPDS），对车辆超偏载、车轮踏面损伤、运行状态进行动态监控；铁道车辆滚动轴承故障轨边声学诊断系统（TADS），对车辆轴承内外圈、保持架、滚子等进行声学监控、预警；货车故障轨边图像检测系统（TFDS），对铁路货车关键部件（制动梁、转向架、车钩等）准确定位并抓拍图像，由 TFDS 动态检车员进行分析、预报；客车运行安全监控系统（TCDS），对客车轴温进行自动监控、报警，通过无线网络进行传输。

5T 监控设备按照“分散检测、集中报警、网络监控、信息共享”的基本要求，建成覆盖全路的铁路货车运行安全监测信息网络。涉及铁路货车的 5T 系统由轨边 THDS、TPDS、TFDS、TADS 等探测站、基层数据汇聚节点、铁路局集团公司运行安全监测中心、国铁集团总公司查询中心组成，并在列检所和铁路检修单位设置监控复示终端。各级中心间及基层数据节点与探测站、列检所、铁路货车检修单位间通过介入铁路计算机网络互相连通，实现检测信息的自动收集、集中储存和管理，采用层次化的分布式数据存储和处理技术方案，构成三级联网、三级复示、三级管理信息系统。5T 系统总体结构图见图 4－4－1。

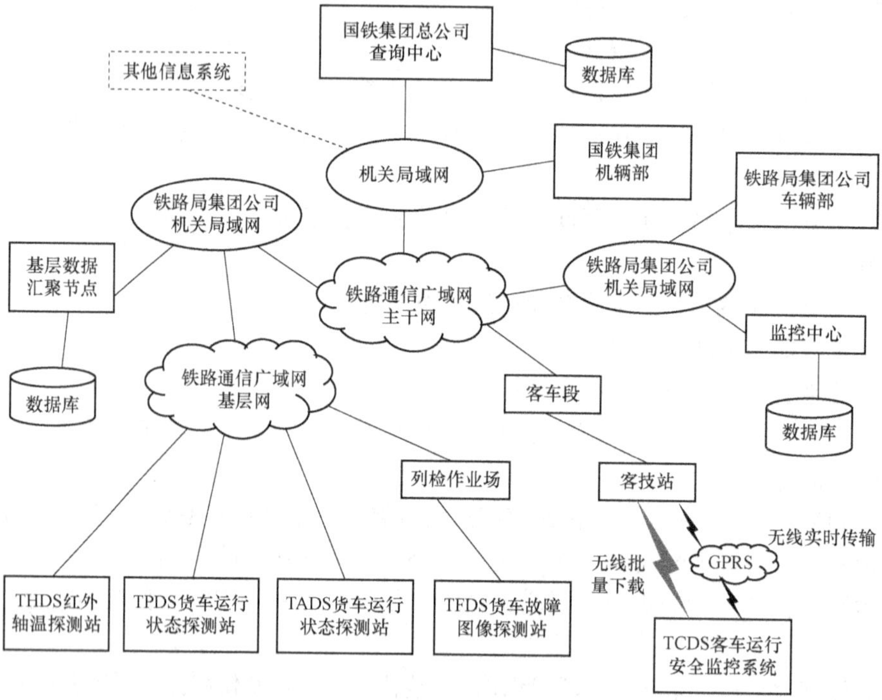

图 4－4－1　5T 系统总体结构图

1. 车辆轴温智能探测系统（简称 THDS）

THDS 是对行进列车的铁路货车轴温进行非接触式探测，根据轴温及其他信息预报铁路货车热轴故障的运输安全保障系统。

铁路货车在运行过程中，如果轴承内部损伤或外部不合理受力，会导致轴承发生结构部件过度磨耗或损坏、卡滞等故障，如果不及时对这些轴承故障发出警告，最终会导致发生严重的列车安全事故。铁路货车轴承温度过高是轴承出现故障的一个重要表征，而且轴承故障的严重程度与轴承温度的高低有着密切关系。THDS 设备利用现代红外辐射探测技术对轴承发出的红外辐射强度大小进行探测，并将其转换为相应的电信号进行处理，从而达到轴温探测和发现热轴的目的，并根据是否出现异常轴温判断轴承状态是否异常，及时发出警告，从而防止出现列车热切轴事故。

1）在铁路货车安全管理中的作用

轴承作为铁路货车走行部的关键部件，轴承的状态直接影响行车安全。为了预防轴承故障引发的事故，从 20 世纪 80 年代起，我国铁路开始运用红外线技术探测列车轴温，防止铁路货车发生热轴事故。THDS 先后经历了一代机、二代机、THDS－I 型机、THDS 统型机，从单独的探测站设备发展到全路三级联网，形成网络监控能力。经过多年的发展，THDS 目前已形成保障列车运行安全的一个智能化、网络化、信息化系统，成为保障铁路运输安全与畅通的一个重要体系。

2）主要构成

THDS 由国铁集团总公司查询中心、铁路局集团公司运行安全监测中心、行车调度复示终端、车辆段复示站、列检复示站、探测站及通信网络组成，设备全路联网运行，探测信息全路共享。THDS 轨边设备如图 4－4－2 所示。

图 4－4－2　THDS 轨边设备

3）主要原理

自然界中任何物体，只要自身温度高于 0 K 即－273.15 ℃，都能进行红外辐射，这是一种看不见的射线，其电磁波长为 0.76～1 000 μm，具有普通光的性质。THDS 利用现代红外辐射探测技术对轴承发出的红外辐射强度大小进行探测，并将其转换为相应的电信号进行处理，检测运行车辆的轴承温度，进行跟踪报警。

4）主要功能

THDS 对铁路货车轴承的热轴故障分为三级进行报警，分别为激热、强热、微热。THDS 对符合热轴预报标准的铁路货车在铁路局集团公司运行安全监测中心（列检复示站）自动声光报警，报警信息包括探测站名称、列车通过时间、车次、运行方向、编组辆数、车号、故障车位、左/右侧、轴位、报警等级和热轴波形等。强热、激热等符合列车拦停预报的报警内容复示到行车调度复示终端，同时声光报警，所有热轴报警信息实时上传到国铁集团总公司查询中心。

2. 铁道车辆运行品质轨旁动态监测系统（简称 TPDS）

TPDS 利用安装在正线上的测试平台，动态监测通过列车轮轨相互作用连续的垂直力和横向力，并在联网分析处理的基础上识别车辆运行状态，同时还可监测车轮踏面损伤和车辆超偏载状态。通过对报警车的追踪和处理，重点防范列车脱轨事故的发生。

1）在铁路货车安全管理中的作用

TPDS 可对铁路货车运行状态、超偏载、轮对踏面故障等进行全面监测，TPDS 监测的铁路货车数量庞大，通过按照分散检测、集中报警、联网运行、信息共享的原则进行组网运行，不但能有效地监测铁路货车运行状态，发现状态不良车，保证运输安全，而且能作为铁路货车状态修的评判参数，为铁路货车运行安全提供有力的支撑。

2）主要功能

TPDS 对运行状态不良的铁路货车进行监测、跟踪、报警，从而提高铁路货车运行的安全预警能力，同时还具备铁路货车超偏载、车轮擦伤监测功能。

3）主要构成

TPDS 由国铁集团总公司查询中心、铁路局集团公司运行安全监测中心、列检复示站、探测站及通信网络组成，设备全路联网运行，探测信息全路共享。它是集各探测站及列检所、铁路局、铁路主管部门等运用管理部门于一体的铁路货车运行状态地面安全监测系统。TPDS 探测站轨边设备如图 4－4－3 所示。

图 4－4－3　TPDS 探测站轨边设备

4）主要原理

（1）状态不良铁路货车的探测站监测和评判。探测站根据所测铁路货车通过时所产生的轮轨作用力及其变化特征，依据动力学指标和统计分布特征，判别铁路货车是否蛇行失稳，同时对蛇行失稳铁路货车的严重程度进行分级评判，将测量和评判结果上传。

（2）车轮踏面擦伤的监测。探测站通过车轮在轨道上产生的轮轨冲击载荷来识别车轮踏面的擦伤情况，并给出冲击当量及相应的车轮踏面擦伤报警等级，将数据上传并复示给相关列检所。

（3）铁路货车超偏载的监测。探测站通过对铁路货车各轮在轨道上产生的垂向力测定，可以监测轮重、轴重、前后转向架重及车辆总重，结合车号信息，可以识别铁路货车超载和偏载（包括前后偏、左右偏），根据其量值确定报警等级，将数据上传并复示给相关部门进行处理。

3. 铁道车辆滚动轴承故障轨边声学诊断系统（简称 TADS）

TADS 采用声学诊断技术和计算机网络技术，通过对运行中货车轴承噪声信号的采集和分析，识别轴承的工作状态，提供有效的轴承内部早期故障诊断结果，在热轴之前发现故障。与 THDS 相结合，能更加有效地防止切轴和脱轨事故，提高轴承故障的防范水平。

1）在铁路货车安全管理中的作用

TADS 可以及时地发现故障轴承，防范关口比 THDS 提前。TADS 探测设备能对轴承故障进行分级预报，可根据预报等级进行相应处理，减少因轴承故障导致的事故。轴承趋势诊断数据库可以监控所有的可疑故障轴承，跟踪故障的发展趋势，及时预报故障轴承，使潜在的故障得到有效的监控；同时可综合评价各类轴承性能，对铁路货车轴承发展决策提供科学依据。

2）主要功能

TADS 利用轨边声学诊断装置对通过的铁路货车运行噪声进行采集分析，从中发现滚动轴承滚子、内圈、外圈、保持架等零部件的早期故障。

3）主要构成

TADS 由各级铁路货车主管部门查询终端、铁路局铁路货车运行安全监测站、列检复示站、探测站及通信网络组成。系统采用远程检测、数据集中、联网运行、信息共享的运行模式。整个网络由数据信息采集级和两个应用级（铁路局应用级、铁路货车主管部门应用级）组成，通过 Web 方式实现对铁路货车滚动轴承运行状况的多级监控。TADS 探测站轨边设备如图 4－4－4 所示。

图 4－4－4　TADS 探测站轨边设备

4）主要原理

TADS 是利用设在轨边的声学传感器阵列采用现代声学诊断技术对高速运行列车的车辆轴承故障信号进行实时拾取、滤波、采集、处理。通过对轴承不同部位的故障预先建立复杂的数学模型，可以判断轴承内圈、外圈、滚子、保持架等主要零部件的裂纹、剥离、磨损等故障，从而实现了滚动轴承早期故障的在线诊断。

4. 货车故障轨边图像检测系统（简称 TFDS）

TFDS 是一套集高速数字图像采集、大容量图像数据实时处理技术、精确定位技术、模式识别技术、智能化、网络化技术及自动控制技术于一体的智能系统，能够对通过的车辆利用图像采集设备自动抓拍车钩缓冲装置、基础制动装置、车底架、转向架等部位的全部图像，并经过数字化处理，传送到室内信息终端计算机，对货车的隐蔽故障和常见故障进行动态检测。

1）在铁路货车安全管理中的作用

（1）实现了“人控”向“机控”转变；

（2）实现了“室外”向“室内”的转变；

（3）实现了“静态检查”向“动态检测”的转变；

（4）压缩了列车技术检查时间，提高了列检劳动生产率。

2）主要功能

TFDS 采用高速摄像、计算机快速处理技术、图像模式识别技术、传感技术等对铁路货车隐蔽和常见故障进行动态检测。

3）主要构成

TFDS 由探测站设备和列检检测分析中心设备两个主要部分组成。TFDS 探测站轨边设备如图 4－4－5 所示。

图 4－4－5　TFDS 探测站轨边设备

4）主要原理

TFDS 轨边设备利用测速定位系统、图像采集系统、光源补偿系统等完成对车辆特定部位的图像采集。数据处理中转站安装在探测站内，它将采集到的铁路货车各部位图像通过前置处理器、数据处理服务器完成计轴计辆，图像定位等数据处理工作；检测分析中心建立在列检所，通过光缆把数据处理中转站处理后的数据图像传至网络服务器，通过交换机分配到各终端计算机由 TFDS 动态检车员进行图像判别。

项目实训

（1）铁路车辆类型描述。

（2）铁路车辆标记和主要技术参数识别。

（3）铁路车辆基本构造识别。

项目自测

一、填空题

1. 铁路车辆按用途分为（　　）、（　　）、（　　）三类。

2. 铁路货车按用途分为（　　）货车、（　　）货车和（　　）货车。

3. 铁路车辆的编码一般由（　　）、（　　）及（　　）组成。

4. 铁路车辆一般由（　　）、（　　）、（　　）、（　　）和车内设备等五个基本部分组成。

5. 为了实现挂钩和摘钩，车钩有三种位置：（　　）位置、（　　）位置、（　　）位置。

6. 铁路车辆中，空气制动的截断塞门若为关闭位置，则此车为（　　）。

7. 长大货车是铁路运输中使用的一种（　　）车辆，专为装运各种长大重型货物，如大型机床、发电机、化工合成塔等。

8.（　　）系统简称 TCDS，可以对客车轴温进行自动监控、报警，并通过无线网络进行传输。

9. 我国铁路车辆的计划预防检修分为（　　）和（　　）两大类。

10. 为了表示车辆的类型和特征，满足运用、检修和统计上的需要，每一铁路车辆上均应具有（　　）、（　　）、（　　）等标记，这是铁路运输部门如何运用车辆的依据。

二、判断题

1. 车底架是车体的基础，用于承受车体和货物的重量，并通过上、下心盘将重量传给走行部。（　　）

2. 轴重是车辆实际载重与轴数之比。（　　）

3. 凡产权归国铁集团的车辆应在侧墙或墙端适当位置涂刷路徽。（　　）

4. 铁路车辆的换长是将车辆全长换算成辆数来表示的长度。（　　）

5. 当进行人力制动时，可将人力制动轮按逆时针方向转动，使制动链绕在轴上，拉动制动杠杆，使闸瓦紧压车轮而产生制动作用。（　　）

三、选择题

1. 铁路车辆标记为 YW_{25G}678536 代表（　　）车。

A. 硬座车　　B. 硬卧车　　C. 软座车　　D. 邮政车

2. 货车转向架由摇枕、侧架、弹簧减振装置、轴箱油润装置和（　　）组成。

A. 缓冲器　　B. 轮对　　C. 车底架　　D. 闸瓦

3. 基础制动装置的作用是将空气制动机或手动制动机产生的力量（　　），再均衡地向各个闸瓦传力的装置。

A. 分散　　B. 集中　　C. 扩大适当倍数　　D. 缩小适当倍数

4.（　　）引导车辆沿轨道以最小阻力运行，并把车辆的重量和货物载重传给钢轨。

A. 车底架　　B. 制动装置　　C. 缓冲器　　D. 走行装置

5. 车辆自重系数是（　　）。

A. 车辆自重与标记载重之比，其值越小越好

B. 车辆自重与标记载重之比，其值越大越好

C. 车辆自重与车辆总重之比，其值越小越好

D. 车辆自重与车辆总重之比，其值越大越好

四、简答题

1. 铁路车辆一般由哪几部分组成？

2. 车辆走行装置的基本作用是什么？

3. 车辆制动装置的作用是什么？

4. 简述车钩缓冲装置的作用和基本组成。

5. 简述空气制动系统中截断塞门的作用。

五、计算题

某车辆侧墙上标有 P_{60}、自重 23 t、载重 60 t、全长 16.7 m。

问：（1）这是一辆什么车？

（2）这辆车的轴重是多少（取小数点后两位）？

（3）这辆车的换长是多少辆（取小数点后一位）？

项目 5　认知铁路机车

项目描述

本项目主要学习铁路机车分类、内燃机车构造及我国内燃机车的发展，电力机车的工作原理、电力机车组成、电力机车制动及我国电力机车的发展、机车标记、机车的运用和检修的基本知识。

知识目标

（1）掌握铁路机车分类；
（2）了解内燃机车构造；
（3）了解电力机车的工作原理、电力机车制动及我国电力机车的发展。

技能目标

能熟知各类机车组成、机车标记及机车的运用和检修。

任务 5.1　初识铁路机车

任务描述

本任务主要学习铁路机车分类。

相关知识

机车是铁路运输的牵引动力，主要完成客、货运列车的牵引和车站的调车工作。

铁路车辆大多不具备动力装置，需要把客车或货车车辆连挂成为车列，必须由机车牵引沿着钢轨运行；在车站内，车辆的转线以及货场取送车辆等各项调车作业，也都要由机车完成。因此，铁路必须保证提供足够数量、牵引性能良好的机车。加强对机车的保养与检修工作，正确组织机车的合理运用。

铁路目前运用的机车有很多类型，下面按使用的牵引动力、用途进行分类。

5.1.1 按牵引动力分类

机车按使用的牵引动力，可分为蒸汽机车、内燃机车和电力机车。蒸汽机车由于其热效率低，环境污染大，目前在我国已基本被淘汰。

1. 内燃机车

内燃机车为自带能源机车，由柴油机通过传动装置驱动机车。主型机车为东风（DF）系列、和谐内燃（HXN）系列。如图 5－1－1 所示为 DF_{4D} 型内燃机车，如图 5－1－2 所示为 HXN_5 型内燃机车。

图 5－1－1　DF_{4D} 型内燃机车

图 5－1－2　HXN_5 型内燃机车

2. 电力机车

电力机车是一种非自带能源机车，通过车顶上的受电弓从外界获得电能，由机车上的牵引电动机和传动装置驱动机车。主型机车为韶山（SS）系列、和谐电力（HXD）系列。如图 5－1－3 所示为 SS_9 型电力机车，如图 5－1－4 所示为 HXD_{3D} 型电力机车。

图 5－1－3　SS_9 型电力机车

图 5－1－4　HXD_{3D} 型电力机车

5.1.2 按机车用途分类

按机车用途，可分为客运机车、货运机车、调车机车、工矿机车。

1. 客运机车

客运机车主要负责牵引旅客列车，要求速度高，主要型号有 DF_{4B}、DF_{11}、SS_8、SS_9、HXD_3、HXD_{3C}、HXD_{3D} 等。

2. 货运机车

货运机车主要负责牵引货运列车，要求牵引力大，主要型号有 SS_4、DF_4、NY_5、HXD_{3B} 等。

客运机车和货运机车用于牵引客、货车辆在铁路线上运行，属于干线机车。

3. 调车机车

调车机车主要用于铁路站场内或专用线上车辆的编组、解体、转线等调车作业，要求具有机动灵活的特点，主要型号有 DF_7、BJ 等。

4. 工矿机车

工矿机车是担任采掘、冶金、石油、化工、森林等企业内部运输和工厂内部运输的机车，功率比铁路干线用的机车小，速度要求也不高，但必须有足够的牵引力。在某些特殊工厂运输用的机车还必须要有防火、防爆等设施。

任务 5.2　认识内燃机车

任务描述

本任务主要学习内燃机车的优缺点、分类、构造及我国内燃机车的发展。

相关知识

内燃机车是以内燃机作为原动力的一种机车。铁路上采用的内燃机绝大多数是柴油机。

5.2.1　内燃机车的优缺点

内燃机车的优点是热效率高，内燃机车的热效率可达 30%左右，是各类机车中效率较高的一种；机车的整备时间短，持续工作时间长，适用于长交路；用水量少，适用于缺水地区；初期投资比电力机车少，而且机车乘务员劳动条件好，便于多机牵引。

内燃机车的缺点是对大气和环境有污染，速度慢，爬坡能力弱。

5.2.2　内燃机车分类

1. 按传动方式分类

内燃机车按传动方式的不同可分为机械传动、电力传动、液力传动三种传动方式，现代机车多采用电力传动和液力传动。目前我国内燃机车以电力传动为主，其代表车型有 DF 型直流电力传动内燃机车和 HXN 系列交流电力传动内燃机车。

2. 按电机形式分类

内燃机车根据电机形式不同，可分为直—直流电力传动、交—直流电力传动、交—直—交流电力传动和交—交流电力传动等类型。

（1）直—直流电力传动：主发电机与牵引电动机均为直流电机。由于受主发电机外形尺寸和换向条件的限制，机车功率一般不大于 2 200 kW。如 DF、DF_2、DF_3 等型内燃机车。

（2）交—直流电力传动：交流主发电机发出的三相交流电，经硅整流柜整流后输送给直流牵引电动机。发电机由于没有换向器，结构简单，运用可靠，重量轻。如 DF_{4B}、DF_{4D}、DF_{11} 等型内燃机车。

（3）交—直—交流电力传动：交流主发电机发出三相交流电，经整流器整流变成直流电，再经逆变器转变成电压频率可调的三相交流电供给交流牵引电动机。交流牵引电动机没有换向器，结构简单，外形尺寸小，重量轻，可加大功率转速。如 HXN_3、HXN_5 等型内燃机车。

（4）交—交流电力传动：指没有中间直流环节的直接变频的交流传动。交流主发电机发出的三相交流电，分别送给几组变频器，将预定频率的三相交流电供给交流牵引电动机。

5.2.3 内燃机车构造

内燃机车的类型很多，但其基本构成和工作原理基本相同或相近。内燃机车由柴油机、传动装置、走行部、车钩缓冲装置、辅助装置、制动装置和控制设备等部分组成。内燃机车总体结构如图 5-2-1 所示。

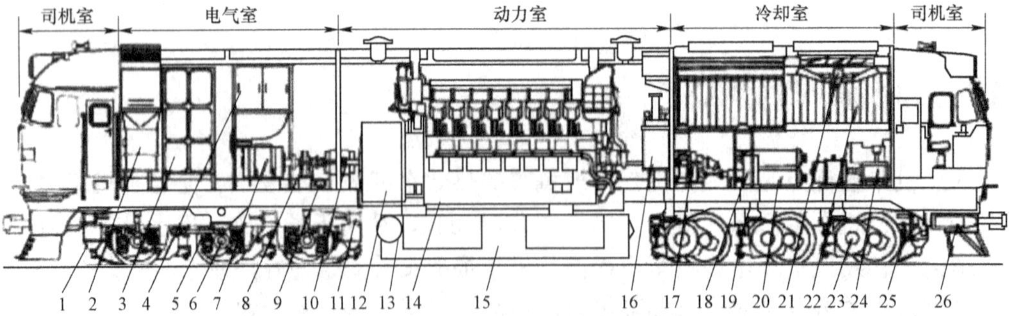

1—撒砂装置；2—电阻制动装置；3—电器柜；4—硅整流柜；5—牵引装置；6—走行部；7—启动辅助电机；8—启动变速箱；9—测速发电机；10—励磁机；11—制动缸；12—主发电机；13—总风缸；14—柴油机；15—燃油箱；16—预热锅炉；17—静液压变速箱；18—通风机；19—电机悬挂装置；20—机油热交换器；21—冷却风扇；22—冷却器；23—牵引电动机；24—空气压缩机；25—基础制动装置；26—车钩缓冲装置

图 5-2-1　内燃机车总体结构示意图

1. 柴油机

柴油机是利用柴油燃烧后所产生的热能作动力的一种机械，多为四冲程、多缸、废气涡轮增压柴油机。柴油机由固定部件、运动部件、配气机构以及进排气、燃油、冷却、润滑等系统组成。

2. 传动装置

传动装置是柴油机曲轴与机车动轴的中间环节，其作用是使柴油机的功率传到动轴上，以满足机车牵引要求。

柴油机的转矩转速特性与机车的牵引力速度牵引特性完全不同，不能用柴油机来直接驱动机车动轮。首先，当每循环供油量一定时，柴油机的特性变化不大，柴油机的功率与转速近似正比变化，只有在标定转速下才可能达到标定功率，而机车运行的速度经常变化，因而使柴油机功率得不到充分利用；其次，柴油机曲轴不能逆转，机车也就无法换向；最后，柴油机有一个最低转速，低于这个转速就会熄火，柴油机因此无法启动机车。所以，内燃机车必须加装传动装置来满足机车牵引要求。常用的传动方式有机械传动、电力传动和液力传动。

3. 走行部

走行部包括车体、车架、转向架等基础部件。

1）车体

车体是车架上部的外壳，起保护机车上的人员和机器设备不受风、砂、雨、雪的侵袭和防寒的作用。

2）车架

车架是机车的骨干，采用矩形钢结构，由中梁、侧梁、枕梁、横梁等部件组成，上面安装柴油机等设备，下面由两个转向架支撑并与车架相连，车架中梁前后两端的中下部装设车钩。

3）转向架

转向架是机车的走行装置，又称台车，其作用是承载机车上部的重量，传递牵引力，缓和和吸收来自线路的各种冲击和振动，实现机车平衡运行和顺利通过曲线，内燃机车一般有两台二轴或三轴的转向架。

转向架由构架、旁承、轮对、轴箱、弹簧减震装置、电机悬挂装置、牵引装置、基础制动装置和撒砂装置等组成，如图 5-2-2 所示。

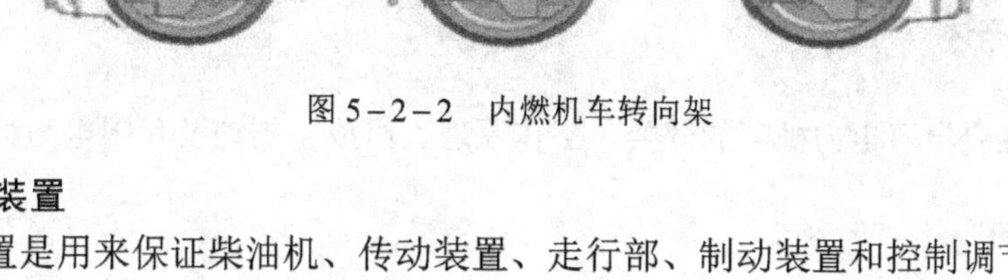

图 5-2-2 内燃机车转向架

4. 辅助装置

辅助装置是用来保证柴油机、传动装置、走行部、制动装置和控制调节设备等正常工作的装置。其主要设备包括以下几部分。

燃油系统——给柴油机供应燃油的设备及管路系统；

冷却系统——使柴油机和液力传动装置能够正常工作的冷却设备；

机油管路系统——给柴油机正常润滑的设备及管路；

空气滤清器——过滤空气中灰尘等脏物的装置；

压缩空气系统——给列车的空气制动装置、砂箱、空气笛及其他设备提供压缩空气的系统；

辅助电气设备——蓄电池组、直流辅助发电机、柴油机启动电机等。

5. 制动装置

内燃机车都装有一套空气制动机和手制动机。此外，多数电力传动机车增设电阻制动装置，液力传动机车装有液力制动装置。

6. 控制设备

控制设备是控制机车速度、行驶方向和停车的设备，主要有机车速度控制器、换向控制器、自动控制阀和辅助制动阀。操纵台上的监视表和警告信号装置有空气、水、油等压力表，主要部位温度表、电流表、电压表，主要部位超温、超压或压力不足等音响和显示警告信号。为了保证安全，便于操作，内燃机车上还装有机车信号和自动停车装置。

此外，车钩缓冲装置已在认知铁路车辆（见项目 4）部分作过详细介绍，此处不再介绍。

5.2.4 我国内燃机车的发展

我国内燃机车的发展始于 20 世纪 60 年代，历经四代，依靠科技创新，机车的技术更新不断提升，内燃机车已从液力传动、电力传动并举发展到全部采用电力传动；柴油机装车功率、热效率、传动装置效率等参数性能不断优化提高，机车功率、结构、可靠性和使用寿命显著提高。目前，内燃机车的机型多达十几种，形成了内燃机车的型谱和系列化产品。

进入 21 世纪，以车载计算机控制及故障诊断、交流传动、径向转向架、柴油机电子燃油喷射装置为标志的内燃机车技术得到了快速发展。目前交流传动内燃机车也已形成了 HXN_3、HXN_5 系列，以满足铁路客运高速和货运重载的需求。

任务 5.3 认识电力机车

任务描述

本任务主要学习电力机车的分类、工作原理、组成、制动及我国电力机车的发展。

相关知识

电力机车是利用电能由机车上的牵引电动机驱动列车运行的机车。

5.3.1　电力机车优点

电力机车的优点有：

① 功率大，牵引重量大；

② 起动速度快；

③ 爬坡性能强；

④ 易实现多机牵引；

⑤ 运营费用低；

⑥ 司机劳动条件好；

⑦ 不污染环境。

目前，电力机车是世界各国公认的最佳铁路牵引方式。我国铁路牵引动力现代化的主要方向就是大力发展电力牵引。

5.3.2　电力机车的分类

电力机车按照传动方式分为直流传动电力机车、交流传动电力机车。直流传动电力机车又分为直流供电和交流供电两种。目前，我国铁路接触网采用单相交流供电、直流传动电力机车，典型机型是韶山系列电力机车；交流传动的电力机车，其典型机型是和谐系列电力机车。

5.3.3　电力机车的工作原理

1. 直流传动电力机车

直流传动电力机车是靠其顶部升起的受电弓，从接触网上取得单相工频交流电，经牵引变压器降压，再经变流装置将交流电转换为直流电，供给直流（脉流）牵引电动机，经齿轮传动装置牵引列车运行。直流传动电力机车工作原理如图 5－3－1 所示。

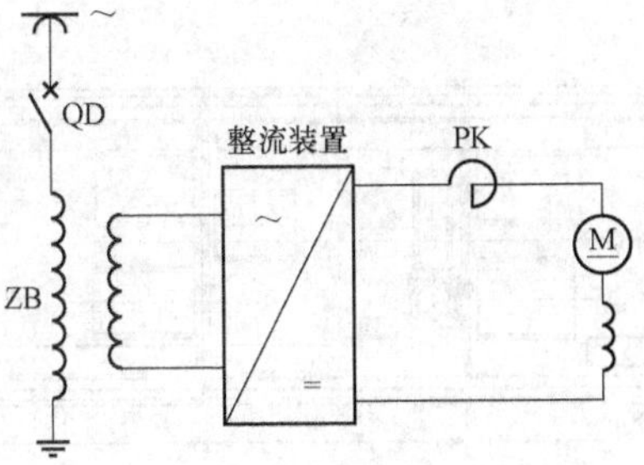

图 5－3－1　直流传动电力机车工作原理

2. 交流传动电力机车

交流传动电力机车在工作时，也是受电弓将接触网上取得的交流电引入机车变压器一次侧绕组，经变压器二次侧绕组降压后，将交流电转换为直流电，再将直流电逆变为电压和频率可调的三相交流电，供给三相异步牵引电动机，实现牵引列车运行。交流传动电力机车工作原理如图 5-3-2 所示。

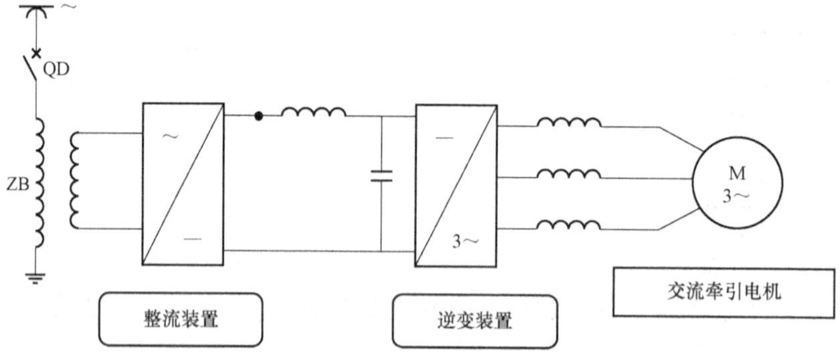

图 5-3-2　交流传动电力机车工作原理

5.3.4　电力机车的组成

电力机车种类虽然很多，但其主要组成基本相同或相似，都是由机械部分、电气部分和空气管路系统三大部分组成。电力机车车体总图如图 5-3-3 所示。

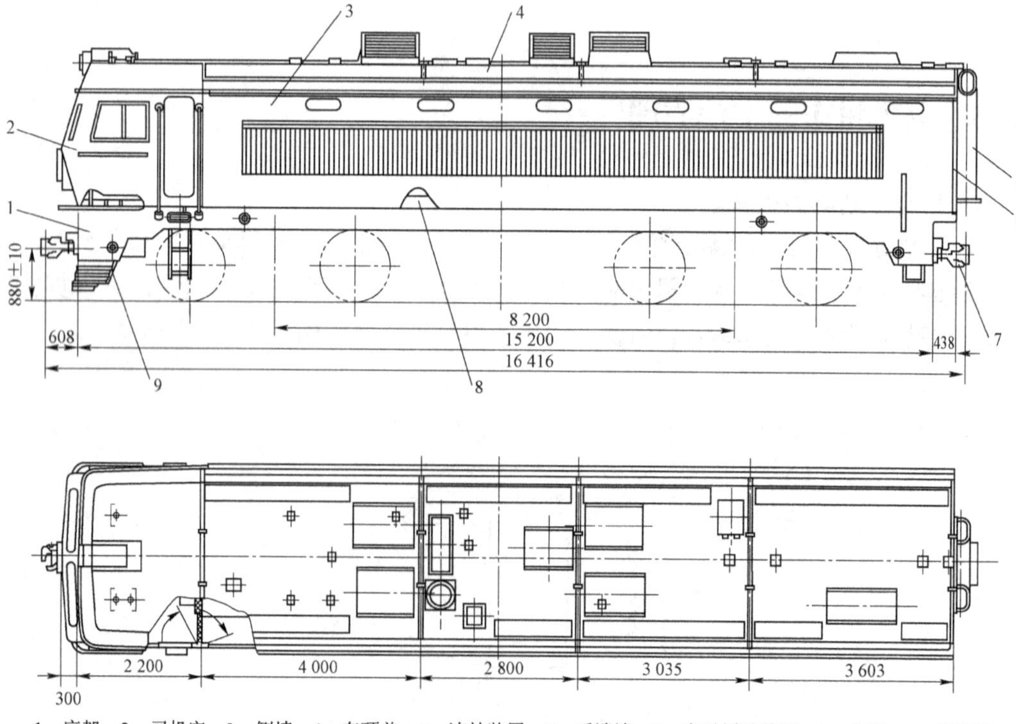

1—底架；2—司机室；3—侧墙；4—车顶盖；5—连挂装置；6—后端墙；7—牵引缓冲装置；8—台架；9—排障器

图 5-3-3　电力机车车体总图（单位：mm）

1. 机械部分

电力机车机械部分主要由车体、走行部和基础制动装置等组成。

1）车体

电力机车的车体通常为长方体，它由底架、侧墙、端墙和车顶组成。车体是通过中心销支承在转向架上，或者通过牵引杆装置、支承装置与转向架相连，用来传递牵引力或制动力的。车体下部装有制动装置，车顶部装有受电弓和其他电气设备。底架是主要的承载构架。在底架的两端还分别装有车钩及其缓冲装置，用以实现相互连接。司机室一般设在车体的两端，司机室内安装有控制设备，如司机控制器、制动阀、按钮开关、监测仪器和各种信号指示灯等。

2）走行部

走行部也称转向架。转向架起支承车体、转向和制动的作用。目前我国电力机车采用的转向架有两种：一种是二轴转向架，另一种是三轴转向架。每台机车可以有两个转向架，也可采用三个转向架。

3）基础制动装置

基础制动装置由制动缸、制动传动装置、闸瓦装置及闸瓦间隙调节器组成，作用是将制动缸活塞上产生的推力放大若干倍后均匀地传递到各个闸瓦，使之压紧轮对踏面从而产生制动效果。

2. 电气部分

电力机车上设有各种复杂的电气设备，而所有电气设备则分别装设在主电路、辅助电路和控制电路这三条电气回路中。电力机车主电路设备示意图如图 5-3-4 所示。

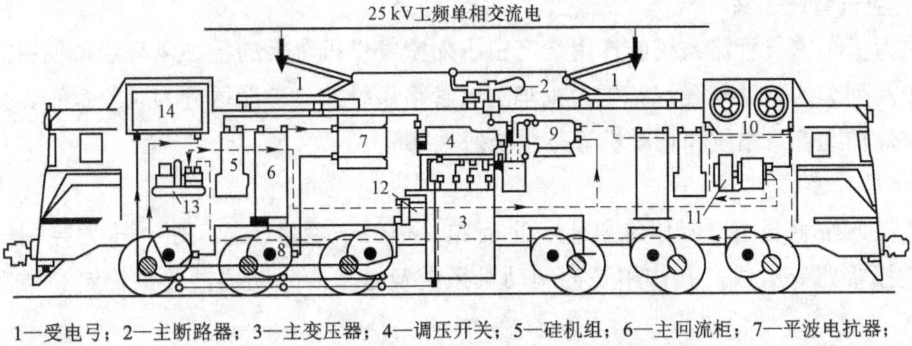

1—受电弓；2—主断路器；3—主变压器；4—调压开关；5—硅机组；6—主回流柜；7—平波电抗器；8—牵引电动机；9—劈相机；10—通风机；11—牵引通风机；12—油泵；13—空气压缩机；14—制动电阻柜

图 5-3-4 电力机车主电路设备示意图

1）主电路

主电路将产生机车牵引力和制动力的各种电气设备连成一个电系统，实现机车的功率传输。主电路中包括的电气设备主要有受电弓、主断路器、主变压器（即牵引变压器）、牵引电动机等。

（1）受电弓：机车顶部装有两台受电弓，机车在运行时一般升后弓，前弓备用。

受电弓紧压接触网导线滑行摩擦来取电，接触网导线送来的电流是 25 kV 工频单相交流电。

（2）主断路器。主断路器是用来接通或断开电力机车高压电路的。当主电路发生短路、接地或整流调压电路、牵引电动机等设备发生故障时，主断路器能自动切断机车电源，以保护机车上的电气设备。

（3）主变压器。主变压器又称牵引变压器，它把从接触网上取得的 25 kV 高压电降低为牵引电动机所适用的电压。变压器共有 4 个绕组：1 个原边绕组接 25 kV 高压电；3 个副边绕组分别是牵引绕组、励磁绕组和辅助绕组。其中，牵引绕组用来向牵引电动机供电；励磁绕组用于电阻制动时给电动机提供励磁电流；辅助绕组用来给机车的辅助电机供电。

（4）牵引电动机。直流传动机车大多采用直流（脉流）串励电机作为牵引电动机，交流传动机车均采用三相异步电动机作为牵引电动机。

2）辅助电路

辅助电路电源来自主变压器的辅助绕组，通过劈相机将单相交流电转变成三相交流电后，供给牵引通风机、油泵机组和空气压缩机等辅助电机使用。

3）控制电路

控制电路将主电路和辅助电路中各电气设备的控制电器（包括各种控制开关、接触器、电空阀等）同电源、照明、信号等的控制装置连成一个电系统。

以上三个电路系统在电气方面一般是相互隔离的，但三者通过电磁、电空或机械传动等方式相互联系，配合动作，用低压电控制高压电，以保证操作的安全和实现机车的运行。

3. 空气管路系统

电力机车空气管路系统的作用是产生压缩空气供机车上的各种风动器械使用，并实现机车及列车的制动与缓解。电力机车空气管路系统按其功能可分为风源系统、控制管路系统、辅助管路系统和制动机管路系统四大部分。

1）风源系统

风源系统主要由空气压缩机组、止回阀、空气干燥器、总风缸、压力控制器、塞门及连接管路等组成，其作用是为制动机系统及全车的气动器械提供稳定和洁净的压缩空气。

2）控制管路系统

电力机车上专门设置了一套为气动器械提供压缩空气的管路系统，称为控制管路系统。控制管路系统主要由辅助空气压缩机、辅助风缸、控制风缸、门联锁阀、止回阀及其连接管路等组成。电力机车上的一些电气设备如受电弓、主断路器、高压柜内的两位置转换开关及电空接触器，均以压缩空气为动力进行工作状态的转换。

3）辅助管路系统

辅助管路系统主要由风喇叭、刮雨器、撒砂装置及塞门等组成，用以确保机车安全运行及改善性能。

4）制动机管路系统

制动机管路系统主要由空气制动阀、中继阀、分配阀、紧急阀、压力开关、塞门及其连接管路等组成，给制动机系统各部件的动作提供所需的压缩空气。

5.3.5　电力机车制动

当机车需要制动时，除使用空气制动装置外，还可以辅以电阻制动。司机扳动转换开关，使它从牵引位转到制动位，把牵引电动机从串励电动机改成他励发电机，把电枢绕组同制动电阻连接起来。这样，车轴带动电动机的电枢旋转，发出的电流就会被制动电阻变成热能散逸，从而消耗了机车惰行时的机械能。

如果将电能重新反馈回电网中去加以利用，就称为“再生制动”（或“反馈制动”）。电力机车进行再生制动时，牵引电动机作为发电机工作，将列车在运行中所具有的机械能转换成电能送回接触网。尤其是在长大下坡道上，电力机车可以进行恒速再生制动。

从能量利用上看，电阻制动虽然不如再生制动，但电阻制动的主电路工作可靠、稳定，技术比较简单，故目前在电力机车上得到广泛使用。而采用再生制动的电力机车必须采用全控整流线路，控制电路复杂，对主电路的保护系统要求也较高。

5.3.6　我国电力机车的发展

1958 年我国开始电力机车的研制和生产，在研制出 SS_1、SS_3、SS_4 等型号之后，又相继开发出 SS_5、SS_{6B}、SS_7、SS_8、SS_9 等型号的电力机车。其中，SS_4 型电力机车是我国自行研制的第一代全相控大功率电力机车；SS_7 型机车首次采用 $B_0—B_0—B_0$ 转向架、全叠片复励电机，具有无极磁场削弱和再生制动功能，适合山区小曲线半径线路；SS_8 型机车是我国首次研制的客运专用电力机车，符合广深线准高速客运牵引要求。表 5－3－1 的是韶山系列电力机车概况。

表 5－3－1　韶山系列电力机车概况

机车型号	SS_1	SS_3	SS_4	SS_6	SS_{7E}	SS_9
用途	货运	客货两用	货运	客货两用	客运	客运
轴式	$C_0—C_0$	$C_0—C_0$	2（$B_0—B_0$）	$C_0—C_0$	$C_0—C_0$	$C_0—C_0$
网压	25 kV 50 Hz	25 kV 50 Hz	25 kV 50 Hz	25 kV 50 Hz	25 kV 50 Hz	25 kV 50 Hz
额定功率/kW	4 200	4 320	6 400	4 800	4 800	4 800
最大速度/（km/h）	95	100	100	100	170	170
轴重/t	23	23	23	23	23	21

国产交—直流传动电力机车基本形成了4、6、8轴较完整的客、货牵引系列。

1996年6月研制成功了交—直—交流传动原型电力机车，这是我国牵引动力发展的一个里程碑。此外，1999年我国自行设计制造的动车组也投入运营。

从2004年以来，先后生产了HXD_1型、HXD_2型、HXD_3型、HXD_{3B}型、HXD_{3C}型、HXD_{3D}型大功率交流传动电力机车，成为我国主要干线货运牵引主力机型。

任务5.4　识别机车标记

任务描述

本任务主要学习内燃、电力机车标记及动车组标记。

相关知识

为便于统计和区别所属局段，并明确维修、使用的责任，在机车上应有识别的标记，诸如路徽、配属局段简称、车型、车号、最高运行速度、制造厂名及日期。在机车主要部件上应有铭牌，在监督器上应有检验标记。电气化区段运行的机车应有“电化区段严禁攀登”的标识。内燃机车燃料箱上应标明燃料油装载量。

5.4.1　内燃、电力机车标记

1. 属于标记方面的

（1）路徽。这是区别铁路机车与其他部门（如厂、矿、地方铁路）专用机车的标记。在电力、内燃机车上，路徽涂记在两端司机室瞭望窗外侧中心线的下方，如系单侧驾驶室则只涂记一侧。

（2）配属局段简称。这是机车配属管理单位的标记。其涂记部位在电力、内燃机车司机室两侧窗外部的下方。

（3）车型及车码。这是区分机车类型及其构造排号的标记。例如：“HXN50001”。其标记部位在驾驶室前方外侧路徽的下方和司机室两侧局段简称的下方。

各类型机车的路徽、局段简称、车型、车号等的形式和尺寸，均应按国铁集团公司规定和所公布的要求执行。

2. 属于标示牌方面的

（1）速度标示牌。速度标示牌标明机车所允许的最高运营速度。该标示牌应置于司机容易查看的部位。

（2）制造厂名及日期标示牌。制造厂名及日期标示牌标明机车制造工厂及其制造的时间。一般装在机车车体侧面下部。

（3）监督器具上的检验标记。

① 在内燃机车上，监督器具有燃油进、出口压力表，润滑油进、出口压力表，柴油机转速表，牵引发电机的电流表、电压表，辅助发电机的电压表和蓄电池充、放电电流表。这些监督仪表经过检验后，均应打上检验标记。

② 在电力机车上，各种电流表、电压表等监督器具都应按规定期限检查，并须按规定打印检验标记。

所有监督器具检验后，均须按规定登记在专用记录簿或机车履历簿内，以便核查。

5.4.2　动车组标记

动车组应有识别的标记：路徽、配属局段简称、车型、车号、定员、自重、载重、全长、最高运行速度、制造厂名和日期、定期修理日期、修程和处所。动车组应有“电化区段严禁攀登”的标识。

任务 5.5　认识机车的运用和检修

任务描述

本任务主要学习机车的管理、机车检修及机车运用。

相关知识

机车的运用和检修是铁路运输工作的重要组成部分，也是机务部门的基本任务。高质量地检修机车，确保机车的完好状态，经济、合理地运用机车，对完成铁路运输任务具有十分重要的意义。

5.5.1　机车的管理

我国铁路机车实行配属管理制度。国铁集团根据运输任务需要和运输设备条件等因素将铁路机车配属给各铁路局集团公司使用和保管。铁路局集团公司又按担当任务量的大小配属一定数量的机车给所属的机务段，以完成运输生产任务。

1. 机务段的设置及基本任务

机务段是管理、运用和维修配属机车的基层生产单位，机务段的设置应遵循资源优化配置、便于运输组织及提高运输效率等原则，一般设置在客、货列车始发终到较多及车流大量集散的枢纽地区。两个机务段间的设置距离应按机车交路和编组站、区段站的设置需要确定。

为保证机车在机务段停放和整备作业的安全，机车各停留线、整备作业线应保持平坦。因地形限制时允许线路纵断面坡度不超过1‰。

机务段主要任务如下。

① 负责计划、组织本段机车和乘务组完成邻接区段的列车牵引或固定在某车站上进行调车工作，并对日常运用机车进行整备和日常保养。

② 负责段修范围内的机车定期检修和日常维修工作，保证运用机车的良好状态。

机务段设有管理部门和生产车间，其中生产车间包括运用车间、检修车间、设备车间、整备车间等。运用车间主要负责机车的运用和保养；检修车间主要负责机车段修范围内的定期修理和机车的日常维修；设备车间负责机务段固定设备及水电动力设施的管理与维修；整备车间负责机车燃料、水、砂等物资供应及机车的整备作业。

2. 机务段的设备及设施

机务段应有机车运转整备及机车检查、检测、修理设备和污水处理设施。

机车运转整备场根据需要应有股道管理自动化系统和整备库（棚）、整备线和检查坑等设施，设置机车补充砂、水、润滑油、燃料及转向、检查、检测、清洗、保养等机车整备设备；配备机车小修、辅修必要的设备与设施；电力机车整备线的接触网应有分段绝缘器、隔离开关设备等。各种设备的布局，应考虑最大限度地平行作业；不能采用平行作业时，可按作业程序设置，进行流水式作业，但要达到机车移动次数少、走行距离短、缩短机车整备作业时间的要求，以保证足够的整备能力，提高机车的运用效率。

机务段的基本检修设备包括机车的中修、小修、辅修和临修等必要的设备、设施。机车检查、检测、修理应有机车库、中检棚和配件修理、辅助加工、动力、起重、运输、试验等厂房及设备。依据机务段承担的检修任务及范围的不同，可以全部或部分设置。

机车行车安全设备包括机车故障监测系统、机车车号识别设备、机车语音记录装置、机车轴温报警装置等。应设置对机车行车安全设备检测、维修的设备和设施。

内燃机务段还应有使用1～2个月的机车燃料储存油库。

3. 机车的运转整备工作

配属给机务段的机车，一般分配在若干个牵引区段中往返牵引列车或固定在某个车站上担任调车工作。机车在出段牵引列车或进行调车工作以前，需要供应机车必需的物资和做好各项准备工作，这种物资供应和准备工作总称为机车整备作业。机车类型不同，整备作业的内容也不一样。内燃、电力机车整备作业如表5－5－1所示。

表5－5－1 内燃、电力机车整备作业

需要供应的物质			需要做的准备工作		
项目	内燃机车	电力机车	项目	内燃机车	电力机车
燃料	√	—	机车转向	一般单向√	—
水	√	—	机车擦拭	—	√
砂	√	√	检查	√	√
润滑油	√	√	给油	√	√
擦拭材料	√	√	机车乘务组交接班	√	√

5.5.2　机车检修

机车必须具有良好的技术状态，才能满足运输需要和保证行车安全。经过一定的走行公里或一定时间的运用后，机车部件会产生机械磨耗、损伤、变形、裂纹，以及材质疲劳和老化、性能减退等病害，从而影响机车牵引性能并危及行车安全。为了及时消除上述缺陷和有害因素，恢复机件规定限度内的尺寸和作用性能，使机车保持良好的技术状态，除机车乘务员的日常检查和保养外，还必须进行各种定期检修。

机车的检修可分为定期检修和临时修理两种。按机车检修地点的不同又可分为厂修和段修两种。

1. 机车的定期检修

机车的定期检修除大修在机车工厂进行外，其余的检修一般都在机务段内进行。因此，机务段除机车整备设备以外，还必须具有机车的检修设备，如各种检修库及辅助车间等。

1）机车修程设置

机车类型不同，它们的检修周期和检修内容也不一样。内燃、电力机车分为大修、中修、小修、辅修，其中中修、小修、辅修为段修。

（1）大修。机车全面检查修理，恢复机车的基本性能，可同时进行机车或主要部件的技术提升。

（2）中修。机车主要部件检查修理，恢复其可靠使用的质量状态。

（3）小修。机车关键部件和易损易耗零部件检查维修和保养，有针对性地恢复机车运行可靠性。

（4）辅修。机车例行检查和保养，做故障诊断，按状态修理。

机车检修周期根据机车实际技术状态和走行公里或使用日期，在国铁集团《机车检修规程》中有所规定。

若用 R 来表示新造或大修机车，用 b 表示中修，用 e 表示小修，用 d 表示辅修，则机车的修理周期结构如图 5－5－1 所示。其表示：在一个大修修理周期内，经历两次中修；在一个中修周期内经历一次小修；每次小修中修或小修中间经过两次辅修；在每次辅修中间需进行若干次中间技术检查和日常的维护保养。

R-d-d-el-d-d-b1-d-d-e2-d-d-b2-d-d-e3-d-d-R

图 5－5－1　机车的修理周期结构

2）交流传动机车的修程

交流传动电力机车修程分为 C6 修、C5 修、C4 修、C3 修、C2 修、C1 修。

（1）C6 修。机车全面分解检修，全面性能参数测试，恢复基本性能，可同时进行机车或主要部件的技术提升。

（2）C5 修。机车主要部件分解检修，性能参数测试，恢复机车可靠质量状态。

（3）C4 修。机车主要部件检查，性能参数测试，修复不良状态部件，恢复机车可靠质量状态。

（4）C3 修、C2 修。机车关键部件重点检查维修，有针对性地恢复机车运行可靠性。

（5）C1 修。机车例行检查和保养，利用机车自检系统进行故障诊断，按状态修理。

其中，C1～C4 修为段级修程，要求以机车主要部件检查、性能参数测试为主，C5 修、C6 修为高等级修程，C5 修要求部分部件的解体检修，C6 修要求机车全面分解检修。

注：C1 修读作 1 级修，C6 修读作 6 级修，其中“C”是取英文单词“class”首个字母，含义为“等级”，“C”也是取“中国”首个字母。

2. 机车的临时修理

机车临时修理（简称临修）是指机车在两次定检间发生的临时修理。机车发生临时修理按发生次数计算。

我国的机车定期检修制度采用计划预防修，即根据检修规程规定的周期，预先安排计划，对机车进行规定内容的检查、修理。对主要零部件实施专业化集中修，将检修更换的主要零部件统一集中，由具有专业技术人员、配备专门设备的单位进行修理，从而大大提高了机车零部件的质量水平。机车检修中实行定期检测状态修，每次定期检修时，使用专门仪器设备对机车各部件进行检测，根据检测结果确定各部件、各系统的技术状态，对不符合检修规程限度要求的零部件进行修理或更换。

机车的检修周期是指机车经一定的运用时间或走行公里后进行检修的间隔。各种类型机车的检修周期，主要是依据机车担当牵引区段的线路质量、坡度和气候等客观因素以及机车检修、保养等条件，对该型机车完成规定的走行公里或一定使用时间确定的。调车机车不易统计走行公里，只能按运用时间规定。

随着技术设备水平的提高及保障行车安全的需要，机车上配备了多种车载设备。例如：列车运行监控记录装置、机车信号、列车无线调度通信设备、机车车号识别设备、列车运行状态信息车载设备、机车语音记录装置、机车防火监视装置、机车走行部监测装置（轴温报警装置）、车顶绝缘检测装置、自动过分相装置、空调，以及电力机车根据需要装设的弓网检测装置。

机务段和其他相关单位对以上车载设备应进行检测、维修，对行车安全设备记录的运行信息进行转储、分析，并及时互通信息。

机车应按国铁集团有关规定，实行年度鉴定制度。根据鉴定办法的规定对所有机车进行每年一次的检查、整修和评比。机务段应根据机车年度鉴定的结果进行全面分析，制定改善机车技术状态的有效措施。

5.5.3 机车运用

1. 机车交路

机车在运用上的一个特点是：机车只要离开机务段，就要受行车有关人员的调度和指挥。所以，机务部门和行车部门的关系特别密切，必须协调配合才能安全、优质地完成运输任务。机车固定担当运输任务的周转区段，叫作机车交路（也叫牵引区段）。

目前，我国铁路机车的运用主要有肩回运转制和循环运转制两种。机车运用方式如图 5-5-2 所示。

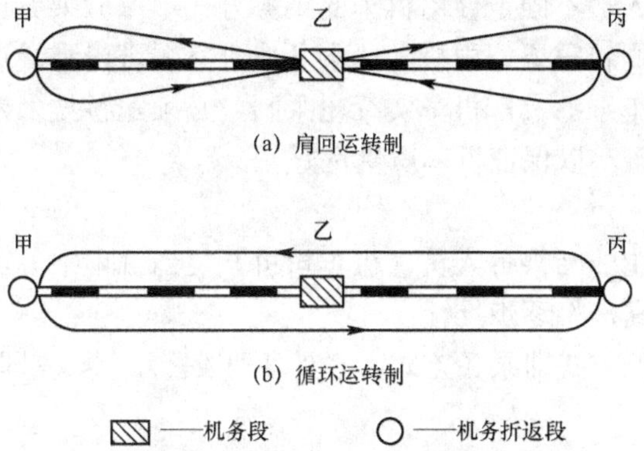

图 5-5-2　机车运用方式示意图

1）肩回运转制［图 5-5-2（a）］

机车由机务段出发，从机务段所在站牵引列车到折返段所在站，进入折返段进行整备及检查，然后牵引列车返回机务段所在站，再进入机务段进行整备及检查。这种每往返一次，就要进入机务段一次的运用方式叫肩回运转制。采用这种运转制时，机车一般在 1～2 个牵引区段上往返运行。

2）循环运转制［图 5-5-2（b）］

机车从机务段出发，在一个牵引区段（如乙—甲之间）往返牵引列车后回到机务段所在站（乙站），机车不入段，只在到发线上进行整备作业，然后仍继续牵引同一车列或换挂另一个已经准备好了的车列，运行到另一个牵引区段（如乙—丙之间）的折返段所在站（丙站），再从丙站牵引列车返回甲站。这样，机车在两个区段上牵引列车循环运转，平时不进机务段，直到定期检修到期时才入段检修，这种运用方式叫作循环运转制。

采用肩回运转制时，机车要在段内进行整备，车站不需另设整备设备；采用循环运转制时，由于机车很少进机务段，节省整备时间，机车交路可以延长，使内燃、电力机车的牵引性能充分发挥，从而提高机车运用效率，加速机车周转。但是，循环运转制一般只有在上、下行都有大量不需要改编的中转列车经过机务段所在站时才能采用。

2. 乘务制度和乘务方式

机务段在为邻接区段提供机车的同时，还要负责计划和组织机车乘务员的工作。加强对乘务员的政治思想教育和业务培训，不断提高全体乘务员的思想和业务水平，是保证完成和超额完成国家运输任务的关键。

机车乘务制度分为包乘制和轮乘制，逐步推行单司机值乘。机车乘务制度由铁路局集团公司确定。

1）包乘制

包乘制是指固定乘务人员（包车组）使用固定机车的乘务方式。包车组对所包乘的机车负有使用、保养和自检自修范围内的全部责任。包车组能了解并熟悉机车的性能、技术状态、操纵特点等，有利于操纵和保养机车。但是，机车运用和乘务员的组织工作比较复杂，常会因为安排不当或运行秩序被打乱而影响机车的运用效率。

2）轮乘制

轮乘制是指乘务人员不固定使用机车的乘务方式。每班乘务员按规定的时间得到充分休息后，根据机车周转需要，由机务段乘务值班室派班出乘。这样，可以提高机车运用效率，并可节省机车乘务员。机车实行轮乘制，必须配备技术熟练的地勤人员和加强机车乘务员的责任教育，以保证机车质量良好。

3）单司机值乘

单司机值乘是指由一名乘务人员（机车司机）担当机车乘务工作的乘务方式。单司机值乘的运用效率最高，将逐步推行。

机车乘务员的换班方式即乘务方式，主要有外段驻班制、立即折返制和随乘制三种。

项目实训

实训室参观电力机车，认识其组成。

项目自测

一、填空题

1. 机车按牵引动力分为（　　）机车、（　　）机车及（　　）机车。

2. 机车从运营上分为（　　）机车、（　　）机车（　　）机车、（　　）机车及（　　）机车五类。

3. 内燃机车按传动方式的不同可分为（　　）、（　　）和（　　）三种传动方式。

4. 交—直流型电力机车通过（　　）将接触网供给的单相工频交流电引入机车内部。

5. 机车乘务制度分为（　　）和（　　），逐步推行（　　）。

二、判断题

1. 内燃机车是以内燃机作为原动力的一种机车。（　　）

2. 动力分散型机车是将部分动力设备安装在车辆上。（　　）

3. 内燃机车也可用柴油机直接驱动动轮。（　　）

4. 电力机车是利用电能，由电动机驱动运行的机车。（　　）

5. 内燃机车的传动装置主要由主发电机、机车整流柜和牵引电动机等组成。（　　）

三、选择题

1. 机车在出段牵引列车或担任调车工作以前，物资供应和准备工作总称为（　　）。

A. 机车整备作业　　B. 机车检修

C. 机车乘务组交接班　　D. 检查

2. 我国铁路机车实行配属管理制度，一般配属给（　　）。

A. 机务段　　B. 车务段　　C. 车辆段　　D. 供电段

3. 电力机车顶部一般装有两套单臂（　　），它紧压接触网导线，沿接触网导线滑行取得电流。

A. 主断路器　B. 受电弓　C. 主变压器　D. 硅整流装置

4.（　　）是区别铁路机车与其他部门（如厂、矿、地方铁路）专用机车的标记。

A. 路徽　B. 所属局段简称

C. 类型及号码　D. 速度标示牌

5. 机车的检修可分为（　）和临时修理两种。

A. 定期检修　B. 小修　C. 中修　D. 段修

四、简答题

1. 电力机车主要由哪几部分组成？

2. 什么是机车交路？

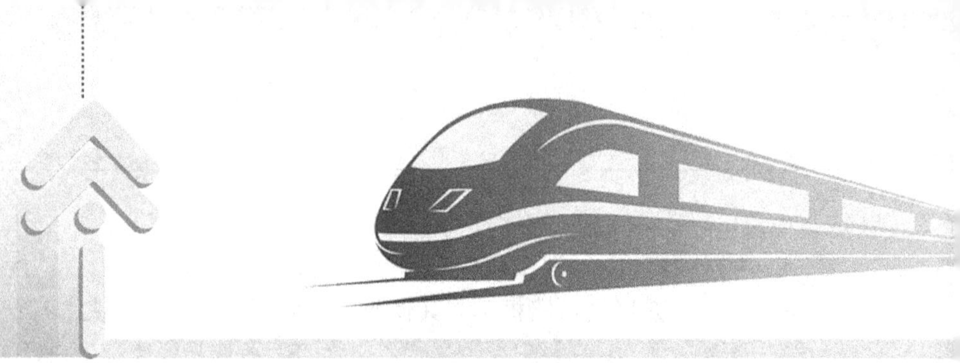

项目6　认知铁路动车组

项目描述

铁路动车组是新型铁路运载工具，现已成为铁路旅客运输的主要运输设备。

本项目主要学习铁路动车组的分类与特点、动车组的基本构造以及我国主型动车组的型号等。

知识目标

（1）了解动车与拖车、动力集中与动力分散的区别；

（2）了解动车组的特点；

（3）掌握和谐号与复兴号动车组车型和车号；

（4）掌握动车组技术参数与基本构造。

技能目标

（1）能分辨动车与拖车、动力集中与动力分散的区别；

（2）会识别动车组的车型和车号；

（3）会识别动车组的技术参数。

任务6.1　初识铁路动车组

任务描述

本任务主要学习动车组的分类、国外高速动车组及动车组的特点。

相关知识

6.1.1　动车组的分类

动车组原意是驱动单元的组合（powered car train-set），是对传统机车车辆模式进行特定改进而提出的概念。传统列车由机车驱动，中间车厢不带动力。此种方式到站时经常需要将机车与中间车厢解编，在返回方向重新连挂机车，导致整备时间长，限制运输能力的进一步提高。通过对这种模式进行特定改进，取消传统机车与车辆间的频繁摘挂，把动力单元固定组合在一起，终到站后不再需要对列车进行任何摘挂作业，彻底解决了车端需频繁拆解结构的安全可靠性较低的问题；同时，可双向运行设置两个司机室，提高运输效率。

动车组是以整体固定编组为特征的列车，并且自带动力，可双向运行。动车组一般具有加速能力强、爬坡能力强、换向方便等优点。目前，国内外大多数轻轨、地铁、城际列车都是动车组。动车组中带有动力的车辆称为动力车（M），不带动力的车辆称为拖车（T），如图 6－1－1 所示为 5 动 3 拖（5M3T）。动车组按牵引动力方式分为内燃动车组和电力动车组；按动力配置方式分为动力集中动车组和动力分散动车组；按各车辆之间的连接方式的不同则可分为独立转向架式动车组和铰接转向架式动车组。

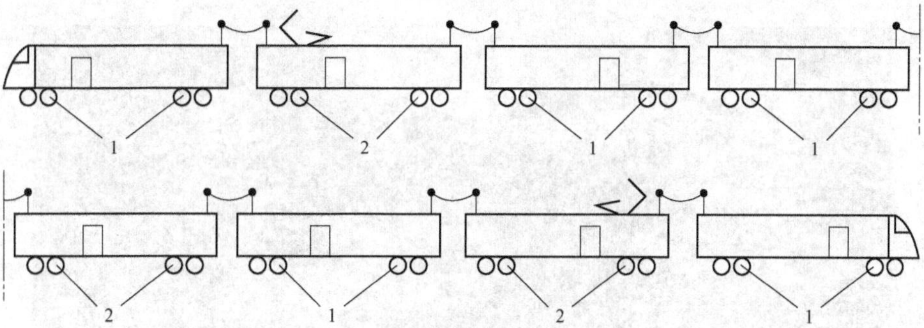

1—动车；2—拖车

图 6－1－1　5 动 3 拖（5M3T）

动力集中动车组是指两端为动力车，或一端为动力车，另一端为控制车，中间为拖车的动车组，动车组两端均设有司机室。复兴号 CR200J 动车组是其代表。动力分散动车组是指由一定数量的动力车和拖车组成单元，若干单元再编组成车组，型号有“和谐号”CRH1 型、CRH2 型、CRH3 型、CRH5 型、CRH380A 型、CRH380B 型以及“复兴号”CR400AF 型、CR400BF 型等。

动车组动力分散配置有两种模式：一种是完全分散模式，即列车编组中的车辆全部为动力车；另一种是相对分散模式，即列车编组中大部分是动力车，小部分为无动力的拖车。动力分散动车组具有牵引功率大、最大轴重小、起动加速性能好、可靠性高、列车利用率高编组灵活、运用成本低等诸多优点。

低速运行时动力集中与动力分散方式无明显优劣。但随着列车运行速度的提高，轮轨转换是主要矛盾。第一，动力集中方式机车过重对轨道产生冲击大；第二，动力集中头车黏着接近饱和而其他车厢黏着未充分利用，速度越高，其可用黏着力越小，黏着利用矛盾越突出；第三，动力集中于头车对动力设备功率造成限制，难以满足进一步提高速度的要求。所以，高速列车的发展均由动力集中逐步转向了动力分散方式。

6.1.2 国外高速动车组

自 1964 年 10 月 1 日，世界上第一条高速铁路——日本东海道新干线开通运营以来，动车组的运用随着高速铁路的发展日益广泛。经过 40 余年的发展，形成了以日本新干线、法国 TGV 和德国 ICE 高速动车组为代表的三大技术体系。各国动车组从本国实际需要出发，具有各自的技术特色，为推动世界铁路向高速化发展起到了积极的作用。

1. 日本

日本是世界上最早开行高速动车组的国家，新干线是日本的高速铁路系统，也是全世界第一个投入商业运营的高速铁路系统，采用标准轨的纯客运服务。第一条线路是连结东京与大阪之间的东海道新干线。目前日本有 JR 北海道、JR 东日本、JR 东海、JR 西日本、JR 九州等 5 家 JR 公司提供服务，主要有 0 系、100 系、200 系、300 系、400 系、500 系、700 系、800 系和 E 系列等动车组，采用动力分散型、独立转向架。如图 6－1－2 所示为日本 E2 系列动车组。

图 6－1－2　日本 E2 系列动车组

2. 法国

1981 年，法国高速铁路系统（TGV）东南线南端部分投入运营，商业运行速度达到 270 km/h，TGV 是继日本新干线之后的世界第二条商业运行的高速铁路系统。TGV 列车是铰接式动力集中型，由阿尔斯通（Alstom）开发制造，由法国国家铁路公司（SNCF）负责营运，如图 6－1－3 所示。TGV 列车往来巴黎邻近及邻国的城市，包括比利时、德国、瑞士等。著名的“欧洲之星”就是采用 TGV 3 列车技术。另外，西班牙 Ave 和韩国 Ktx 高铁均来源于法国 TGV，主要为 TGV 系列高速动车组和 AGV 系列高速动车组。

图 6－1－3　法国 TGV 系列动车组

3. 德国

德国高速列车（ICE）是德国国家铁路公司德国铁路（DB）运营的高速列车，最高时速可达 320 km/h。德国共有三代多种车型：第一代为 ICE1 型，动力集中型；第二代为 ICE2 型，动力集中型；第三代为 ICE3 型，动力分散型。ICE 连接了德国的主要城市，也与其他欧洲国家高速列车网相连。到 20 世纪 80 年代中期，日本、法国和德国高速铁路的成功经验带动了世界其他国家和地区高速铁路的发展。意大利、西班牙、瑞典、韩国和我国均已有高速铁路投入运行。如图 6－1－4 所示为德国 ICE3 系列动车组。

图 6－1－4　德国 ICE3 系列动车组

除采用日本、法国和德国的技术外，瑞典等国家还通过采用摆式列车提高了列车运行速度，实现了既有线路高速化，取得了良好效果。

6.1.3 动车组的特点

动车组集成了交流传动技术、复合制动技术、高速转向架技术、高强轻型材料与结构、减阻降噪技术、密封技术、高速受电弓技术、现代控制与诊断技术等一系列当代高新技术，具有高速、高效、经济、灵活等特点。相对于传统的机车车辆牵引模式，动车组在旅客运输方面有以下特点。

1. 快速舒适、安全准确

动车组采用轻量化设计，轴重低，加速度设置大，在显著提高列车的运行速度、提高运输效率的同时却不过分增加工务部门对线路维修养护工作的负担；密接式、半永久式车钩的使用也减少了动车运行的纵向冲动，同时也降低了噪声和振动的影响，从而提高了旅行舒适度。

2. 固定编组、机动性强

动车组列车在运行中是固定编组，在车站需要折返或换向运行时无须摘挂机车，可以节约停站时间，提高列车使用效率，减少车站咽喉作业能力的压力。

3. 双向运行、无须调头

动车组列车两侧设立司机室，因此转换运行方向较为方便，可以加快运转速度。

4. 启动迅速、制动力强

动车组多采用由电空联合制动，制动空走时间短，制动减速度大，制动距离短，制动方式灵活，可以在短时间内反复缓解制动，也可以阶段制动、阶段缓解，在保证安全的前提下，可明显提高行车密度，提高整个铁路网的运输能力。

任务 6.2 识别动车组的基本构造

任务描述

本任务主要学习动车组车体与车内设施、动车组的转向架、牵引系统、制动系统以及控制、监控与诊断系统。

相关知识

为了使动车组跑得快、舒适程度高、对线路的破坏作用小、维修工作量小，要求其运行阻力小、重量轻、气密性和防噪声性能好、防火性能高。此外，车辆间连接装置传递与缓冲纵向力的性能也要好。为满足这些性能要求，动车组车体采用了大量新技术、新材料和新工艺。

动车组一般由车体、转向架、牵引电机、牵引变压器、牵引变流器、制动系统、牵引控制系统和列车网络控制系统等组成，如图6-2-1所示。

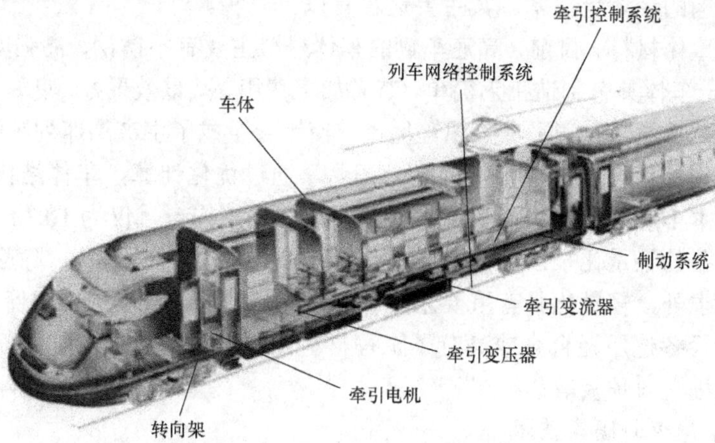

图6-2-1　动车组基本结构

6.2.1　动车组车体及车内设施

动车组车体分为带司机室车体和不带司机室车体两种。它是容纳乘客和司机驾驶的地方，同时又是安装与连接其他设备和部件的基础。其构造及功能与客车车体相仿。

1. 动车组车体

1）动车组车体流线型设计

随着列车运行速度的提高，列车与周围空气的作用加剧。除空气阻力外，在线路附近会产生空气运动，这就是"列车风"，并且当列车在隧道内运行或交会时，这些动力作用更强烈。根据测量，当列车以200 km/h速度行驶时，在轨面以上0.814 m距列车1.75 m处的空气运动速度将达到17 m/s，这是人站立不动能够承受的风速，当列车以这样或更高的速度通过车站时，列车风将给铁路工作人员和旅客带来危害。

因此，动车组车体设计采用流线型结构，可有效地减少运行空气阻力、列车交会压力波，解决好运行稳定性等问题。动车组车身横断面形状设计有以下特点。

① 整个车身断面呈鼓形，即车顶为圆弧形，侧墙下部向内倾斜（5°左右）并以圆弧过渡到底架，侧墙上部向内倾斜（3°左右）并以圆弧过渡到车顶。这种车身不仅能减少空气阻力，还具有缓解列车交会压力波等作用。

② 车辆底部采用与车身横断面形状相吻合的裙板遮住车下设备，以减少空气阻力，也可防止高速运行带来的沙石击打车下设备。

③ 车体表面光滑平整，尽量减少突出物。例如：侧门采用塞拉门，扶手为内置式，脚蹬做成翻板式使侧门关闭时可以包住它。

④ 两车辆连接处采用橡胶大风挡，与车身保持平齐，避免形成空气涡流。

2）动车组车体结构轻量化

为了节省牵引功率，降低高速所引起的动力作用对线路结构、机车车辆结构产生的损伤，以及提高旅客乘坐舒适度，需要最大限度地降低高速动车组的轴重和簧下质量，必须实施车体结构的轻量化技术。其主要途径有以下三种。

（1）车体轻量化材料。目前，高速车辆的车体材料主要有不锈钢、高强度耐候钢、铝合金。由于铝合金车体具有制造工艺简单，节省加工费用，减重效果好，良好的运行品质，耐腐蚀，可降低维修费，外表平滑美观等优点，使铝合金成了生产高速列车的主导材料。

（2）车体结构的优化设计。国内外经验证明，通过优化计算，车体结构重量可显著降低。例如：日本 100 系动车组，采用耐候钢，车体钢结构自重仅为 10.3 t。

（3）车内设备的轻量化技术。车内设备约占动车组总重量的 20%，除应满足功能要求和防火阻燃要求外，轻量化具有重要意义。例如：门、窗、行李架、座椅、供水设备、卫生设备等车内设备选用轻合金或高分子工程材料和复合材料，车内装饰板材采用薄膜铝合金墙板、工程塑料顶板等。

3）动车组车体密封隔声技术

动车组列车在高速运行时，头、尾车外面的气流压力是不同的。有交会列车时，特别在隧道内会车时，车外气流压力会大幅度变化。车外压力的波动会使车厢旅客感到不舒服，轻者压迫耳膜，重则头晕恶心，甚至造成耳膜破裂；同时，造成铁路沿线的环境污染（扰民）。因此，削弱噪声源、提高车体的隔声性能也是发展高速铁路中必须解决的关键技术。

（1）高速列车的声源。高速列车的声源主要有：轮轨噪声（碰撞、摩擦声），空气沿车体表面流动产生的摩擦声和受电弓与接触网导线的摩擦声，风挡等构件的撞击声，列车进出隧道产生的压缩波和射波所产生的噪声等。

（2）车体的密封技术。车体的密封需要从车体结构和部件上给予考虑。当前在高速列车上采用的密封技术主要有：车体结构采用连续焊缝以消除焊接气隙；采用固定式车窗；侧门采用密封性能良好的塞拉门；头、尾的端门要采用可充压缩空气的橡胶条，通过台风挡采用橡胶大风挡；空调环控设备设立压力控制；厕所、洗脸室的水不能采用直排式，而要通过密封装置排到车外，对直通车下的管路和电缆孔应采取必要的密封措施等。动车组出厂前都要通过整车气密性、水密性试验。

2. 动车组车内设施

车辆内部设备是指服务于乘客的车内固定附属装置。例如：车内电气、供水、通风、取暖空调、座席、车窗、车门、行李架、旅客信息服务系统等。

1）防火安全设计

高速列车运行中一旦发生火灾其后果不堪设想，因此，防火安全设计十分重要。高速列车遵循“系统集成、预防为主、应急对策、以人为本”的防火系统设计原则，其主要内容如下。

（1）选用耐火材料。车辆必须使用阻燃、低烟、低毒高分子材料和耐火涂料。根据车型和部位不同选择不同等级的防火、防烟毒材料；卧车包间的隔墙全部采用防火板包上，隔墙里添加阻燃材料，采用阻燃风挡；两头端门关闭时保证 10 min 内不致火灾蔓延至临车。

（2）车门、车窗都应有应急装置。车门有自动和手动开关功能，失火时能安全疏散旅客；车窗上设有应急手柄或备用应急手锤（平时手锤封在盒内），发生火灾时操作应急手柄打开车窗或用手锤把窗玻璃击碎。

（3）火灾预测和灭火装置设计。设置烟雾探测及失火报警装置。烟雾报警器在明火火灾发生前做出预警，并与地面防火系统联防；在每个拖车乘务室内设一个具有明显标志的失火警报按钮；在每个拖车、动车的明显处各设一个 6 L 便携式喷雾灭火器和一个 6 kg 干粉灭火器。

2）动车组车内环境控制

动车组车内环境参数包括空气压力、温度、湿度、空气流速、噪声和空气清洁度等。动车组为了保证车内环境参数正常，用到了车内环境控制系统。该系统由车内环境控制系统完成该任务，通常由通风系统、制冷系统、供热系统、加（减）湿系统及自动控制系统等五大系统组成。

3. 集便装置

以前我国旅客列车卫生间均采用直接排放的方式，显然不能满足客车卫生和环保要求，且还会锈蚀轨道，阻塞道床，污染环境。因此，采用密闭式卫生间装置，实行污物集中处理势在必行。随着旅客列车速度的提高，客车气压密封性问题非常突出，也要求采用密闭式卫生间。所以，高速列车必须具备密封性能良好的给排水系统，密封的便池冲洗、污物汇集及排放设备。

我国动车组列车的卫生间分蹲式和坐式两种，均为集便器卫生间，设在靠近侧门处。各个卫生间内设有感应式洗手水龙头。无障碍卫生间内还有紧急报警按钮、婴儿护理桌等设备。

6.2.2 动车组的转向架

转向架是动车组的关键部件。可以说，提高旅客列车速度的过程也是高速转向架技术发展的过程。如图 6－2－2 所示为动车组转向架的基本构造。

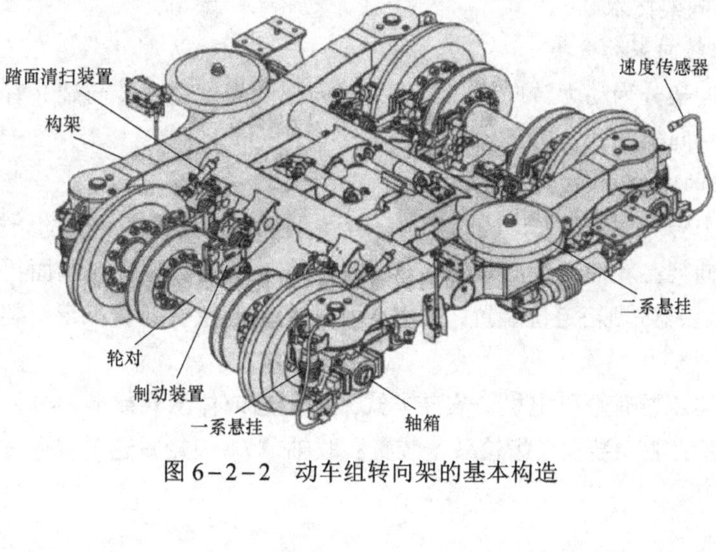

图 6－2－2 动车组转向架的基本构造

1. 高速转向架的性能

在设计制造高速转向架时，必须解决其高速运行时的稳定性、平稳性和良好的曲线通过性能等关键技术问题，以保证高速列车安全行驶，旅客乘坐舒适，减少维修。

1）高速运行的稳定性

车辆沿轨道运行、轮对中心与轨道中心线之间存在横向偏移时，就会引起轮对蛇行运动，车辆停止运动，蛇行运动也就自然停止。当车辆在某一速度以下，蛇行运动影响有限，车辆运动是稳定的；当车辆在某一速度以上运行时，由于车辆蛇行运动产生的振幅越来越大，直至车轮轮缘碰撞钢轨，损伤车辆及线路，甚至造成车辆脱轨、倾覆等行车安全事故，这时车辆运动是不稳定的，这一速度称为蛇行稳定性临界速度，简称临界速度。国外高速转向架的试验研究证明当车辆的运行速度超过 200 km/h 时，有可能出现这种不稳定的蛇行运动。高速列车必须保证在其临界速度以下运行，以使其运行稳定、安全。

当转向架运动不稳定时，不仅车辆运行性能恶化，使旅客舒适度下降，而且直接影响行车安全。因此，通过改变转向架结构、优化参数使其具有较高的临界速度，是研制高速转向架需要解决的关键技术问题，也是高速转向架有别于一般转向架的主要特点。

2）高速运行的平稳性

振动是在车辆整个运行中始终存在的，振动过大会影响旅客的舒适度。理论分析和实践经验表明，车辆的垂向和横向运行平稳性随速度提高而下降。在一般速度下平稳性满足要求的车辆，在高速运行时就不能满足要求。为此，除对线路构造、养护标准等有严格的要求外，也应合理设计转向架的悬挂装置（弹簧减震系统）和选择其参数。

3）高速运行的良好曲线通过性能

高速列车通过曲线时，产生过大的侧压力会造成轮、轨的剧烈磨损，还易引起脱轨、倾覆等安全事故。一般来说，改善车辆的曲线通过性能与抗蛇形运动稳定性往往是矛盾的，因此在选择高速转向架的有关设计参数时，要合理地兼顾两方面的性能要求。

2. 高速转向架技术

1）动车组转向架的分类

动车组转向架分为动力转向架和非动力转向架两类，动力转向架又有单动力轴转向架和双动力轴转向架之分。

2）转向架的结构特点

无论是动力转向架还是非动力转向架，其主要部分采用基本一致的结构形式。例如：均为无摇枕转向架；轮对为空心车轴，整体轧制车轮、磨耗型车轮踏面；一是悬挂采用钢弹簧+液压减振器+轴箱定位装置，二是悬挂主要采用空气弹簧；牵引装置主要采用拉杆方式。

动力转向架还要有牵引电机，安装方式采用架悬或体悬式或半架半体。其中，体悬式降低簧下质量：驱动装置（齿轮减速装置和联轴节），齿轮减速装置通过轴承安装在车轴上，牵引电机与齿轮减速装置通过联轴节传递驱动力。

6.2.3 动车组牵引传动系统

1. 动车组牵引传动系统的组成和作用

动车组牵引传动系统主要采用交—直—交传动，用异步电机驱动。交—直—交牵引传动系统主要由受电弓（包括高压电器设备）、主变压器、变流器、逆变器、牵引电动机齿轮传动系统等组成，如图 6-2-3 所示。

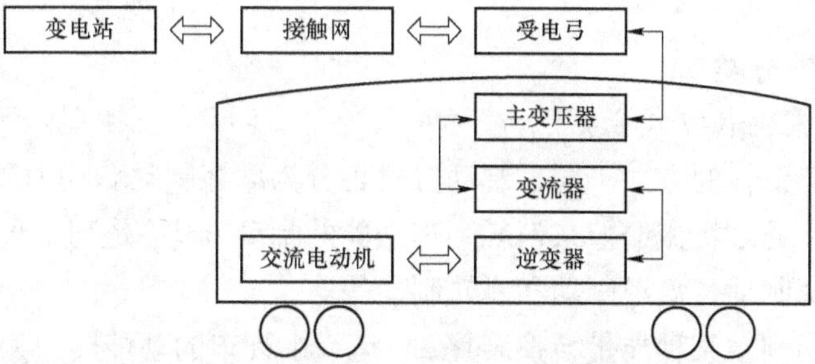

图 6-2-3 交—直—交牵引传动系统组成

受电弓将接触网的 AC 25 kV 单相工频交流电输送给车载牵引变压器，经变压器降压后的单相交流电供给脉冲整流器（或称变流器），脉冲整流器将单相交流电变成直流电经中间直流电路将直流电输给牵引逆变器，牵引逆变器输出电压、电流、频率可控的三相交流电供给三相异步牵引电动机，牵引电动机轴端输出的转矩与转速通过齿轮传动传递给轮对，转化成轮缘牵引力和线速度。

2. 动车组的传动装置

传动装置的功能是将电能转换成机械能牵引列车运行，同时在列车制动时将机械能转变成电能回馈电网。其传动装置原理及能量转换如图 6-2-4 黑色箭头所示，再生制动能量变换与传递在图中用白色箭头表示。

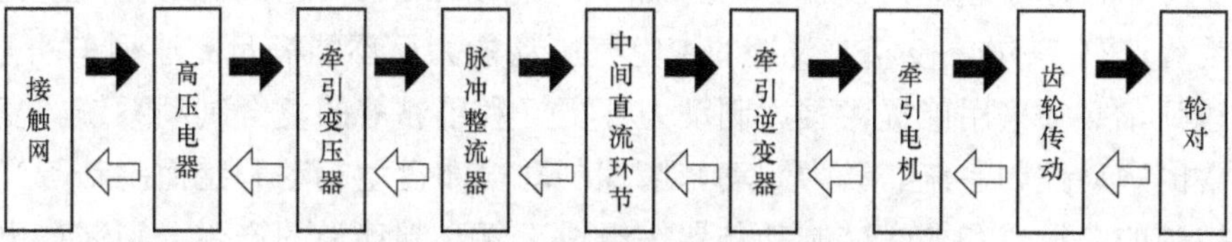

图 6-2-4 传动装置原理及能量转换

高压电器设备主要包括受电弓、主断路器、避雷器、电流互感器、接地保护开关等，完成供电系统的接入与断开控制、网侧电流检测、保护等功能。其中，受电弓最为关键，它负责完成列车运行过程中的高速受流并确保受流质量。

牵引变压器把接触网上取得的 25 kV 高压电变换为供给牵引变流器及电机电器工作所适合的电压，其工作原理与普通电力变压器相同。脉冲整流器是牵引传动装置的电源侧变流器，列车牵引时作为整流器，再生制动时作为逆变器，可以实现牵引与再生工况间快速平滑地转换。

牵引逆变器是牵引传动装置的电机驱动侧变流器，列车牵引时作为逆变器，再生制动时作为整流器，可以实现牵引与再生工况间快速平滑地转换。

牵引电机是实现电能和机械能转换的最核心的部件。列车牵引时作电动机运行将电能转化成机械能，制动时作为发电机运行将机械能转化为电能。

6.2.4 动车组制动系统

1. 制动方式的分类

1）按列车动能消耗方式分类

根据列车动能消耗的方式不同，制动方式可分为摩擦制动和动力制动。

摩擦制动是指通过机械摩擦来消耗列车动能的制动方式，是列车最基本的制动方式。摩擦制动包括闸瓦制动、盘形制动和磁轨制动等。

动力制动是指利用某种能量转换装置，将运行中列车的动能转换为其他形式的能量，并予以消耗的制动方式。动力制动包括电阻制动、再生制动、电磁涡流轨道制动，以及电磁涡流转子制动等。

2）按制动力产生方式分类

根据制动力产生的方式不同，制动方式又可分为黏着制动和非黏着制动。

黏着制动是指依靠黏着滚动的车轮与钢轨黏着点之间的黏着力来实现列车制动的方式，包括闸瓦制动、盘型制动等；非黏着制动是指不通过黏着产生制动力的制动方式，其不受轮轨制动黏着系数的限制，主要用于高速紧急制动时附加一个比较稳定的非黏着力，从而可实现较短的制动距离。非黏着制动主要包括磁轨制动和轨道涡流制动等。

2. 复合制动

由于列车的制动能量和速度的平方成正比，速度在 200～300 km/h 的高速列车的制动能量是普速列车的 4～9 倍，传统的纯空气制动能力已不能满足高速列车的需要。因此，高速列车必须采用能提供强大制动力并更好利用黏着的复合制动系统。复合制动系统通常由制动控制系统、动力制动、摩擦制动（如盘型制动和踏面制动等）系统、计算机控制的防滑器和非黏着制动装置等组成。复合制动力的产生分别来自电气（动力制动）、机械（盘型制动或踏面制动）和非黏着力（磁轨制动或涡流制动）。

3. 制动控制系统

1）制动控制系统的基本要求

首先，高速列车制动系统要满足制动能力的要求。高速列车的制动包括调速制动和停车制动，要求制动能力强、响应速度快；其次，要满足舒适性的要求，要求采用计算机控制，在提高平均减速度的同时尽量减少减速度的变化率，制动冲力小，减小动车组的纵向冲动，提高旅客乘坐的舒适性；最后，要满足安全可靠性的要求。优化制动控制方式设计，实现多级制动控制，确保在正常条件下复合制动系统的各种制动方式应合理分级分担制动能量，同时设计制动能力的冗余量，确保一旦其中的某种制动方式发生故障时，其他制动方式应能提供补充。

2）制动控制系统的组成

制动控制系统由电气部分和气路阀类部分组成。电气部分又包括制动控制器、计算机控制系统和安全联锁装置；气路阀类部分包括制动电磁阀和缓解阀、紧急制动电磁阀、强迫缓解电磁阀和切换阀、荷重传感器和 EP 传感器、重空车压力平衡阀、紧急限压阀、制动缸压力中继阀、总风缸及电空制动压力开关、空电转换电磁阀等。

该系统由制动管减压方式变为电气指令式的控制装置，不仅缩短列车制动空走时间，还包括复合制动控制、空重车调整、制动模式控制、监控信息处理和显示等功能。

3）制动控制系统的作用方式

正常情况下使用的是采用计算机控制的直通式电空制动装置，这是一种以动力制动为优先的动力制动、空气制动、磁轨制动的复合制动方式。

同时，在电空制动失效的情况下使用处于热备用状态下的自动空气制动装置。整个制动系统分成三级控制：网络制动控制、电空制动控制和空气制动控制。其中，网络制动控制以网络来传输控制指令，实现 ATP 列车控制；电空制动控制是以贯穿全列车的电空制动电缆为介质来传输控制指令及电制动力的模拟指令；空气制动是以贯穿全列车的列车管压力为介质来传输控制指令。上述三种控制的安全级别以空气制动最高，其余依次为电空制动和网络制动；而其指挥级别以网络制动控制最高，电空制动控制次之，空气制动控制最低。

6.2.5　动车组控制、监测与诊断系统

1. 组成

对高速列车实施车上监测和诊断的目的是提高其运营安全性和车辆运用率，优化运行管理，并便于运用和维修作业。

高速动车组的控制、监测与诊断系统是车载分布式的计算机网络系统。在每节车辆（动车或拖车）内通过车厢总线将分布在同一车厢内的各计算机控制装置联网；通过列车总线把分布在不同车厢中的主控单元（节点）联网直至安装在列车前后端动车上的列车控制、诊断中心，再通过动车司机操纵台上的显示屏，可选择显示列车中各受控设备的工作状态，从而实现对动车的重联控制和对全列车的综合监控作用。我国高速列车控制、监控与诊断系统的组成如图 6－2－5 所示（以标准方式的动车组编成为例）。

该系统组成在结构上可以分为三个层次：列车级、车辆级和子系统级。由两个网络即列车网络和车厢网络的各计算机联结构成为一个树状网络系统。系统组成按其作用功能又可分为三部分：一个包括牵引控制、制动控制、车辆部件控制、辅助系统控制和超速防护在内的控制系统；在控制系统的各部分均应作冗余设计，保证在工作层失效时冗余层能顶替工作；在上述各控制中具有各种故障诊断、储存及显示功能。

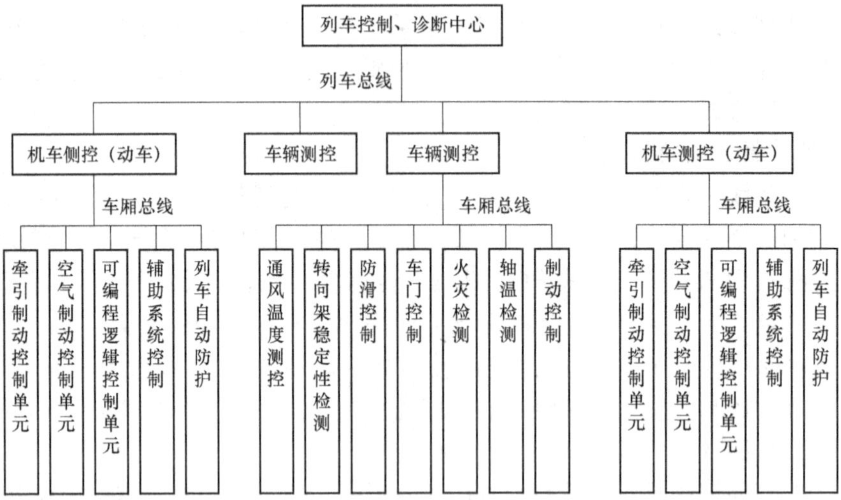

图 6－2－5　我国高速列车控制、监控与诊断系统的组成

上述各层诊断系统应设有故障自诊断、故障信息保存、必要的故障自排除以及将重要故障信息向上一级传送的功能。各诊断装置还应配备人机接口，以便维修人员从故障部件读取故障信息和对故障进行定位分析，并查知本车的诊断结果，诊断装置的人机接口应包括彩色液晶显示屏、功能按键及蜂鸣警报器。

2. 高速列车控制与监测诊断的关系

车辆及列车诊断装置作为诊断系统的专用设备，与控制系统不直接相关，但部件诊断这一层一般与控制系统结合在一起，有的是增加插件，插在控制箱中，有的是在控制系统中增加诊断的功能，诊断与控制共享输入和输出数据，不必另外增设传感器。保护性检测不仅是诊断需要，也是控制所必不可少的。诊断主要起故障检测、故障数据的保存、故障性质的评估以及故障数据的编码传送等方面的作用。尽管在部件诊断这一层，诊断离不开控制，但必须明确，诊断系统不附属于控制系统，它不是控制系统的一部分。没有诊断系统，车辆也能正常运行。诊断功能与控制功能是不同的，是相对独立的。但作为一个完善的计算机系统，在力所能及时应增加诊断功能，可使系统性能更完善。

在车载诊断之外，还有地面诊断装置，主要是在动力车主控单元上应附加对地面的发送设备，以便在列车到达前，将故障情况及时发送至地面车辆基地，以做好地面维修的准备。

任务 6.3　识别我国主型动车组

任务描述

本任务主要学习我国不同动车组车型代号的定义及含义，以及对我国主型动车组的型号进行简单的介绍。

相关知识

通过引进、消化、吸收，目前我国的动车组有“和谐号”动车组和“复兴号”动车组列车。和谐号动车组是以 CRH 开头，CRH 是中国高速铁路“China railway highspeed”的首字母简写；复兴号动车组是以 CR 开头，是中国铁路“China railway”的首字母简写。

6.3.1　车型代号定义

1. 和谐号动车组 300 km/h 及以下车型定义

如图 6-3-1 所示，和谐号动车组 300 km/h 及以下车型定义如下：第一位为数字，代表生产制造商；第二位为字母，代表车组的类型；第三位为后缀，代表一些改进车型或者城际车型或者 4 编组车型。例如：CRH2E、CRH6A、CRH1A-A 等。

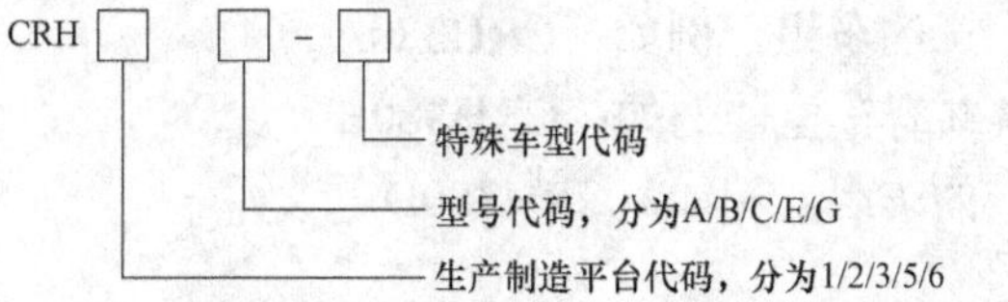

图 6-3-1　和谐号动车组 300 km/h 及以下车型定义

1）首位数字定义

1——生产商为四方阿尔斯通（原庞巴迪）。

2/6——生产商为四方股份（包含技术输出 CRH6 型动车的中车浦镇和中车广东公司、中车成都公司）。

3——生产商为中车唐山和长客股份，其中以中车唐山为主。

5——生产商为长客股份。

2）第二位字母定义

和谐动车组 300 km/h 以下动车组型号 A、B、C、E、G、F、J 等代号，具体定义如下。

A——该平台动车组基础车型。例如：CRH1A、CRH2A、CRH3A、CRH5A、CRH6A 等车型，该类车型一般为 8 编组列车。

B——A 型车组的加长编组版本，该类型为 16 编组。例如：CRH2B。

C——高速车组，行驶速度可达到 300 km/h。例如：CRH2C、CRH3C（速度可到 350 km/h）。

E——卧铺动车组。

G——高寒动车组。

F——只有 CRH6F，为城际动车组，其他车型没有。

J——综合检测车，有 CRH2J 和 CRH5J。

3）后缀定义

只有 CRH1A－A 是比较特殊的，为 CRH1A 车型的改进车型；其他车型带后缀－A 的均为城际动车组短编组（4 编组）车型。

2. 和谐号动车组 300 km/h 以上车型定义

如图 6－3－2 所示，和谐号动车组 300 km/h 以上车型定义如下：数字 380 代表设计时速为 380 km/h，这个为固定格式；首字母代表生产厂商；次字母代表车型细分。例如：CRH380A、CRH380CL 等。

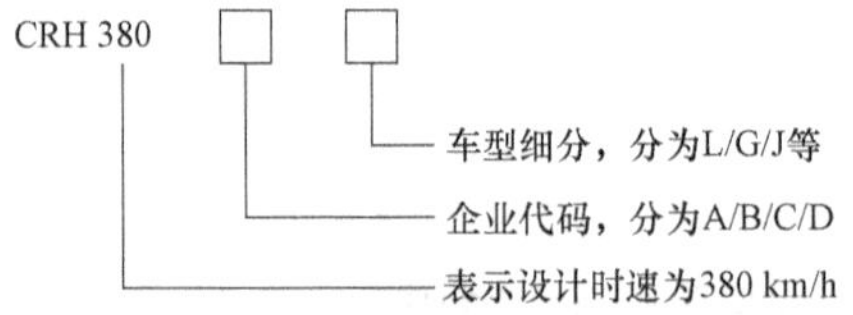

图 6－3－2　和谐号动车组 300 km/h 以上车型定义

1）首字母定义

和谐动车组 300 km/h 以上车型代号有 A、B、C、D，其意思如下。

A——四方股份生产的车组。例如：CRH380A。

B——唐山、长客共有车型。例如：CRH380B。

D——庞巴迪生产的车组。例如：CRH380D。

2）次字母定义

次字母有 L、G、J 等，其意思如下。

L——长编（16 编组）动车组。例如：CRH380AL、CRH380BL 等。

G——高寒动车组。例如：CRH380BG。

J——综合检测车。例如：CRH380AJ。

3. 复兴号动车组定义

如图 6－3－3 所示，复兴号动车组采用全新的 CR 字母开头，CR 代表中国铁路，后续依次为速度等级、生产企业代码、技术类型代码、技术配置代码。例如：CR400AF、CR300A 等。

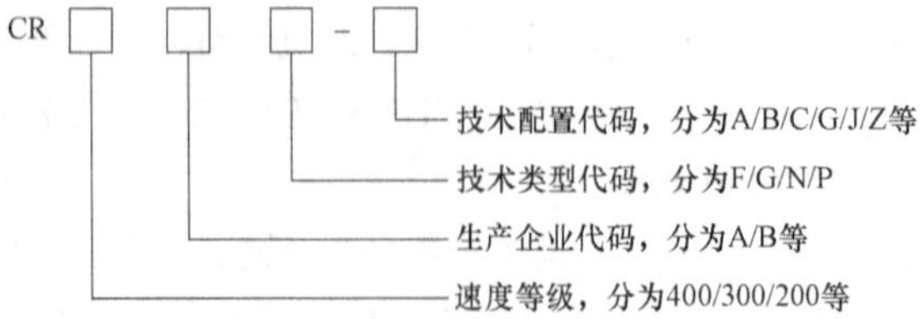

图 6－3－3　复兴号动车组定义

1）速度等级代号

复兴号目前有三个速度等级，分别为 200 km/h、300 km/h、400 km/h，具体如下。

200——速度在 100～200 km/h 之间，一般运行速度为 160 km/h，主要为动力集中型动车组（绿巨人）。

300——时速在 200～300 km/h 之间，一般运行时速在 250 km/h。

400——时速在 300～400km/h 之间，一般运行速度在 350 km/h。

目前正在研制 CR450，即运行时速 400 km/h 的动车组。

2）企业代码

在企业代码方面只有两个代码：A 和 B。

A——四方股份平台动车组，不仅四方股份可以使用该代码，通过技术平移的四方阿尔斯通和中车浦镇也可以使用。

B——长客股份和中车唐山（原北车系）平台动车组。

3）技术类型代码

技术类型代码常见的有 F、J、P、N。

F——动力分散型电力动车组。

J——动力集中型电力动车组。

P——动力分散型内燃动车组。

N——动力集中型内燃动车组。

4. 技术配置

复兴号动车组的技术配置方面相对复杂，虽然车辆总数量不多，但是种类还是比较多的。常见的有 A、B、C、Z、G、J 等。

A——长编动车组，16 编组。

B——超长编动车组，17 编组，这是和谐号没有的编组形式。

C——初代智能配置动车组，即京张和京雄智能动车组。

Z——智能配置动车组，AZ 代表 16 编组智能动车组，BZ 代表 17 编组智能动车组。

G——高寒动车组。

J——综合检车动车组。

6.3.2　和谐号系列动车组

和谐号系列动车组主要包括 CRH1、CRH2、CRH3、CRH5、CRH6、CRH380 型等系列。

1. CRH1 型系列

和谐号 CRH1 型电力动车组，是原铁道部为进行中国铁路第六次大提速里的快速铁路及准备修建的高速客运专线，于 2004 年起向庞巴迪运输和青岛四方庞巴迪铁路运输设备有限公司（BST）（前称“青岛四方－庞巴迪－鲍尔铁路运输设备有限公司”或 BSP）订购的 CRH 系列高速电力动车组。

1）CRH1A 型动车组

以庞巴迪公司为瑞典铁路生产的皇后系列（Regina）动车组为原型设计，采用交流传动及动力分布式结构，采用 8 辆编组，5 动 3 拖，设 2 辆一等座车、5 辆二等座车、1 辆餐车/二等座合造车，最高运行速度为 250 km/h，轴重不大于 16 t，牵引总功率为

5 500 kW，车体为不锈钢焊接结构。两组动车可重联运行。CRH1A 型动车组如图 6－3－4 所示。

图 6－3－4　CRH1A 型动车组

2）CRH1B 型动车组

CRH1B 型动车组是在 CRH1A 基础上扩编的大编组座车动车组。车体外观不变，采用 16 辆编组，10 动 6 拖，设 3 辆一等座车、12 辆二等座车、1 辆餐车，最高运行速度为 250 km/h，牵引总功率为 11 000 kW。CRH1B 型动车组如图 6－3－5 所示。

图 6－3－5　CRH1B 型动车组

3）CRH1E 型动车组

CRH1E 型动车组是以庞巴迪公司研发的 ZEFIRO 250 系列为基础制造的长编组卧铺动车组。采用 16 辆编组，10 动 6 拖，设 2 辆二等硬卧车、12 辆硬卧车、1 辆软卧车和 1 辆餐车，最高运营速度为 250 km/h，是世界上第一种 250 km/h 的高速卧铺动车组，牵引总功率为 11 000 kW。CRH1E 型动车组如图 6－3－6 所示。

图 6－3－6　CRH1E 型动车组

2. CRH2 型系列

CRH2 型动车组是原铁道部在进行中国铁路第六次大提速中向日本川崎重工及青岛四方机车车辆股份有限公司订购的高速列车车款之一。CRH2 系列动车组为动力分布式、交流传动的动车组，采用铝合金空心型材车体。该车型是以日本新干线的 E2－1000 系为基础改进，至今已自行设计制造出 CRH2A、CRH2B、CRH2C、CRH2E、CRH2G 型等动车组。

1）CRH2A 型动车组

CRH2A 型动车组采用 8 辆编组，4 动 4 拖，设 1 辆一等座车、6 辆二等座车、1 辆餐车/二等座车合造车，每 4 节为 1 个单元，最高营运速度为 250 km/h，牵引功率为 4 800 kW，CRH2A 型动车组如图 6－3－7 所示。

图 6－3－7　CRH2A 型动车组

2）CRH2B 型动车组

CRH2B 型动车组为 16 节长大编组动车组，8 动 8 拖，设 3 辆一等座车、12 辆二等座车、1 辆餐车，最高营运速度为 250 km/h，牵引功率为 9 600 kW。CRH2B 型动车组如

图 6－3－8 所示。

图 6－3－8　CRH2B 型动车组

3）CRH2C 型动车组

CRH2C 型动车组是在 CRH2A 型基础上进行升级而成的。它采用 8 辆编组，6 动 2 拖主设 1 辆一等座车、6 辆二等座车、1 辆餐车/二等座车合造车，使用 DSA350 型高速受电弓，最高营运速度为 350 km/h，牵引功率为 7 728 kW。CRH2C 型动车组如图 6－3－9 所示。

图 6－3－9　CRH2C 型动车组

4）CRH2E 型动车组

CRH2E 型动车组为 16 节长大编组的卧铺动车组。8 动 8 拖，设 2 辆二等座车，13 辆软卧铺列车、1 辆餐车，最高营运速度为 250 km/h，牵引功率为 9 600 kW。CRH2E 型动车组如图 6－3－10 所示。

图 6－3－10　CRH2E 型动车组

5）CRH2G 型动车组

CRH2G 型为高寒动车组，采用 8 辆编组，4 动 4 拖，最高营运速度为 250 km/h。CRH2G 型动车组如图 6－3－11 所示。该动车组能在－40～40 ℃极端气候环境下正常运营。CRH2G 还解决了高海拔适应性和防紫外线老化的技术难题，能在高达 3 600 m 的高海拔地区安全运营。

图 6－3－11　CRH2G 型动车组

3. CRH3 型系列

CRH3 型动车组是原铁道部为新建高速城际铁路及客运专线，向德国西门子公司和唐山轨道客车有限责任公司订购的高速动车组。它的原型为德国铁路西门子公司的 ICE－3 型列车。

1）CRH3A 型动车组

CRH3A 型动车组衍生自原中国北车自主研发的 CJ1 型城际动车组，主要为了满足新建城际铁路的通勤需求，最高运营速度为 250 km/h，运营速度为 160～250 km/h。其列车采用 8 辆编组，其中一等座车 1 节、二等座车 6 节、二等座/餐吧合造车 1 节。CRH3A 型动车组如图 6－3－12 所示。

图 6－3－12　CRH3A 型动车组

2）CRH3C 型动车组

CRH3C 型动车组采用 8 辆编组，4 动 4 拖，设 1 辆一等座车、6 辆二等座车、1 辆餐车/二等座车合造车。我国在引进过程中主要对车体进行了加宽设计。最高运营速度 350 km/h，牵引功率为 8 800 kW。CRH3C 型动车组如图 6－3－13 所示。

图 6－3－13　CRH3C 型动车组

4. CRH5 型系列

1）CRH5A 型动车组

CRH5A 型动车组是原铁道部为进行中国铁路第六次大提速，向法国阿尔斯通公司和长春轨道客车股份有限公司订购的 CRH 型动车组之一。引进过程中改动较大，去除了转向架的摆式机构，采用空气弹簧二系悬挂升级原刚簧；列车头型进行升级。采用 8 辆编组，5 动 3 拖，设 1 辆一等座车、6 辆二等座车、1 辆餐车/二等座车合造车。可两组重联运行，耐寒性高，其承受温度范围可达±40℃，适用于中国东北、西北地区，最高运行速度 250 km/h，牵引功率为 5 500 kW，车体为中空型材铝合金车体，CRH5A 型动车组如图 6－3－14 所示。

图6-3-14 CRH5A 型动车组

2）CRH5G 型动车组

CRH5G 型动车组是 CRH5A 型动车组的技术改进型产品。由中车长春轨道客车股份有限公司在 CRH5A 型动车组的平台基础上进行了高寒抗风沙的性能提升及改造，主要集中在提示列车的抗寒、抗风沙、耐高温、耐强紫外线和适应高海拔的性能提升和设计的优化。CRH5G 型动车组的外形、主体结构、主要技术参数等均保持不变。

5. CRH6 型系列

CRH6 型动车组是由中国南车青岛四方机车车辆股份有限公司和南车南京浦镇车辆有限公司共同研制开发的 CRH 系列电力动车组。列车由四方技术总负责，浦镇四方联合设计，并分别在两公司及广东（新会）基地生产。CRH6 型动车组适用于城市间及市区和郊区间的短途通勤客运，满足载客量大、快速乘降、快启快停的运营要求。

CRH6A 型动车组主要用于中短途城际、市域运输，以公交化的运营模式为主，采取“大站停”的模式运营，最大载客量约为 1 500 人，最高运行速度为 200 km/h。CRH6A 型动车组如图 6-3-15 所示。CRH6F 型动车组采取“站站停”的模式运营，最高运营速度为 160 km/h。

图6-3-15 CRH6A 型动车组

6. CRH380 系列

1）CRH380A 型动车组

CRH380A 型动车组是在 CRH2C 型的基础上研发的高速动车组，采用 8 辆编组，6 动 2 拖，最高运行速度为 350 km/h，牵引功率为 9 600 kW。CRH380AL 型动车组是在 CRH380A 型的长编组动车组，采用 16 辆编组，14 动 2 拖，牵引功率为 20 440 kW。CRH380A 型动车组如图 6－3－16 所示。

图 6－3－16　CRH380A 型动车组

2）CRH380B 型动车组（或称 CRH3－380 型）

CRH380B 型动车组是在 CRH3C 型动车组基础上自主研发的高速动车组，采用 8 辆编组，4 动 4 拖，海豚型车头，能够有效减小高速运行时的空气阻力（约 10%），列车性能优化以提高牵引功率、降低传动比及动车组气动外形减阻为主，舒适度优化主要采取提高列车减震性能、车厢降噪、加强车内气压控制等方式。最高运行速度为 350 km/h，牵引功率为 9 200 kW。CRH380B 型动车组如图 6－3－17 所示。

图 6－3－17　CRH380B 型动车组

CRH380BL 型动车组是长编组动车组，采用 16 辆编组，8 动 8 拖，牵引功率为 18 400 kW。长春轨道客车股份有限公司在 CRH380BL 的基础上，研发生产出 CRH380BG 高寒型动车组，用于我国高寒地区。

3）CRH380CL 型动车组

CRH380CL 型动车组是继 CRH380A、CRH380B 型高速动车组后诞生的新型高速动车组。首次采用自主研发的网络控制系统，由长春轨道客车股份有限公司研制生产。列车外形采用仿生学原理，车头宛如猎豹极速奔跑的姿态，相比现有动车组外型，降低 12% 的气动阻力，采用 16 辆编组，8 动 8 拖，最高运行速度为 350 km/h。CRH380CL 型动车组如图 6－3－18 所示。

图 6－3－18　CRH380CL 型动车组

4）CRH380D 型动车组

CRH380D 型动车组采用 8 辆编组，4 动 4 拖，列车可透过两组联挂方式增至 16 节。列车设有一等座/特等座车、二等座车和二等座车/餐车，其中一等座采用 2+2 方式布置，二等座为 2+3 布置。最高运行速度为 350 km/h。CRH380D 型动车组如图 6－3－19 所示。

图 6－3－19　CRH380D 型动车组

6.3.3　复兴号系列动车组

CR 系列动车组又称复兴号动车组，为中国标准动车组。

中国标准动车组采用 CR200/300/400 命名分别对应 160 km/h、250 km/h 和 350 km/h 三种速度等级。目前已有 CR400AF、CR400BF、CR300AF、CR300BF、CR200J 等型号。

1. CR400 型系列

CR400AF 型动车组为动力分散动车组，采用 8 辆编组，4 动 4 拖，最高运行速度为 350 km/h。该系列长编组型号分别为 CR400AF－A，采用 16 辆编组，8 动 8 拖；超长编组型号分别为 CR400AF－B，采用 17 辆编组，8 动 9 拖。CR400AF 型动车组如图 6－3－20 所示。

图 6－3－20 CR400AF 型动车组

CR400BF 型动车组为动力分散动车组，采用 8 辆编组，4 动 4 拖，最高运行速度为 350 km/h。该系列长编组型号分别为 CR400BF－A，采用 16 辆编组，8 动 8 拖；超长编组型号分别为 CR400BF－B，采用 17 辆编组，8 动 9 拖。CR400BF 型动车组如图 6－3－21 所示。

图 6－3－21 CR400BF 型动车组

2. CR300 型系列

CR300AF 型动车组为动力分散动车组，采用 8 辆编组，4 动 4 拖，最高运行速度为

250 km/h。CR300AF 型动车组如图 6－3－22 所示。

图 6－3－22　CR300AF 型动车组

CR300BF 型动车组为动力分散动车组，采用 8 辆编组，4 动 4 拖，最高运行速度为 250 km/h。CR300BF 型动车组如图 6－3－23 所示。

图 6－3－23　CR300BF 型动车组

3. CR200 型系列

CR200J 型动车组是中国铁路首款动力集中动车组，最高运行速度为 160 km/h。短编组的 CR200J 为单端推拉式的动力集中动车组，最大编组为 1 动 8 拖；长编组的 CR200J 型动力集中电动车组为双端牵引的电力动车组，最大编组为 2 动 18 拖。CR200J 型动车组如图 6－3－24 所示。

图 6-3-24　CR200J 型动车组

CR200JS-G 型动车组是针对高原铁路运营条件，专门研制生产的复兴号高原双源动力集中动车组。该型动车组采用整列一体化设计，动车组两端分别编挂电力动力车和内燃动力车，中间编挂拖车编组为 12 辆，最高运营时速为 160 km，最高运行海拔为 5 100 m，能适应高海拔、连续长大隧道环境，可跨电气化和非电气化线路贯通运用。CR200JS-G 型动车组如图 6-3-25 所示。

图 6-3-25　CR200JS-G 型动车组

4. 高速综合检测列车

高速综合检测列车是一种综合检测 CRH 和 CR 型动力分散动车组运行线路、接触网、信号等，质量达标的动车组列车，是“体检列车”，是进行铁路基础设施综合检测的重要技术装备，为动车组运行线路的运营安全评估和指导各铁路局的养护维修提供技术支撑。现有高速综合检测列车共 15 列，可适应 250、300、350 km/h 速度级线路检测，如图 6－3－26、图 6－3－27 所示为 CRH380AJ、CRH2J 高速综合检测车。

图 6－3－26　CRH380AJ 高速综合检测车

图 6－3－27　CRH2J 高速综合检测车

项目实训

目前我国的高速综合检测车有 15 列，找出这 15 列分别是什么车型。

项目自测

一、填空题

1. 高速动车组的列车动力配置方式可分为（　　）和（　　）。

2. 动车组一般由（　　）、（　　）、牵引传动系统、（　　）和列车控制系统等组成。

3. 动车组牵引传动系统主要采用（　　）传动，用（　　）驱动。

4. CR300AF 型动车组最高运营速度为（　　），CRH380A 型动车组最高运营速度为（　　）。

二、判断题

1. 轻轨、地铁、城际列车都是动车组。（　　）

2. 动车组是以整体固定编组为特征的列车，有两个驾驶室。（　　）

3. 高速列车遵循“系统集成、预防为主、应急对策、以车为主”的防火系统设计原则。（　　）

4. 动车组技术类型代码中，P 表示动力分散型内燃动车组。（　　）

5. CR200J 型动车组是中国铁路首款动力集中动车组，最高运行速度为 200 km/h。（　　）

三、选择题

1. 下列不属于动车组车体结构轻量化的途径是（　　）。

A. 车体轻量化材料　　B. 车体结构的优化设计

C. 车体结构的加强　　D. 车内设备的轻量化技术

2. 动车组控制、监测与诊断系统在结构上可以分为（　　）三个层次。

A. 列车级、车辆级和子系统级　　B. 系统级、车辆级和子系统级

C. 系统级、列车级和子系统级　　D. 列车级、车辆级和本地级

3. CRH2A 型动车组采用（　　）辆编组，（　　）动（　　）拖，设 1 辆一等座车、6 辆二等座车、1 辆餐车/二等座车合造车，每 4 节为 1 个单元，最高营运速度为（　　）km/h。

A. 8　6　2　250　　B. 16　8　8　250

C. 8　4　4　250　　D. 8　4　4　350

4.（　　）型动车组是针对高原铁路运营条件，专门研制生产的复兴号高原双源动力集中动车组。

A. CRH2G　　B. CR200JS－G　　C. CRH380BG　　D. CR200J

5. 下列动车组最高运营速度最低的是（　　）。

A. CR400AF　　B. CR300BF　　C. CRH380B　　D. CRH380CL

四、简答题

1. 简述动车组列车的特点。

2. 简述和谐号动车组车号的编写规则。

3. 高速列车的防火安全设计有哪些内容？

项目 7　认知铁路信号和通信设备

项目描述

铁路信号经历一百多年的发展，形成了今天的现代化铁路信号系统。它是计算机技术、现代通信技术和自动控制技术在铁路运输生产过程中的具体应用，是铁路运输的中枢神经，是铁路现代化的重要标志之一。铁路信号有广义和狭义两种含义。狭义的铁路信号是指在行车、调车工作中对行车有关人员指示运行条件而规定的物理特征符号；广义的铁路信号是指铁路运输系统中保证行车安全的技术和设备，是铁路上信号、联锁、闭塞设备的总称。

知识目标

（1）了解铁路信号、联锁、闭塞的基本常识；

（2）掌握铁路常见固定信号的名称、功能；

（3）了解铁路通信设备的基本常识。

技能目标

（1）能够识别常见信号的名称、符号；

（2）能够正确显示常用手信号；

（3）能够操作使用常见通信设备。

任务 7.1　识别铁路信号

任务描述

本任务主要从铁路信号基础设备和铁路信号系统方面对铁路信号知识进行学习。铁路信号是用特定的物体（如信号灯）的颜色、形状、位置和显示数目，或用仪表和音响设备等向铁路行车人员传达有关机车车辆运行条件、行车设备状态，以及行车指示和命令等信息。

相关知识

7.1.1 铁路信号的分类

铁路信号的作用是保证列车运行与调车作业安全，有效提高铁路运输生产的效率，降低运输成本，大大改善行车人员的劳动条件。

铁路信号是指示列车运行及调车作业的命令，有关行车人员必须严格执行。

1. 按接听信号的感官分类

铁路信号按接听信号的感官可分为听觉信号和视觉信号。

1）听觉信号

听觉信号是以不同声响设备发出音响的强度、频率、音响长短和数目等特征表示的信号。例如：用号角、口笛、响墩发出的音响及机车、轨道车鸣笛等发出的信号。

2）视觉信号

视觉信号是以物体或灯光的颜色、形状、位置、数目或数码显示等特征表示的信号。例如：用信号机、机车信号、信号旗、信号牌、信号灯、火炬等表示的信号。

视觉信号分为昼间、夜间及昼夜通用信号。

2. 按信号的使用形式分类

铁路信号按信号的使用形式可分为固定信号、移动信号和手信号。

1）固定信号

为防护一定目标，设置于固定地点的信号，叫固定信号。例如：设置于地面的信号机和信号表示器等，都是固定信号。在机车司机室内设置的指示列车运行前方条件的信号叫机车信号，它对于机车来说，是固定的，因此也属于固定信号。

固定信号是铁路信号的主要信号。

（1）按设置部位分类，有地面信号和机车信号。

地面信号为设于车站或区间固定地点的信号机或信号表示器，用来防护站内或区间的安全；机车信号设置于机车司机室内，用来复示运行前方地面信号机的信号显示，正逐步成为主体信号使用。

（2）按用途分类，有信号机和信号表示器。

信号机是表达固定信号显示所用的机具，用来防护站内进路、区间和危险地点，具有严格的防护意义；信号表示器是向行车人员传达行车或调车意图的，或对信号进行某些补充说明所用的器具，没有防护意义。

（3）按停车信号的显示意义分类，有绝对信号和非绝对信号（也称容许信号）。

绝对信号是指当显示停止运行的信号时，列车和调车车列必须无条件遵守的信号显示。所有站内信号机的禁止信号显示均为绝对信号（但调车信号禁止信号对于列车作业来说不作为停车信号）。

非绝对信号是指列车在列车信号机显示红灯、显示不明或灯光熄灭时允许列车限速通过，并准备随时停车的信号。例如：自动闭塞区间的通过信号机显示一个红色灯光和一个蓝色灯光（容许信号），准许列车在通过色灯信号机显示红色灯光的情况下不停车，以不超过 20 km/h 的速度通过，运行到次一架通过信号机，并随时准备停车。

（4）按地位分类，有主体信号机和从属信号机。

主体信号机是能独立地显示信号，指示列车或调车车列运行条件的信号机。例如：进站、出站、进路、通过、驼峰、调车等信号机。

从属信号机是本身不能独立存在，只能附属于某种信号机的信号机。例如：预告信号机从属于进站信号机、所间区间的通过信号机、遮断信号机。复示信号机从属于进站、进路、出站、驼峰、调车等信号机。

（5）按信号机构造分类，有色灯信号机和臂板信号机。

（6）按安装方式分类，有高柱信号机、矮型信号机、信号桥等。

2）移动信号

在地面上临时设置的可以移动的信号牌、信号灯等为移动信号。

3）手信号

手信号是手持信号旗、信号灯或用手势显示的信号。

7.1.2　铁路信号对颜色的规定

1. 基本颜色

我国规定以红、黄、绿三种颜色为基本颜色，用以表示铁路信号。其代表意义如下：

红色——停车。

黄色——注意或减速行驶。

绿色——按规定速度行驶。

2. 辅助颜色

辅助颜色主要有月白色、蓝色、白色、紫色等。

1）月白色

（1）引导信号——（和红灯一起点亮）准许列车不停车，以不超过 20 km/h 的速度运行，做好随时停车准备。

（2）调车信号——准许越过该信号机进行调车作业。

（3）驼峰信号——准许调车机到峰下作业。

2）蓝色

（1）容许信号——（和红灯一起点亮或红灯灭灯）准许列车在该信号机前不停车，以不超过 20 km/h 的速度运行到次一架通过信号机前按其显示运行。

（2）调车信号——（对列车无效）禁止越过该调车信号机。

3）白色

白色用于信号表示器。

4）紫色

紫色用于道岔表示器。

信号机的图形符号如表 7－1－1 所示。

表 7－1－1　信号机的图形符号

名称	图形符号	文字符号	名称	图形符号	文字符号
红色灯光		H	空灯位		
黄色灯光		U	稳定灯光	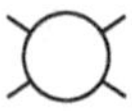	
绿色灯光		L	闪光信号	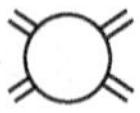	
蓝色灯光		A	高柱信号机		
月白色灯光		B	矮柱信号机		
紫色灯光		Z	接车性质的信号		
白色灯光					

7.1.3　固定信号机

我国铁路采用左侧行车制，规定固定信号机应设置在行车方向线路的左侧。若两线路之间不足以装设信号机，可采用信号托架或信号桥设置于线路左侧，也可设于所属线路的中心线上方。信号托架和信号桥如图 7－1－1 所示。

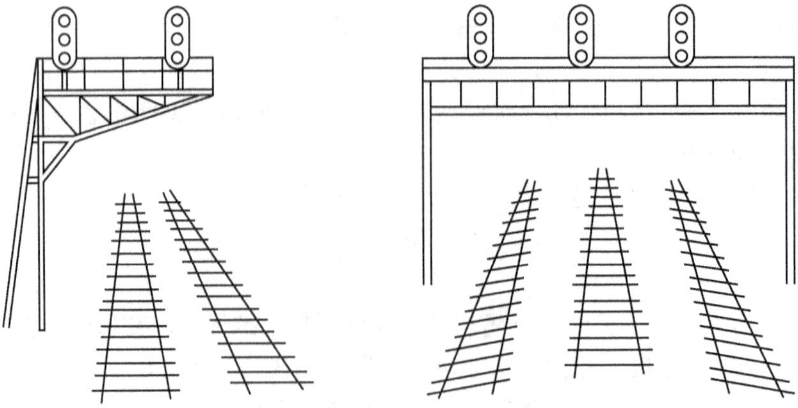

(a) 信号托架　　(b) 信号桥

图 7－1－1　信号托架和信号桥

若因曲线、隧道、桥梁等影响瞭望信号，在保证司机不误认信号的条件下，经铁路局集团公司批准，也可设在右侧。

任何信号机不得侵入铁路建筑限界。

信号设置的地点，应由电务部门会同运输、机务、工务等部门共同研究确定。

信号机按用途分为进站信号机、出站信号机、预告信号机、通过信号机、进路信号机、接近信号机、遮断信号机、驼峰信号机、驼峰辅助信号机、复示信号机、调车信号机。下面介绍其中几种信号机。

1. 进站信号机

进站信号机是用来防护车站安全的，指示列车能否由区间进入车站以及进入车站的相关条件，显示距离不得少于 1 000 m。进站信号机应设在进站线路最外方道岔尖轨尖端（顺向为警冲标）不少于 50 m 的地点，因调车作业或制动距离需要延长时，一般不超过 400 m。进站、出站、预告信号机设置位置示意图如图 7-1-2 所示。

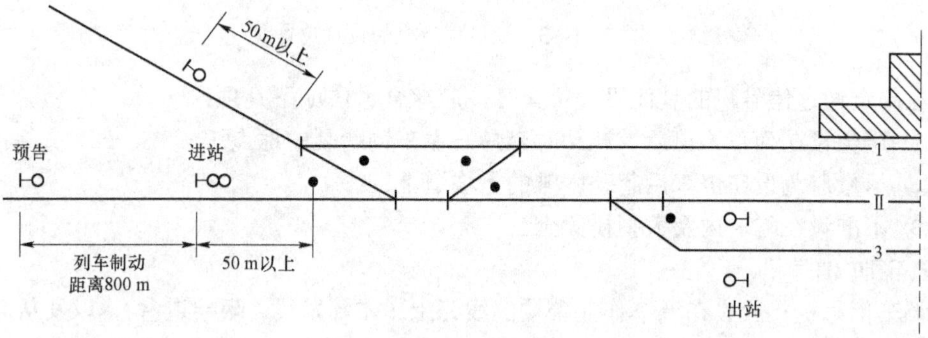

图 7-1-2　进站、出站、预告信号机设置位置示意图

2. 出站信号机

出站信号机作为列车占用区间的凭证，它是用来防护区间的安全，指示列车能否进入区间。出站信号机设置在每一发车线警冲标内方（对向道岔为尖轨尖端外方）的适当地点。高柱出站信号机显示距离不得少于 800 m。

3. 预告信号机

因地面信号常常受到地形条件和气象条件的影响，信号显示距离有时难以满足运营要求，对于进站信号机、通过信号机等信号机而言，应根据实际需要装设预告信号机，将主体信号机的显示状态提前告诉司机。预告信号机仅反映其主体信号机的开放或关闭两种状态，而不反映主体信号机的显示内容。预告信号机区别于主体信号机，在信号机的机柱上涂有黑白相间的标志。

预告信号机应设在距主体信号机不少于 800 m 的地点，以满足列车制动距离的要求。

自动闭塞区段的进站信号机前方的通过信号机起预告信号的作用；在非自动闭塞区段装有机车信号时，因机车信号能够复示进站信号机的显示，可免装预告信号机。

4. 通过信号机

通过信号机设在自动闭塞区段的闭塞分区分界处或非自动闭塞区段的所间区间的分

界处。它的作用是指示列车能否进入它所防护的闭塞分区或所间区间，显示距离不得小于 1 000 m。其设置位置如图 7－1－3 所示。

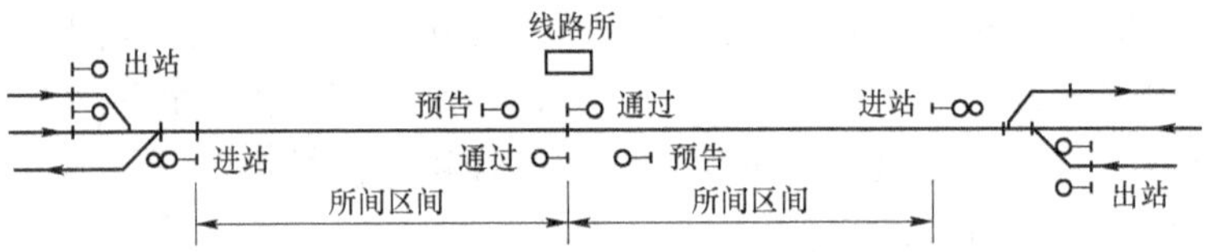

(a) 非自动闭塞区段

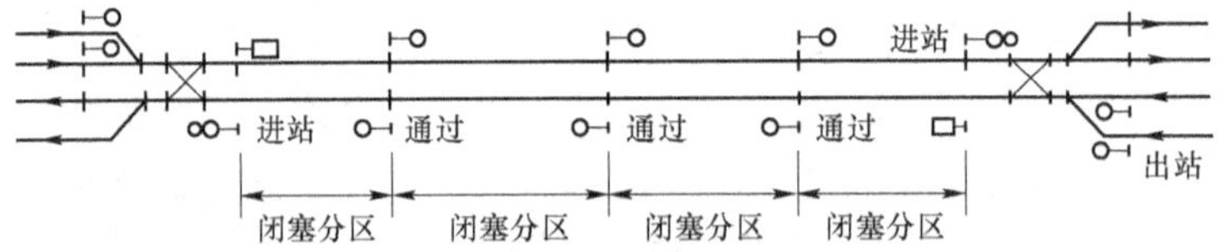

(b) 自动闭塞区段

图 7－1－3　通过信号机的设置位置

在确定通过信号机的具体设置位置时，应综合考虑如下几项：

① 避免设在列车停车后、起动时容易发生车钩断裂的地点；

② 尽量避免设在停车后起动困难的上坡道上；

③ 不准设在隧道内及大型桥梁上。

5. 调车信号机

调车信号机一般设在调车作业繁忙的线路上（如到发线、咽喉道岔），以及从非联锁区到联锁区的入口处。它的作用是指示调车机车进行作业，一般采用矮型色灯信号机。显示距离不得小于 200 m。其设置位置如图 7－1－4 所示。

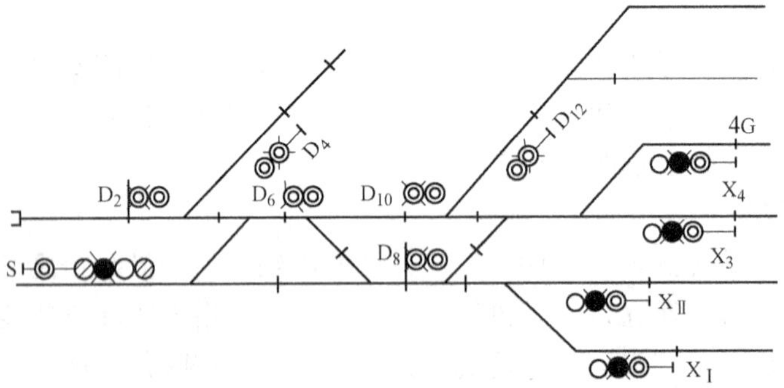

图 7－1－4　调车信号机的设置位置

6. 驼峰信号机

在驼峰调车场的峰顶上，用来指示调车车列能否向峰顶推送和用多大速度推送而设置的信号机，叫作驼峰信号机。为了能让车列后部的机车司机看清信号显示，在到发线的适当位置还应装设驼峰辅助信号机。若驼峰辅助信号机的显示距离不能满足作业要求时，可再装设驼峰复示信号机。驼峰信号机和驼峰辅助信号机的显示距离不得少于 400 m。驼峰信号机的设置位置如图 7－1－5 所示。

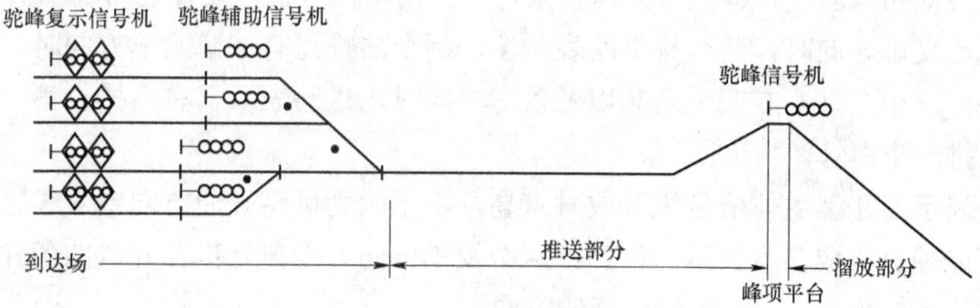

图 7-1-5　驼峰信号机的设置位置

7. 遮断信号机

为了防护道口、桥梁、隧道及塌方落石等危险地点而设置的信号机，叫作遮断信号机。

在繁忙的平交道口上，若汽车或拖拉机等机动车因故障停留在道口，或道口上散落有货物，一时又移不开时，为了能指示列车在道口外方停车，需要设立遮断信号机。在较大的桥隧建筑物和可能危及行车安全的塌方落石地点，一般均设有固定值班的看守人员，昼夜巡视。为在发生危及行车安全的情况时，及时向列车发出停车信号，要求列车在障碍地点前方停车，也需要设置遮断信号机。

遮断信号机的设置位置，距其防护地点不得少于 50 m。

遮断信号机显示一个红色灯光时，表示不准列车越过该信号机；不着灯时，不起信号作用。

遮断信号机采用方形背板，并在机柱上涂有黑白相间的斜线，以区别一般信号机。遮断信号机如图 7-1-6 所示。

图 7-1-6　遮断信号机

8. 复示信号机

复示信号机的作用是复示主体信号的显示。进站、出站、进路信号机及线路所的通过信号机，因受地形、地物影响，达不到规定的显示距离时，在信号机前适当地点应装设复示信号机。进站信号机、出站信号机、进路信号机、驼峰信号机及调车信号机、复示信号机均采用方形背板，以区别一般信号机。

7.1.4　信号表示器及信号标志

1. 信号表示器

信号表示器是对行车人员传达行车或调车意图，或对信号进行某些补充说明所用的器具。和信号机不同，信号表示器没有防护意义。信号表示器按用途又可分为进路表示器、发车表示器、发车线路表示器、调车表示器、道岔表示器、脱轨表示器、车挡表示器。

1）进路表示器

进路表示器设在出站信号机和发车进路兼出站信号机上，用以指示发车进路开通方向。当这两种信号机有两个及以上发车方向，而信号显示本身不能分别表示进路方向时，应在信号机上装进路表示器。

双向自动闭塞区段，有反方向运行条件时，出站信号机应装设进路表示器。

有两个发车方向时，装一排进路表示器，两个白灯；有三个发车方向时，装一排进路表示器，三个白灯；有四个及其以上发车方向时，进路表示器有两排，第一排三个白灯，第二排一个白灯。

进路表示器在其主体信号机开放时点亮，用于区别进路开通方向或双线区段反方向发车，不能独立构成信号显示。例如：两个发车方向，当信号机在开放的条件下，分别按左、右两个白色灯光，区别进路开通方向。

2）发车表示器

发车表示器只设在对发车指示信号或发车信号辨认困难的车站，设在便于司机瞭望的地点。

发车表示器常态不显示；显示一个白色灯光表示车站人员准许发车。

3）发车线路表示器

发车线路表示器设在调车场的编发线上，设线群出站信号机时，用于补充说明是哪条路发车。发车线路表示器设于每条编发线警冲标内方的适当地点。

发车线路表示器在线群出站信号机开放后显示一个白色灯光——准许该线路上的列车发车。

4）调车表示器

在作业繁忙的调车场上，因受地形、地物影响，调车机司机看不清调车指挥人员的手信号时，应设调车表示器。

调车表示器设于牵出线一侧，用以指挥调车车列由牵出线向调车区，或由调车区向牵出线的进退，以代替调车员的手信号。调车表示器双面均设表示灯。向调车区方向设一个，向牵出线方向设两个。在显示条件很差的车站，可连续装设几个调车表示器。调车表示器由调车指挥人员操纵。

调车表示器的显示方式如下。

（1）向调车区方向显示一个白色灯光——准许机车车辆自调车区向牵出线运行。

（2）向牵出线方向显示一个白色灯光——准许机车车辆自牵出线向调车区运行。

（3）向牵出线方向显示两个白色灯光——准许机车车辆自牵出线向调车区溜放。

5）道岔表示器

道岔表示器设于道岔旁，用来反映道岔的开通位置，如图 7－1－7 所示。凡非集中操纵接发车进路的道岔均应装设道岔表示器，以利于有关人员确认道岔位置。集中操纵的道岔、调车场的分路调车，不装设道岔表示器。其他道岔根据需要装设道岔表示器。在平面调车区为集中控制时，进行连续溜放作业的分路道岔应设道岔表示器。

道岔表示器的显示方式如下。

（1）昼间无显示；夜间为紫色灯光，表示道岔开通直向。

（2）昼间为中央有一条鱼尾形黑线的黄色鱼尾形牌；夜间为黄色灯光，表示道岔位置开通侧向。

图 7-1-7 道岔表示器

（3）在调车区为集中联锁时，进行连续溜放作业的分歧道岔应有道岔表示器，平时无显示，当进行溜放作业时其显示方式如下。

① 紫色灯光，表示道岔开通直向。

② 黄色灯光，表示道岔开通侧向。

6）脱轨表示器

脱轨表示器用于引向安全线或避难线道岔及集中联锁以外的脱轨器，表示线路的开通位置或脱轨器的状态。脱轨表示器的显示方式如下。

① 带白边的红色长方牌及红色灯光，线路在遮断状态。

② 带白边的绿色圆牌及月白色灯光，线路在开通状态。

7）车挡表示器

车挡表示器设置在线路终端的车挡上，昼间一个红色方牌；夜间显示一个红色灯光。

2. 信号标志

信号标志是设在铁路沿线，用来表明该地点线路的状况，以便司机和其他有关行车人员能够及时、正确地进行作业。铁路系统常见的信号标志主要有警冲标、站界标、预告标、引导员接车地点标、司机鸣笛标、接触网终点标、作业标、减速地点标等。

1）警冲标

警冲标设在两会合线路线间距离为 4 m 的中间，用以防止列车发生侧面冲撞，如图 7-1-8 所示。线间距离不足 4 m 时，设在两线路最大间距的起点处。在线路曲线部分所设道岔附近的警冲标与线路中心线间的距离应按限界的加宽增加。

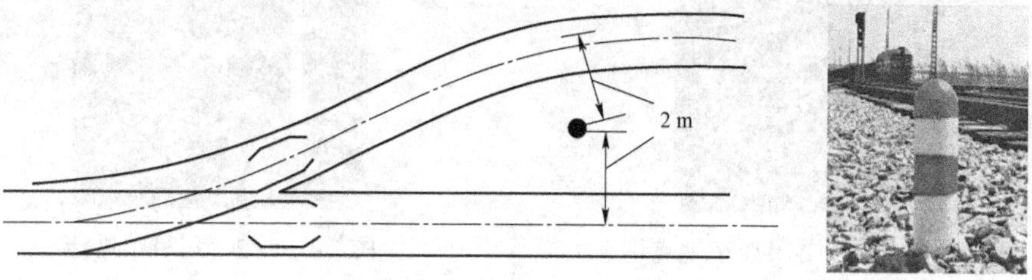

图 7-1-8 警冲标示意图

2）站界标

站界标设在双线区间列车运行方向左侧最外方顺向道岔（对向出站道岔的警冲标）外不少于 50 m 处，或邻线进站信号机相对处。站界标如图 7-1-9 所示。

3）预告标

预告标设在进站信号机及线路所通过信号机外方 900 m、1 000 m 处，但在设有预告或接近信号机及自动闭塞的区段，均不设预告标。预告标如图 7-1-10 所示。

图 7-1-9　站界标

图 7-1-10　预告标

4）引导员接车地点标

列车在距站界 200 m 以外，不能看见引导员在进站信号机或站界标处显示的手信号时，须在列车距站界 200 m 外能清晰地看见引导员手信号的地点设置引导接车地点标。引导员接车地点标，如图 7-1-11 所示。

5）司机鸣笛标

司机鸣笛标设在道口、大桥、隧道及视线不良地点的前方 500～1 000 m 处。在非限鸣区域，司机见此标志须长声鸣笛；在限鸣区域内，司机见此标志应开启灯显示警设备，除遇危及行车安全等情况外，限制鸣笛。司机鸣笛标如图 7-1-12 所示。

图 7-1-11　引导员接车地点标

图 7-1-12　司机鸣笛标

6）接触网终点标

接触网终点标设在接触网边界。接触网终点标如图 7－1－13 所示。

7）作业标

作业标设在施工线路及其邻线距施工地点两端 500～1 000 m 处。司机见此标志须长声鸣笛，注意瞭望。作业标如图 7－1－14 所示。

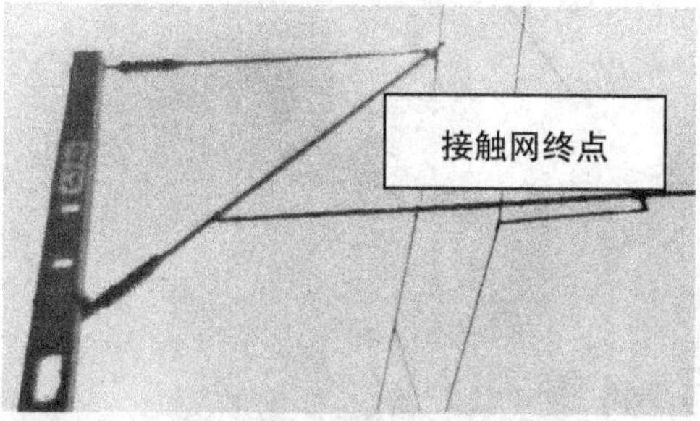

图 7－1－13　接触网终点标

图 7－1－14　作业标

8）减速地点标

减速地点标，设在需要减速地点的两端各 20 m 处。正面表示列车应按规定限速通过地段的始点，背面表示列车按规定限速通过地段的终点。减速地点标如图 7－1－15 所示。

(a) 正面　　(b) 反面

图 7－1－15　减速地点标

7.1.5 移动信号及手信号

1. 移动信号

当线路上出现临时性障碍或进行施工，要求列车停车或减速时，应按照规定设置移动信号。

1）停车信号

昼间——表面有反光材料的红色方牌；夜间——柱上红色灯光。停车信号如图 7－1－16 所示。

图 7－1－16 停车信号

2）减速信号

（1）表面有反光材料的黄底黑字圆牌，标明列车限制速度。

（2）施工及其限速区段，在减速信号牌外方增设的特殊减速信号牌为表面有反光材料的黄底黑“T”字圆牌。减速信号如图 7－1－17 所示。

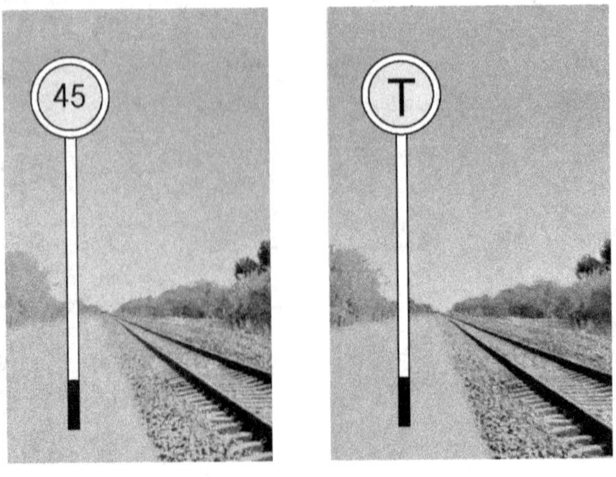

图 7－1－17 减速信号

3）减速防护地段终端信号

表面有反光材料的绿色圆牌。在单线区段，司机应看线路右侧减速信号牌背面的绿色圆牌。

在有 1 万 t 或 2 万 t（含 1.5 万 t）货物列车运行的线路增设的 1 万 t、2 万 t（含 1.5 万 t）减速防护地段终端信号牌为表面有反光材料的绿底黑“W”字（1 万 t）或黑“L”字（1.5 万 t 和 2 万 t）圆牌。减速防护地段终端信号如图 7－1－18 所示。

图 7－1－18　减速防护地段终端信号

4）响墩及火炬

响墩是外形扁圆内装有炸药的听觉信号，防护时将其放在钢轨上，当车轮压上后会发出爆炸声要求司机立即停车。

火炬是一种在风雨天气都能点燃并发出火光的视觉信号，司机发现火炬信号的火光时应立即停车。响墩及火炬如图 7－1－19 所示。

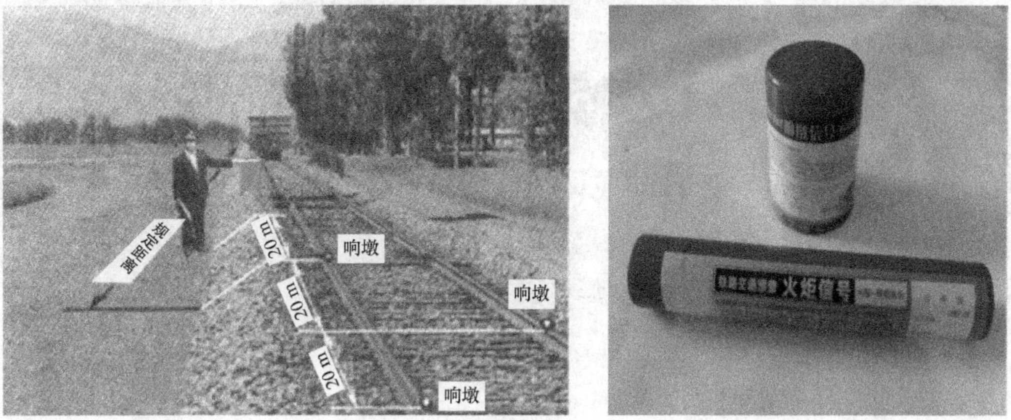

图 7－1－19　响墩及火炬

2. 手信号

手信号是有关行车人员用手持信号旗或信号灯作出各种规定动作来表示停车、减速、发车、通过、引导等的信号。常用手信号如下。

1）停车手信号

停车手信号：要求列车停车。

昼间——展开的红色信号旗；夜间——红色灯光。

昼间无红色信号旗时，两臂高举头上向两侧急剧摇动；夜间无红色灯光时，用白色灯光上下急剧摇动。停车手信号如图 7－1－20 所示。

图 7－1－20　停车手信号

2）减速手信号

减速手信号：要求列车降低到要求的速度。

昼间——展开的黄色信号旗；夜间——黄色灯光。

昼间无黄色信号旗时，用绿色信号旗下压数次；夜间无黄色灯光时，用白色或绿色灯光下压数次。减速手信号如图 7－1－21 所示。

图 7－1－21　减速手信号

3）发车手信号

发车手信号：要求司机发车。

昼间——展开的绿色信号旗上弧线向列车方面作圆形转动；夜间——绿色灯光上弧线向列车方面作圆形转动。发车手信号如图 7－1－22 所示。

在设有发车表示器的车站，按发车表示器显示发车。

4）通过手信号

通过手信号：准许列车由车站（场）通过。

昼间——展开的绿色信号旗；夜间——绿色灯光。通过手信号如图 7－1－23 所示。

图 7－1－22　发车手信号

图 7－1－23　通过手信号

5）引导手信号

引导手信号：准许列车进入车场或车站。

昼间——展开的黄色信号旗高举头上左右摇动；夜间——黄色灯光高举头上左右摇动。引导手信号如图 7－1－24 所示。

图 7－1－24　引导手信号

任务 7.2　认识联锁设备

任务描述

车站联锁是保证站内运输作业安全、提高作业效率的铁路信号子系统，其控制对象是道岔、进路和信号，以实现集中控制与监督。联锁设备对保证作业安全、提高作业效率和降低劳动强度都起着至关重要的作用。

相关知识

7.2.1　联锁的概念

在站内，列车和调车车列由一点运行到另一点所经过的线路和道岔，称为进路。凡是为列车进站、出站、通过所开通的进路，称为列车进路；凡是为各种调车作业所开通的进路，则称为调车进路。一般每一条进路的始端都设有一架信号机进行保护，以保证作业的安全。两条进路同时建立会引起车辆冲突时，则称其中一条进路是另一条的敌对进路。

列车的运行和站内的调车作业必须根据防护列车进路和调车进路的信号机显示进行。同时，列车和调车进路的建立必须通过将道岔转换到正确的位置来实现，当进路开通后还必须将进路上的道岔锁在规定的位置。在信号开放的过程中，还必须检查进路无车占用。

为保证列车运行和调车作业的安全，在信号机与其所防护的进路之间，有关信号机之间和有关进路之间必须建立一定的相互控制、相互制约的关系，这种关系称为联锁关系，简称联锁。为实现这种联锁关系的技术设备为联锁设备。

7.2.2　联锁设备

联锁设备分为集中联锁（继电联锁和计算机联锁）和非集中联锁（臂板电锁器联锁和色灯电锁器联锁）。编组站、区段站和电源可靠的其他车站，均应采用集中联锁。在列车调度指挥系统（TDCS）和调度集中系统（CTC）区段，车站应采用集中联锁。

1. 各种联锁设备（驼峰除外）应满足的条件

① 当进路上的有关道岔开通位置不对或敌对信号机未关闭时，防护该进路的信号机

不能开放；信号机开放后，该进路上的有关道岔不能扳动，其敌对信号机不能开放。

② 半自动闭塞、自动站间闭塞及三显示自动闭塞区段，正线上的出站信号机未开放时，进站信号机不能开放通过信号；主体信号机未开放时，预告信号机不能开放。

③ 装有转换锁闭器，电动、电液转辙机的道岔，当第一连接杆处（分动外锁闭道岔为锁闭杆处）的尖轨与基本轨间、心轨与翼轨间有 4 mm 及以上水平间隙时，不能锁闭或开放信号机。

④ 区间辅助所内正线上的道岔，未开通正线时，两端站不能开放有关信号机。设在辅助所的闭塞设备与有关站闭塞设备应联锁。

2. 联锁的主要设备

联锁的主要设备可分为室内设备和室外设备。室内设备有继电器、控制显示设备、继电器组合及组合架、分线盘和电源设备；室外设备有信号装置、转辙机、轨道电路、应答器。

1）继电器

继电器是继电集中联锁设备的主要器件之一，通过继电器的动作，可以控制道岔的转换、锁闭和解锁进路，控制信号机的开放和关闭等。

继电器是一种电磁开关，可以接通和断开电路。继电器利用其接点的闭合和断开，可以达到控制外部电路的目的。

电气集中车站需要大量的继电器，为了简化设计，便于施工，将各种类型的继电器分别组成定型组合，按设计要求装在组合架上，集中于继电器室里。

2）转辙机

转辙机是道岔控制系统的执行机构。除转辙机本身外，还包括锁闭装置、安装装置和各类杆件，它们共同完成道岔的解锁、转换和锁闭。

转辙机的主要作用如下。

① 转换道岔的位置，根据需要转换至定位或反位。

② 道岔转换至所需位置而且密贴后，实现锁闭，防止外力转换道岔。

③ 正确地反映道岔的实际位置，道岔的尖轨密贴于基本轨后，给出相应的表示。

④ 道岔被挤或因故处于“四开”（两侧尖轨与基本轨均不密贴）位置时，及时给出报警及表示。

转辙机按动作能源和传动方式分类，可分为电动转辙机、电动液压转辙机和电空转辙机；按供电电源种类，转辙机可分为直流转辙机和交流转辙机；按动作速度分类，转辙机可分为普通转辙机和快动转辙机；按锁闭道岔的方式，转辙机可分为内锁闭转辙机和外锁闭转辙机。

3）轨道电路

轨道电路是利用铁路两条钢轨作为导体所构成的电气回路。它可以反映线路和道岔区段是否有车占用，传递列车占用信息，实现地面与列车间的信息传递，以及钢轨是否完整的检查。

常用的轨道电路有交流连续式轨道电路、25 Hz 相敏钢轨电路、移频轨道电路等。

随着列车运行速度不断提高，仅依靠由轨道电路将闭塞信息送至车载设备的方式，在信息量方面已经不能满足列车安全高速行驶的要求，需要增加应答器设备向车载设备提供大量固定信息和可变信息。应答器是利用射频原理，在特定地点实现地面与车载设备间高速点式数据传送的设备。它分为无源应答器和有源应答器。

（1）无源应答器。无源应答器用于发送固定不变的数据，提供线路固定参数，如线路坡度、线路允许运行速度、轨道电路参数、链接信息、列控等级转换信息等。无源应答器与外界没有物理连接，当列车经过无源应答器上方时，无源应答器接收到车载天线方式的电磁能量后，将其转换成工作电源，启动电子电路工作，把存储在地面应答器中的数据循环发送出去。随着列车离去（即车载天线离去），电能减弱直至电能消失，应答器停止工作。

（2）有源应答器。有源应答器通过电缆与 LEU 连接，用于发送来自 LEU 的实时变化的信息，其信息对应于车站联锁排的进路、临时限速服务器或 CTC/TDCS 下达的临时限速命令等实时变化的信息。当列车经过有源应答器上方时，有源应答器接收到车载天线发射的电磁能量后，将其转换成工作电源，使地面应答器中发射电路工作，将 LEU 传输给有源应答器的数据循环实时发送出去。随着列车离去（即车载天线离去），电能减弱直至电能消失，应答器停止工作。当有源应答器与 LEU 通信故障时，有源应答器切换至无源应答器工作方式，发送存储的固定信息（默认报文）。

（3）LEU。LEU 通过串行通信接口与列控中心设备连接，将来自列控中心的报文连续向有源应答器发送，从而实现向车载设备发送可变信息。当 LEU 与列控中心调谐故障或接收的数据无效时，LEU 向有源应答器发送默认报文。

7.2.3 继电联锁

继电联锁是集中联锁在信号楼或车站值班员室集中控制信号机和道岔的联锁设备。由于其实现联锁的元件是继电器，故称为继电集中联锁。因该联锁设备采用色灯信号机和电动转辙机，故操作人员只需在控制台上按压按钮即能办理和解锁进路，并采用分段解锁的方式，故办理手续迅速简便。

继电联锁的主要优点如下。

① 具有较完善的安全功能。

② 缩短进路的建立和解锁时间，提高了车站咽喉的通过能力。

③ 改善了行车有关人员的劳动条件。

继电联锁的缺点是，其设备费用比较高，并要求车站有可靠的交流电源。

7.2.4　计算机联锁

随着铁路运输发展的需要和科学技术的进步，特别是电子计算机在各个领域的应用，使更为先进的联锁设备——计算机联锁应运而生，实现了从有接点到无接点的变革，使联锁设备更加小巧而可靠。

计算机联锁是一种运用微型计算机对车站值班员的操作命令及现场表示信息进行逻辑运算，从而实现对信号机及道岔等进行集中控制的车站联锁设备。

计算机联锁的主要设备有以下几种。

（1）监控机。完成值班员操作命令处理和现场信息图像处理以及语音报警功能。双机互为备用并可迅速切换，可以不受任何单机故障的影响，还可为调度监督提供上网接口。

（2）联锁机。完成现场信息采集，将采集信息与值班员的操作命令进行联锁运算，对现场设备发出控制命令。

（3）执行表示机。完成联锁机输入输出扩展的作用。输入输出接口由继电器组成，用于与现场设备连接，完成信息采集和控制命令输出的任务。

（4）维修机。自动储存长达一个月的站场信息、操作信息、联锁系统提供的提示信息、故障诊断信息等全部记录，并可以图像方式再现，便于维修。

（5）控制台。采用显示器加数字化仪，或采用鼠标，有些使用光带表示盘。

（6）现场设备。采用与电气集中相同的设备，包括信号机、转辙机、轨道电路等。

（7）软件系统。由人机对话处理、联锁逻辑处理、执行表示及系统管理软件组成。

计算机联锁的主要特点如下。

① 动作速度快，信息量大，容易实现信号系统的自动控制和远程控制；可以扩大控制范围和增强控制功能。

② 设备体积小，机件重量轻，可节省造价，也便于安装调试和维修。

③ 通用性强，站场改扩建后不需要变动联锁设备，必要时只需修改软件。

④ 操作简便，提高了办理进路的自动化程度，提高了作业的安全和效率。

⑤ 容易实现车站管理和联锁系统的自动化，可对设备工作情况及时做出记录显示并打印。

⑥ 由于采用了软件和硬件的冗余技术，便于实现故障导向安全的要求。

计算机联锁还有待于使执行器件电子化，使系统各组成部分标准化，操作和维修进一步自动化，使系统的可靠性和安全性进一步提高。

任务 7.3 认识闭塞设备

任务描述

行车闭塞法是铁路行车中的一个重要概念，闭塞设备是保证列车在区间内安全运行和提高区间通过能力的信号设备。本任务主要介绍行车闭塞法的基本常识，以及铁路主要闭塞设备的分类及其特征。

相关知识

7.3.1 闭塞的概念

两站之间的线路称为区间。在单线铁路上，为防止一个区间内同时进入两列对向运行的列车而发生正面冲突，以及避免两列同向运行的列车（包括复线区间）发生尾追事故，铁路上规定区间两端车站值班员在向区间发车前必须办理的行车联络手续，叫作行车闭塞（简称闭塞）手续。用信号或凭证，保证列车按照空间间隔制运行的技术方法称为行车闭塞法，简称闭塞。用来办理行车闭塞的设备叫作闭塞设备。闭塞设备必须能保证同一个区间内，在同一时间里只能允许一列列车占用这一基本原则的实现。

闭塞设备分为半自动闭塞、自动闭塞和自动站间闭塞，具体设置条件如下。

① 在单线区段，应采用半自动闭塞或自动站间闭塞，繁忙区段可根据情况采用自动闭塞。

② 在双线区段，应采用自动闭塞。

在一个区段内，原则上应采用同一类型的闭塞方式。

在列车运行速度超过 120 km/h 的双线区段，应采用速差式自动闭塞，列车紧急制动距离由两个及以上闭塞分区长度保证。

7.3.2 半自动闭塞

半自动闭塞就是人工办理闭塞手续，列车凭信号显示发车后，出站信号机自动关闭的闭塞方法。

半自动闭塞的特征如下。

① 站间区间或所间区间同时只允许开行一列列车。

② 人工办理闭塞手续。

③ 人工确认列车完整到达和人工解除闭塞。

使用半自动闭塞法行车时，以站间区间或所间区间作为行车间隔，列车进入区间的行车凭证是出站信号机或线路所通过信号机显示的绿色灯光。

只有区间空闲且与相邻车站办理好闭塞手续后，出站信号机才能开放，保证一个站间区间内同时只有一列车运行。

我国单线铁路采用的是 64D 型继电半自动闭塞。在一个区间的相邻两站设一对半自动闭塞机，并通过两站间的闭塞电话线连接起来，通过两站半自动闭塞机的相互控制，保证一个区间同时只有一列列车运行。闭塞设备主要由半自动闭塞机、半自动闭塞用轨道电路、闭塞电源、闭塞外线等部分组成。

64D 型半自动闭塞是结合我国铁路运输的实际情况研制的，它的主要特点如下。

① 发车站和接车站值班员按照“请求—同意”方式共同办理闭塞，大大提高了设备的可靠性。

② 采用三个不同极性的脉冲构成允许发车信号，而且请求发车信号检查了接车站闭塞机和外线的良好状态，从而提高了闭塞设备的安全性。

③ 在办理闭塞后、开放进站或出站信号机前，允许进行站内调车、变更进路和取消闭塞，因而提高了车站作业效率，适应我国铁路运输的需求。

④ 闭塞电路设计严密，办理手续简便，表示方式清楚。表示外线可与既有的闭塞电话线共用；使用的继电器和元件类型少；功耗低，可以用于无交流电源区段；能与各种车站信号设备相结合。

7.3.3　自动站间闭塞

自动站间闭塞是在有区间占用检查设备的条件下，自动办理闭塞手续，列车以出站信号机的开放信号作为行车凭证发车后，出站信号机自动关闭的闭塞方法。

自动站间闭塞的特征如下。

① 有区间占用检查设备。

② 站间区间或所间区间同时只允许开行一列列车。

③ 办理发车进路时自动完成闭塞手续的办理。

④ 自动确认列车到达和自动解除闭塞。

使用自动站间闭塞法行车是以站间区间作为行车间隔，列车进入区间的行车凭证是出站信号机显示的绿色灯光。

自动站间闭塞不同于自动闭塞，它不划分闭塞分区，而把两站的线路区间作为一个闭塞区间；又不同于半自动闭塞，它可以监督区间的空闲和占用，可以确认列车整列到达，到达复原是自动完成的。

7.3.4 自动闭塞

根据列车运行及有关闭塞分区的状态，自动变换通过信号机显示而司机凭信号行车的闭塞方法，叫作自动闭塞。

自动闭塞是由运行中的列车自动完成闭塞任务的一种设备。它将两个相邻车站之间的区间正线划分成若干个小段——闭塞分区（其长度一般为1 200～1 300 m），每个分区的起点设置一架通过色灯信号机进行防护。由于闭塞分区内钢轨上装设轨道电路，因而能够正确反映列车的运行情况和钢轨是否完整，并及时传给通过信号机显示出来，向接近它的列车指示运行条件。

自动闭塞的特征如下。

① 把站间区间划分为若干闭塞分区，以通过信号机的开放作为占用闭塞分区的行车凭证。

② 站间区间能实现闭塞。

③ 办理发车进路时自动实现闭塞。

④ 能实现利用机车信号或列车运行控制系统的车载信号行车。

1. 按行车组织方法不同分类

自动闭塞按行车组织方法不同分为单线双向自动闭塞、双线单向自动闭塞、双线双向自动闭塞。

1）单线双向自动闭塞

在单线区段，只有一条线路，既要运行上行列车，又要运行下行列车。为了调整双方向列车的运行，在线路两侧均设有通过色灯信号机，这种自动闭塞称为单线双向自动闭塞。

2）双线单向自动闭塞

在双线区段采用列车单方向运行方式，即一条铁路线路只允许上行列车运行，而另一条铁路线路只允许下行列车运行。为此，每一条铁路线路仅在一侧装设通过信号机，这样的自动闭塞称为双线单向自动闭塞。

3）双线双向自动闭塞

在双线区段的每一条线路上都能双方向运行列车，这样的自动闭塞称为双线双向自动闭塞。

双线双向自动闭塞反方向行车方式有两种：一种是反方向按自动闭塞行车；另一种是反方向按站间闭塞行车。这两种方式的反方向均不设通过信号机（按自动闭塞行车时设停车标志），反方向运行的列车是按机车信号显示作为行车命令，此时以机车信号作为主体信号。

2. 按信号显示方式不同分类

自动闭塞按信号显示方式不同又可分为三显示自动闭塞、四显示自动闭塞。

1）三显示自动闭塞

当列车最高运行速度为 120 km/h 时，一般采用三显示自动闭塞。三显示自动闭塞是指通过信号机具有三种显示，能预告列车前方两个闭塞分区的状态；分两个速度等级，一个闭塞分区的长度满足从规定速度到零的制动距离。三显示自动闭塞如图 7－3－1 所示。

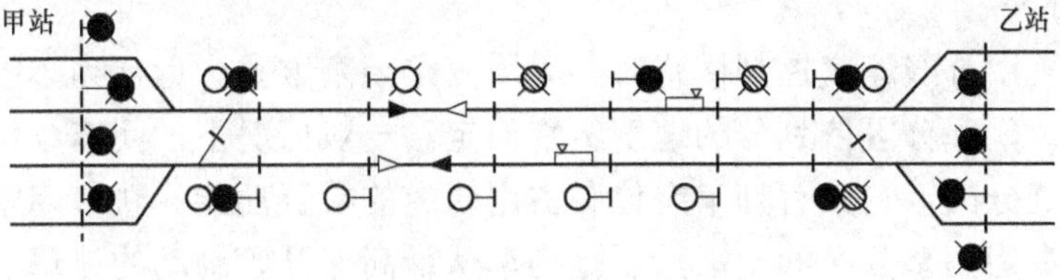

图 7－3－1　三显示自动闭塞

三显示自动闭塞的通过信号机具有红、黄、绿三种显示，具体显示意义如下。

绿灯——准许列车按规定速度运行，表示运行前方至少有两个闭塞分区空闲。

黄灯——要求列车注意运行，表示运行前方有一个闭塞分区空闲。

红灯——列车应在该信号机前停车。

2）四显示自动闭塞

当列车运行速度达到 160 km/h 时，一般采用四显示自动闭塞。四显示自动闭塞是指通过信号机具有四种显示，能预告列车前方三个闭塞分区的状态；分三个速度等级，两个闭塞分区的长度满足从规定速度到零的制动距离。四显示自动闭塞如图 7－3－2 所示。

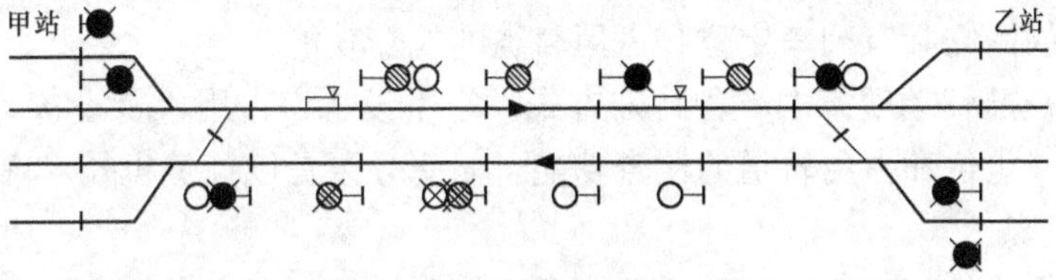

图 7－3－2　四显示自动闭塞

四显示自动闭塞是指通过信号机具有绿灯、绿灯＋黄灯、黄灯、红灯四种显示，能预告列车前方三个闭塞分区状态。具体显示意义如下。

绿灯——准许列车按规定速度运行，表示运行前方至少有三个闭塞分区空闲。

绿灯＋黄灯——准许列车按照规定速度运行，要求注意准备减速，表示运行前方有两个闭塞分区空闲。

黄灯——要求列车减速运行，按规定限速要求越过该信号机，表示运行前方有一个闭塞分区空闲；

红灯——列车应在该信号机前停车。

3. 装备列车运行自动控制系统的自动闭塞

列车运行自动控制系统（简称列控系统）是靠控制列车运行速度的方式来实现列车按照空间间隔制运行的技术方法。运行列车间必须保持的空间间隔首先是满足制动距离的需要，其次要考虑适当的安全余量和确认信号时间内的运行距离。所以，根据列控系统采取的不同控制模式会产生不同的闭塞制式。列车间的追踪运行间隔越小，运输能力就越大。

从闭塞制式的角度来看，装备列车运行自动控制系统的自动闭塞可分为三类：固定闭塞、准移动闭塞（含虚拟闭塞）和移动闭塞。

1）固定闭塞

列控系统采用分级速度控制模式时，采用固定闭塞方式。运行列车的空间间隔是若干个闭塞分区，闭塞分区依划分的速度级别而定。一般情况下，闭塞分区是用固定电路或计轴装置来划分的，它具有列车定位和占用轨道的检查功能。轨道闭塞的追踪目标点为前行列车所占用闭塞分区的始端，后行列车从最高速开始制动的计算点为要求开始减速的闭塞分区的始端，这两个点都是固定的，空间间隔的长度也是固定的，所以称为固定闭塞。固定闭塞采用的列控减速通常是分级速度控制方式。

2）准移动闭塞

准移动闭塞方式的列控系统采用目标距离模式（又称连续式一次速度控制）。目标距离控制模式根据目标距离、目标速度及列车本身的性能确定列车制动曲线，不设定每个闭塞分区速度等级，采用一次制动方式。准移动闭塞的追踪目标点是前行列车占用闭塞分区的始端，当然会留有一定的安全距离，而后行列车从最高速度开始制动的计算点是根据目标距离、目标速度及列车本身性能计算决定的。目标点相对固定，在同一闭塞分区内不依前行列车的走行而变化，而制动的计算点是随线路参数和列车本身性能不同而变化的。空间间隔的长度是不固定的，由于要与移动闭塞相区别，所以称为准移动闭塞。显然，其追踪运行间隔要比固定闭塞小一些。一般情况下，闭塞分区是用轨道电路或计轴装置来划分的，它具有列车定位和占用轨道的检查功能。

虚拟闭塞是准移动闭塞的一种特殊方式，它不设轨道占用检查设备，采用无线定位方式来实现列车定位和占用轨道的检查功能，闭塞分区是以计算机技术虚拟设定的。

3）移动闭塞

移动闭塞方式的列控系统也采用目标距离控制模式（又称连续式一次速度控制）。目标距离控制模式根据目标距离、目标速度及列车本身的性能确定列车制动曲线，采用一次制动方式。移动闭塞的追踪目标点是前行列车的尾部，当然会留有一定的安全距离，后行列车从最高速开始制动的计算点是根据目标距离、目标速度及列车本身性能计算决定的。目标点是前行列车的尾部，与前行列车的走行和速度有关，是随时变化的，而制动的起始点是随线路参数和列车本身性能不同而变化的。空间间隔的长度是不固定的，所以称为移动闭塞。其追踪运行间隔要比准移动闭塞更小一些。移动闭塞一般采用无线通信和无线定位技术实现。

7.3.5 电话闭塞

电话闭塞法是当基本闭塞法不能使用时，由区间两端车站的车站值班员利用站间行车电话以发出电话记录号码的方式办理闭塞的一种方法，是代用闭塞法。

当基本闭塞法不能使用时，应根据列车调度员的命令采用电话闭塞法行车。遇列车调度电话不通时，闭塞法的变更或恢复，应由该区间两端车站的车站值班员确认区间空闲后，直接以电话记录办理。列车调度电话恢复正常时，两端车站的车站值班员应及时向列车调度员报告。

电话闭塞法由于凭制度约束来保证行车安全，因此办理手续必须严格。为保证同一区间在同一时间内不会采用两种闭塞方法，避免一个区间同时放入两列列车，在停用基本闭塞法改按电话闭塞法或恢复基本闭塞法时，都必须确认区间空闲，并根据调度命令办理。

遇下列情况，应停止使用基本闭塞法，改用电话闭塞法行车。

① 基本闭塞设备发生故障导致基本闭塞法不能使用，自动闭塞区间内两架及以上通过信号机故障或灯光熄灭时。

② 无双向闭塞设备的双线区间反方向发车或改按单线行车时。

③ 发出由区间返回的列车，或发出挂有由区间返回后部补机的列车时。

④ 自动站间闭塞、半自动闭塞区间，由未设出站信号机的线路上发车，或超长列车头部越过出站信号机并压上出站方面轨道电路发车时。

⑤ 在夜间或遇降雾、暴风雨雪，为消除线路故障或执行特殊任务，开行轻型车辆时。

任务 7.4　认识列车调度指挥系统及列车运行控制系统

任务描述

列车调度指挥系统是铁路信号发展的关键性技术，随着微电子技术、现代通信技术的发展而得到较快发展。本任务要求掌握列车调度指挥系统及列车运行控制系统的基本常识及主要功能。

相关知识

7.4.1　列车调度指挥系统

列车调度指挥系统（TDCS）是行车调度员（或车站值班员）对其管辖范围内的区段和车站联锁道岔及信号状态进行控制监督，并指挥列车运行的设备。

TDCS 是对列车运行实时监督、跟踪、集中调度指挥的现代化运输设备。TDCS 应能实时自动采集列车运行及现场信号设备状态信息，并传送到国铁集团调度指挥中心和铁路局集团公司调度指挥中心，完成列车运行实时追踪、无线车次号校核、自动报点、正晚点统计分析、交接车自动统计、列车实际运行图自动绘制、阶段计划人工和自动调整、调度命令及行车计划下达、行车日志自动生成等功能，实现各级运输调度的集中管理、统一指挥和实时监督。

TDCS 由国铁集团调度指挥中心、铁路局集团公司调度指挥中心及基层网组成。国铁集团调度指挥中心 TDCS 处于最高层，是核心部分，是现代铁路运输调度指挥的心脏。铁路局集团公司调度指挥中心 TDCS 处于第二层，在各铁路局集团公司所在地建有铁路局集团公司调度指挥中心局域网。铁路局集团公司调度指挥中心通过专线通道、数据网链路、路由器与国铁集团、相邻铁路局集团公司调度指挥中心、基层的车站行车调度指挥系统远程连接，进行信息交换。铁路局集团公司调度指挥中心 TDCS 不仅是管理层，同时也是直接调度指挥行车的指挥层。基层网是 TDCS 的最下层，主要包括分界口、枢纽、区段及其他基层网络（港口、口岸、大企业站），负责基层信息的采集，向铁路局集团公司调度指挥中心提供各种所需实时信息。基层网系统主要由车站计算机网络设备、车站分机及控制设备、车站值班员终端三部分组成。

TDCS 的应用，大大减轻了调度员、车站值班员的劳动强度，在实现透明指挥、提高效率、保证安全等方面发挥了重要作用。

TDCS 的系统特点如下。

1. 调度办公无纸化

调度员通过简单地左击鼠标即可实现运行图的自动铺画、调整、下达阶段计划和调度命令等操作。列车运行的到发点由系统自动采集，实际运行线自动生成。每班的运行图可打印输出。用计算机替代重复、简单的作业环节，减少了作业员的工作环节，减轻了劳动强度。

2. 流程管理程序化

通过详细描述列车调度工作中的设备、规则、方式、流程等条件，由程序智能控制作业流程，规范作业过程管理。

3. 安全检测智能化

强大的防火墙系统和入侵检测系统保证了 TDCS 系统作为行车设备的高度安全性，防止黑客的非法入侵和病毒的侵入。

4. 信息交换网络化

调度员和车站值班员的信息交换全部采用网络传输，替代了原有的电话交流模式，包括计划的下达、到发点的上报、调度命令的下达等信息。TDCS 系统以信息和网络技术替代既有的信息采集、交换方式，提高信息交换的效率和质量，提高了工作效率。

5. 计划调整自动化

计算机自动调整计划，极大地减轻了调度员的工作强度，调度员只需把握住几个重点会让策略，必要时进行人工干预即可。

6. 调度指挥无声化

调度员通过计算机网络下达和获取相关的信息，实现信息的共享，不再依靠电话进行联系，改善了调度员的工作条件。

7. 调度控制集中化

在调度集中区段，TDCS 系统可以实现调度所集中控制所辖车站，调度员在调度台上可直接控制车站的联锁设备并进行远程作业，可做到车站调度的自动运行，可实现无人值守，使调度工作跨上一个新的台阶。

7.4.2 分散自律调度集中系统

1. 分散自律调度集中系统的定义

分散自律调度集中系统（CTC）是综合计算机技术、网络通信技术和现代控制技术，采用智能化分散自律设计原则，以列车运行调整计划控制为中心，兼顾列车与调车作业的高度自动化的调度指挥控制系统。分散自律调度集中系统的主要功能是调度中心（调度员）对所辖区段内的信号设备进行集中控制，对列车运行进行直接指挥、管理。分散自律调度集中系统能满足我国铁路复杂的运输组织需求，实现各级运输调度的集中管理、统一指挥和实时监督，大幅度地提升了我国铁路行车指挥自动化程度，是保证铁路高速度、高密度运输安全生产的重要行车设备。

CTC 由铁路局集团公司、车站两级构成。调度集中区段车站应设集中联锁，区间应设自动闭塞或自动站间闭塞。

2. 分散自律调度集中系统的功能

CTC 应能实现自动采集列车运行及现场信号设备状态信息，并传送到国铁集团调度指挥中心和铁路局调度所，完成列车运行实时追踪、无线车次号校核、自动报点、正完点统计分析、交接车自动统计、列车实际运行图自动绘制、阶段计划人工和自动调整、调度命令及列车计划下达、站间透明、行车日志自动生成等功能，还应实现列车编组信息管理、调车作业管理、综合维修管理、列车/调车进路人工和计划自动选排、分散自律控制等功能。

CTC 具备与 RBC、GSM－R、临时限速服务器（TSRS）、相邻调度区段的 CTC/TDCS、计算机联锁、列控中心、信号集中监测系统、运输调度管理系统（TDMS）的接口能力。

CTC 应具备分散自律控制和非常站控两种模式。分散自律控制模式是通过调度集中设备，实现进路自动和人工办理的模式；非常站控模式是遇行车设备故障、施工、维修需要时，脱离调度集中控制转为车站联锁控制台人工办理的模式。

7.4.3 列车运行控制系统

列车运行控制系统（CTCS）是根据列车在铁路线路上运行的客观条件和实际情况，对列车运行速度及制动方式等状态进行监督、控制和调整的技术装备。它是利用地面设备向运动中的列车传送各种信息，使司机了解地面线路状态并控制列车速度的设备，同时也能提高行车效率。

根据线路条件、列车特性、运行速度等运输需求，中国列车运行控制系统分为 CTCS－0 级、CTCS－1 级、CTCS－2 级、CTCS－3 级、CTCS－4 级等五个等级。

（1）CTCS－0 级（简称 L0）。主要面向 120 km/h 以下区段，由“通用机车信号+列车运行监控装置”组成。

（2）CTCS－1 级（简称 L1）。主要面向 160 km/h 以下区段，由“主体机车信号+安全型运行监控记录装置”组成，点式信息作为连续信息的补充，实现列车运行安全监控功能。

（3）CTCS－2 级（简称 L2）。面向提速干线和客运专线，适用于各种限速区段，是基于轨道传输信息的列车运行控制系统。CTCS－2 级采用车—地一体化设计，地面可不设通过信号机，机车乘务员凭车载信号行车。CTCS－2 级列控系统由地面子系统和车载子系统组成。

（4）CTCS－3 级（简称 L3）。这是我国铁路时速 300～350 km 客运专线的重要角色装备，是我国铁路角色体系和装备现代化的重要组成部分，是保证高速列车运行安全、可靠、高效的核心技术之一。它基于无线传输信息并采用轨道电路等方式检查列车占用情况。

（5）CTCS－4 级（简称 L4）。这是完全基于无线传输信息的列车运行控制等级。

任务 7.5　认识铁路通信设备

任务描述

铁路通信是指根据铁路运输生产和经营管理需要，为准确、及时、可靠地传送相关信息而建设运用的通信系统的总称。铁路通信是以运输生产为重点，主要功能是实现行车和机车车辆作业的统一调度与指挥。本任务学习铁路主要通信设备，要求掌握铁路通信设备的识别能力。

相关知识

在铁路运输生产和建设中，必须利用各种通信方式进行各种信息的传送和处理。因铁路线路分散，支叉繁多，业务种类多样，所以组成统一通信的难度较大。为了指挥运行中的列车，必须用无线通信，因此铁路通信必须有线和无线相结合，采用多种通信方式。

7.5.1　铁路通信的类型

按传输方式可分为有线通信和无线通信两大类。

按服务区域可分为长途通信、地区通信、区段通信和站内通信。

按业务性质不同可分为公用通信、专用通信及数据传输。

按信息传递的方式可分为电话通信、数据通信和多媒体通信。

7.5.2 铁路主要专用通信设备

1. 调度电话

调度电话是铁路各级业务指挥系统使用的专用电话，均为封闭式的专用电话系统。

列车调度电话供列车调度员与其管辖区段内所有的分机进行有关列车运行通话用。在列车调度回线上，只允许接入与列车运行直接有关的车站值班员、车站调度员、机车调度员等的电话。列车调度电话的显著特点是调度员可以单呼、组呼或者全呼。任何车站也可以方便地对列车调度员呼叫并通话。

调度电话分为列车调度电话、电力调度电话和货运调度电话等。

2. 无线调度电话

（1）列车无线调度电话。列车无线调度电话可供列车调度员、机车调度员、车站值班员等调度指挥人员和列车司机相互通话。

（2）站内无线调度电话。站内无线调度电话是为车站调度员、驼峰值班员等站内编组和解体作业的指挥人员与车站调车机车司机相互通话而设置的。

3. 专用电话系统

专用电话系统供铁路沿线各基层单位（如车站、工区、领工区等）相互间以及与基层系统的上级机构相互间联系使用。专用电话系统包括电务专用电话系统、工务专用电话系统、车务专用电话系统、各站电话系统、水电专用电话系统、电力专用电话系统和桥隧守护电话系统等。

4. 区间电话

区间电话是供运转车长当列车在区间被迫停车及工务、电务、电力等工作人员在区间工作时，与车站值班员或有关领导人员进行紧急防护及业务通话使用的。

5. 其他区段通信业务

铁路区段通信系统还应给其他为铁路运输服务的信息提供通道，如铁路调度集中系统的信号、牵引供电远动系统、自动闭塞、电力远动系统的控制信号、车辆故障检测系统的信息、列车确报信号等，均可使用铁路区段通信系统的通道进行通信。

6. 铁路站场通信系统

铁路站场通信系统包括站场电话系统、站场扩音对讲系统、站场无线电话系统和客运广播系统，用以解决站场工作人员相互通信的问题。

7.5.3 高速铁路通信

高速铁路的行车指挥、列车控制以及工务、电务、动车组、机务、牵引供电等各个专业系统的运营管理信息化手段较普速线要求更高。相对于普速铁路，高速铁路要求通信设备可靠性、可管理性更强。高速铁路通信系统与既有通信网融合统一，互为冗余备份，从而提高通信业务的可靠性。

高速铁路通信系统主要由传输系统、电话交换和接入系统、数据通信系统、移动通信系统、调度通信系统、会议电视系统、综合网管系统、应急通信系统、电源、通信线路、电源及机房环境监控等组成，如图 7-5-1 所示，根据需要还配置光纤监控、漏缆监控、铁塔监测等。

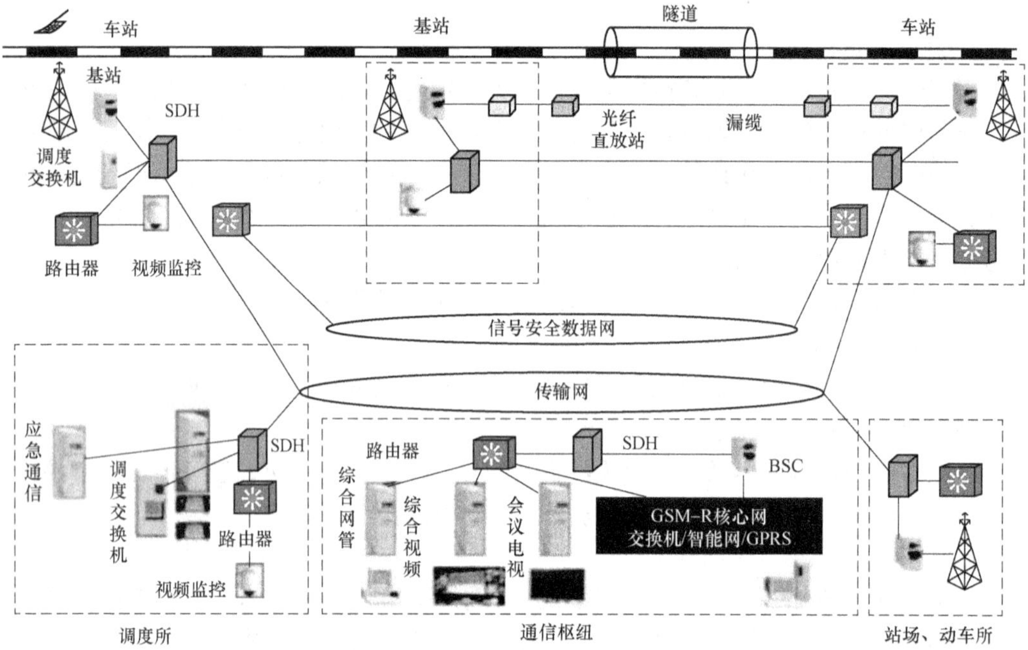

图 7-5-1　高速铁路通信主要系统构成示意图

7.5.4　GSM-R 系统

GSM-R 系统由核心网、无线网和移动终端等组成，与有线调度通信网络连接，完成移动用户与固定用户、移动用户与移动用户之间的语音通信。

GSM-R 系统是铁路数字移动通信系统的简称。移动通信顾名思义，在进行移动通信的通信双方中，至少有一方处于运动状态。因此，移动通信包括两种基本形式，即移动体与固定点之间的通信和移动体之间的通信，移动通信的基础是无线通信。移动通信的最高目标是实现“5W”通信，即：任何人（whoever）在任何时间（whenever）、任何地点（wherever）与任何人（whomever）进行任何类型（whatever）的信息交换。

GSM-R 系统主要包括无线子系统（BSS）、移动交换子系统（SSS）、通用分组无线业务子系统（GPRS）、移动智能网子系统（IN）、运营与支撑子系统（OSS）。GSM-R 系统通过移动交换子系统中的网关移动交换中心实现与其他通信网络电路域业务的互联互通，通过 GPRS 业务支持节点实现与其他数据信息网的分组域业务的互联互通。

无线子系统（BSS）是有线与无线的接口。通过无线接口与移动台交互，负责无线发送/接收和无线资源管理；通过 A 接口与网络子系统交互，实现移动用户之间或移动用户和固定网用户之间的通信连接，并且传送系统信令和用户信息等。

移动交换子系统（SSS）主要完成用户的业务交换功能以及用户数据管理、移动性管理、安全性管理等功能。

通用分组无线业务子系统（GPRS）为用户提供分组数据承载业务，与 GSM－R 系统共用频率资源；利用 GSM－R 系统的基站实现无线覆盖，无需单独增加 GPRS 系统基站。

智能网子系统（IN）是在交换子系统中引用的智能网实体，将网络交换功能和业务控制功能相分离，实现对呼叫的智能控制，提供铁路相关特色业务支持。

运营与支撑子系统（OSS）包括网络设备维护管理系统和用户管理系统。其中，网络设备维护管理系统为操作人员提供对系统设备的维护接口，收集、监视网络的运行信息和状况，并按照操作人员的要求生成系统运行报告，为网络规划和调整提供依据。用户管理系统负责管理本网内用户的相关数据，提供开户、销户及用户业务权限更改等操作功能，支撑业务的正常运行，包括 SIM 卡管理系统及计费、结算等。

此外，无线终端（MS）是接入 GSM－R 网络的用户设备，包括移动式（手持式和车载式）、固定式等。无线终端通过无线接口（Um）接入 GSM－R 系统，传输车－地信息，同时为用户提供人机接口。

项目实训

（1）现场参观或利用实训设备认识铁路信号设备及铁路常用通信设备。

（2）以小组为单位进行手信号显示技能训练。

项目自测

一、填空题

1. 联锁关系指的是（　　）、（　　）、（　　）三者之间相互制约的关系，实现这种关系的设备称为（　　）。

2. 铁路闭塞类型分为（　　）、（　　）、（　　）三类。

3. 铁路专业术语 TDCS 指的是（　　），CTC 指的是（　　）。

4. 铁路通信按传输方式可分为（　　）和（　　）两大类；按服务区域可分为长途通信、（　　）、（　　）和（　　）。

二、判断题

1. 视觉信号的基本颜色有红色、黄色、绿色、蓝色。（　　）

2. 响墩是听觉信号，发出的爆炸声要求紧急停车。（　　）

3. 在同一个区段内，可以采用多种闭塞方式。（　　）

4. 进路上的有关道岔位置不正确时，只要正确开放信号机，进路就可以建立。（　　）

5. 信号表示器没有防护的意义，只用来表示与行车有关设备的位置和状态，或表示信号显示的某种附加含义。（　　）

三、选择题

1. 黄色信号表示（　　）。

A. 注意或减低速度　　　　B. 停车

C. 按规定速度运行　　D. 加速运行

2.（　　）属于移动信号。

A. 手拿信号旗　　B. 号角

C. 减速信号牌　　D. 机车信号

3. 下列标志中，属于线路标志的是（　　）。

A. 站界标　　B. 公里标　　C. 警冲标　　D. 预告标

4. 进站、出站、进路、通过信号机的灯光熄灭、显示不明或显示不正确时，均视为（　　）。

A. 注意　　B. 停车　　C. 接车　　D. 进行

5. 四显示自动闭塞区段进站色灯信号机显示一个绿色灯光，准许列车按规定速度经道岔直向位置进入或通过车站，表示运行前方至少有（　　）个闭塞分区空闲。

A. 两　　B. 一　　C. 三　　D. 四

四、简答题

1. 联锁设备应满足哪些条件？
2. 计算机联锁具有哪些特征？它与继电联锁相比有哪些优点？
3. 什么是闭塞？闭塞设备分为哪几类？各有什么特点？
4. 何种情况下改用电话闭塞法行车？
5. 列车调度指挥系统有哪些功能？

项目 8　认知铁路供电

项目描述

铁路供电系统既为电力机车和动车组提供了动力来源，又为铁路运输站段等处所的信号、通信、道岔、调度等用电设备提供电力保障，所以供电可靠性将直接影响铁路的运输秩序和安全。

本项目主要学习牵引供电系统的构成、牵引供电系统的供电方式及认识牵引供电系统的设备；接触网的组成、关键设备等相关知识，同时对铁路供电调度控制系统进行介绍。

知识目标

（1）了解牵引供电系统的组成和供电方式；

（2）熟悉接触网的组成、接触网关键设备；

（3）了解 SCADA 系统的组成及其工作过程。

技能目标

能熟悉牵引变电所、接触网的组成，认识牵引变电所、接触网的关键设备。

任务 8.1　认识牵引供电系统组成

任务描述

电气化铁路利用电能作为牵引源动力，已成为现代化轨道交通的主流。牵引供电系统为电力机车（动车组）提供电能，是电气化铁路的重要组成部分。本任务主要学习牵引供电系统的电流制、构成等基本知识。

相关知识

电气化铁道，是以电能作为牵引动力的一种现代化交通运输设备。由于它的牵引动力是电能，所以又称电力牵引。电力牵引相比蒸汽牵引和内燃牵引，总功率大且机车自身重量相对较轻，具有起动和加速快、过载能力强、牵引力大的特点，还能综合利用能源，是目前铁路运输的一种主要牵引形式。

由于电力机车本身不带能源，必须由外部供给电能，因此电气化铁道是由电力机车和牵引供电装置组成的。牵引供电装置一般包括牵引变电所和接触网两部分，所以，人们又将电力机车、牵引变电所和接触网称为电气化铁道的“三大元件”。

8.1.1　牵引供电系统电流制

电流制是指牵引供电系统中牵引网的供电电流种类。工频单相交流制最早出现在匈牙利，电压为 16 kV。1950 年法国试建了一条 25 kV 的工频单相交流电气化铁道。由于这种电流制的牵引供电系统结构简单，维护方便，能够支持较高的电压等级，从而提供更强的供电能力，因此很快被许多国家采用。中国电气化铁道建设一开始，就采用了这种额定电压 25 kV、频率 50 Hz 的电流制。

8.1.2　牵引供电系统组成

电力机车是一种非自给性机车，必须在电气化铁道沿线设置一套完善的、不间断地向电力机车供电的设备，由这种设备构成的供电系统叫作牵引供电系统。它是由牵引变电所和牵引网组成的。图 8－1－1 是牵引供电系统的结构示意图。

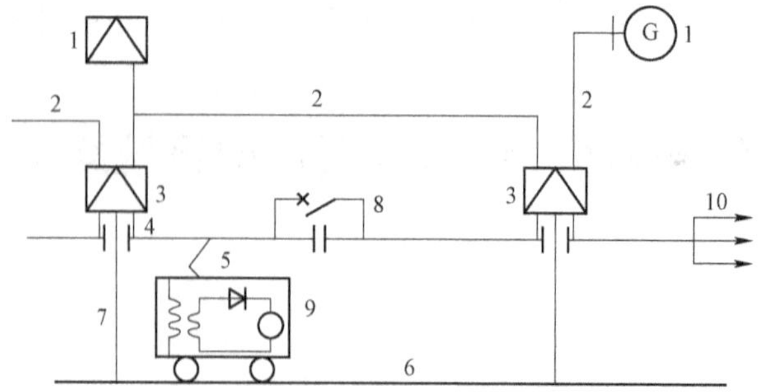

1—区域变电所或发电厂；2—高压输电线；3—牵引变电所；4—馈电线；
5—接触网；6—钢轨；7—回流线；8—分区所；9—电力机车；10—开闭所

图 8－1－1　牵引供电系统的结构示意图

直接向牵引变电所供电的区域变电所（或发电厂）及高压输电线路，称为一次供电网络。一次供电网络的高压输电线一般分为两路，电压为 110 kV，近年来高速客运专线部分采用 220 kV（商一合一杭、郑一徐、石一太等线路），部分地区采用 330 kV 进线（郑西客运专线陕西段）。高压输电线路专门用于牵引供电，但由国家电力部门修建并管理。

1. 牵引变电所

牵引变电所沿电气化铁道沿线分布，将电力系统的三相高压电（330 kV、220 kV、110 kV）转换成适用于电力机车（动车组）运行的单相交流电（27.5 kV），如图 8－1－2 所示。其核心元件是牵引变压器。

图 8－1－2　牵引变电所

2. 牵引网

牵引网由馈电线、接触网、钢轨与大地、回流线等组成。

1）馈电线

馈电线将牵引变电所变换后的电能直接送到接触网，并向附近车站、机务折返段、开闭所等送电，所以馈电线的数目较多，距离也可能较长。

2）接触网

接触网是一种悬挂在轨道上方，沿轨道铺设并和钢轨保持一定高度的输电网，通过电力机车（动车组）的受电弓与接触网滑动接触，牵引电能就由接触网进入电力机车（动车组），驱动牵引电动机使列车运行。接触网是牵引网的主体。

3）钢轨与大地、回流线

钢轨在非电牵引情况下只作为列车的导轨。在电力牵引时，钢轨除具有导轨功能外，还需要具有良好的导电性能完成导通回流的任务。由于钢轨与地不绝缘，所以部分电流沿大地返回，形成地中电流。

回流线是连接钢轨和牵引变电所的导线。通过回流线把钢轨与地中的回路电流导入牵引变电所的牵引变压器。

3. 牵引供电系统其他供电设备

1）分区所

分区所将电气化铁路上下行接触网并联，以提高供电臂末端接触网电压，均衡上下行供电臂电流，降低电能损失；在牵引变电所故障情况时，可通过分区所由相邻牵引变电所实现越区供电。分区所如图 8－1－3 所示。

图 8－1－3　分区所

2）开闭所

开闭所通常设在车站、货场附近、电力机务段、枢纽站等大宗负荷处。开闭所内不进行电压变换，只扩大馈线回路数，并通过开关设备实现电路的开闭，相当于配电所。

3）AT 所

牵引供电系统采用 AT 供电方式时在牵引网上放置自耦变压器的场所称为 AT 所。

8.1.3　铁路电力负荷分类

铁路电力用电负荷根据供电可靠性要求及中断供电对人身安全、经济损失或影响程度，分为一级负荷、二级负荷及三级负荷。

1. 一级负荷

中断供电将造成人身伤害，在经济上造成重大损失，影响重要的用电单位正常工作，造成铁路运输秩序严重混乱。一级负荷应由两路可靠电源供电，确保在一路电源故障情况下也能够不间断供电。

2. 二级负荷

中断供电将在经济上造成较大损失，影响较重要的用电单位正常工作，影响铁路正常运输。二级负荷应由两路电源或一路可靠电源供电，确保除电力设备检修及故障情况外的不间断供电。

3. 三级负荷

三级负荷是指不属于一、二级负荷的用电设备。

任务 8.2　认识牵引供电系统供电方式及设备

任务描述

根据供电能力的大小、接触网架设环境及电磁兼容等条件，牵引供电系统采用不同的供电方式，供电设备各具特色，它们共同确保了电力机车能够高效、稳定地运行。本任务主要学习牵引供电系统的供电方式、供电设备等知识。

相关知识

8.2.1　牵引供电系统供电方式

牵引供电系统的供电方式主要有直接供电方式、带回流线的直接供电方式、吸流变压器－回流线供电方式、自耦变压器供电方式。

1. 直接供电方式（简称 TR 供电方式）

牵引回流经钢轨或大地返回牵引变电所的供电方式称为直接供电方式，如图 8－2－1 所示。牵引网回路结构简单，投资最少，维护费用低，本身不具备防干扰功能。在负荷电流较大的情况下，钢轨电位高，对通信系统的电磁干扰较大。

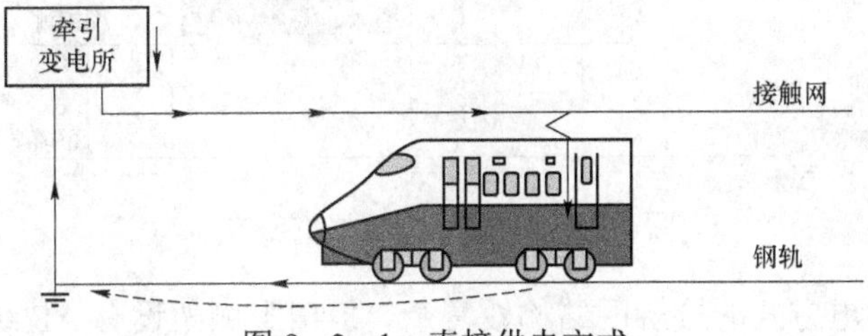

图 8－2－1　直接供电方式

2. 带回流线的直接供电方式（简称 DN 供电方式）

在直接供电方式的基础上架设一条架空回流线与钢轨并联，使大部分牵引回流通过回流线流回牵引变电所的供电方式称为带回流线的直接供电方式，如图 8－2－2 所示。这种供电方式比直接供电方式具有更低的线路阻抗和钢轨电位，可以降低电磁干扰，在我国普速铁路中运用较广。

3. 吸流变压器－回流线供电方式（简称 BT 供电方式）

吸流变压器－回流线供电方式，是每隔 2～4 km 在接触网和回流线中串接变比为 1:1 的吸流变压器，如图 8－2－3 所示。这种供电方式可以吸回地中电流，减少通信干扰。但是 BT 的投入使牵引网阻抗增大，且影响电力机车取流质量，目前我国电气化铁路已淘汰此种供电方式。

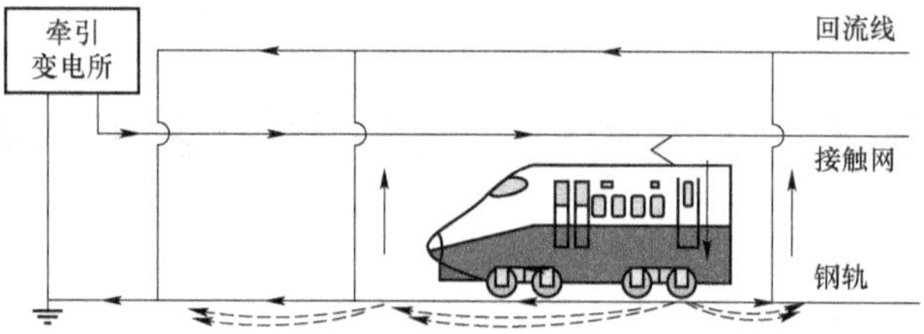

图 8－2－2　带回流线的直接供电方式

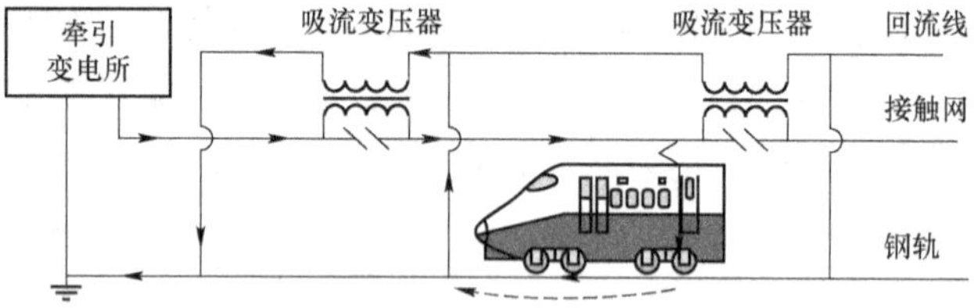

图 8－2－3　吸流变压器－回流线供电方式

4. 自耦变压器供电方式（简称 AT 供电方式）

自耦变压器供电方式，是在牵引网中并联接入自耦变压器的供电方式。牵引变电所输出电压为 55 kV，经沿线 AT 变压器（自耦变压器，变比为 2:1）降压后向接触网供电。自耦变压器一端接接触网，另一端接正馈线（简称 AF 线，架设在接触网支柱田野侧，与接触悬挂近似等高），其自耦变压器中点抽头侧与钢轨相连，如图 8－2－4 所示。

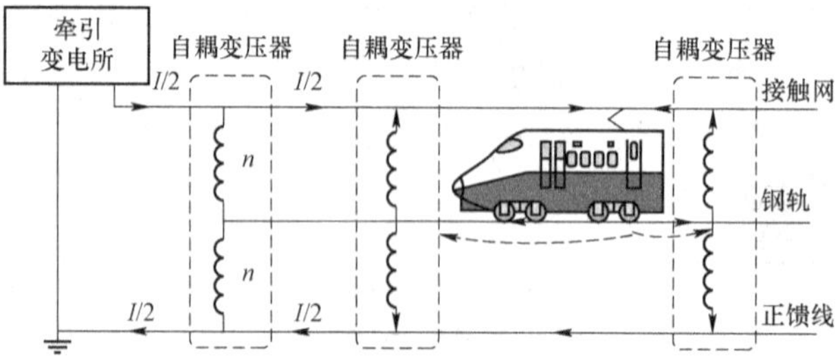

图 8－2－4　自耦变压器供电方式

自耦变压器供电方式的接触网结构较复杂。但田野侧架设有 AF 线，AF 线电压与接触网电压相等，方向相反，能起到防干扰效果；由于牵引变电所馈出的电压高，所间距可增加一倍，接触网负荷电流均衡，因此，高速电气化铁路一般都采用 AT 供电方式。

8.2.2　牵引供电系统设备

1. 一次设备

牵引供电系统的一次设备是指承担高压供电任务的变配电设备，如变压器、互感器、开关电器、母线电缆、防雷接地等。

1）变压器

变压器是牵引变电所中最重要的一次设备，根据需求将电压升高或降低，并完成电能的输送和分配。

（1）牵引变压器。将 110 kV（或 220 kV、330 kV）三相交流电变换成 27.5 kV（或 55 kV）的单相交流电供电力机车使用，如图 8－2－5 所示。

（2）自耦变压器。用于 AT 供电区段，将牵引变压器二次侧馈出的 55 kV 电压变换为适合于电力机车使用的 27.5 kV 电压，如图 8－2－6 所示。

（3）动力变压器和所用电变压器。动力变压器给附近铁路站、段或地区提供动力、照明用电。所用电变压器向牵引变电所的动力、照明、检修、硅整流装置等负荷供电。

图 8－2－5　牵引变压器

图 8－2－6　自耦变压器

2）互感器

互感器是用来变换电路中的电压和电流，使之便于测量、保护和控制的电器。

（1）电流互感器。将一次侧的大电流变换为二次侧的小电流，二次侧额定电流多为 5 A（少数为 1 A 或 0.5 A），如图 8－2－7 所示。

（2）电压互感器。将一次侧的高电压变换为二次侧的低电压，二次侧额定电压为 100 V（或 $100/\sqrt{3}$），如图 8－2－8 所示。

图 8－2－7　电流互感器

图 8－2－8　电压互感器

3）开关电器

开关电器是用来关合和开断电路的电器。

（1）高压断路器。高压断路器是具有完善控制功能、可靠灭弧能力的开关电器。主要有控制作用（接通或断开工作电路）和保护作用（自动断开故障电路），根据灭弧介质的不同，有油断路器、六氟化硫断路器（图 8－2－9）和真空断路器。

（2）隔离开关。隔离开关（图 8－2－10）是一种没有灭弧功能的开关设备，不能用来开断负荷电流或短路电流，可接通及断开小电流电路，操作时不得带负荷操作。

（3）熔断器。熔断器（图 8－2－11）是最简单和最早采用的一种保护电器，兼有开关作用，当电路中流过短路电流时，利用熔体产生的热量使本身熔断，从而切断电路。

图 8－2－9　六氟化硫断路器

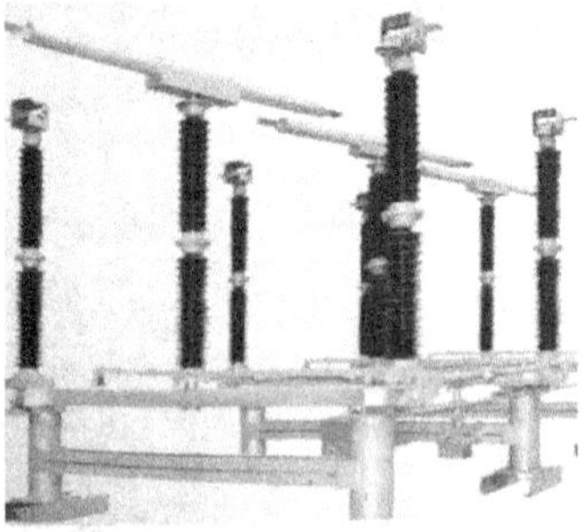
图 8－2－10　隔离开关

图 8－2－11　熔断器

（4）组合开关柜。

● GIS 开关柜。六氟化硫气体绝缘金属封闭开关设备简称 GIS 开关柜（图 8－2－12），它是将断路器、隔离开关、互感器等元件组合封闭在接地的金属壳体内，并充以一定压力的六氟化硫气体作为绝缘介质的成套开关设备。由于它既封闭又组合，故占地面积小，不受环境的影响，运行安全可靠且维护工作量少，在环境恶劣的地区得到大量应用。

● AIS 开关柜。交流金属封闭式空气绝缘开关柜简称 AIS 开关柜（图 8－2－13），将断路器、互感器、隔离开关等一次设备装配在金属柜体内，最大限度地利用空气绝缘，减少占地面积。

图 8－2－12　GIS 开关柜

图 8－2－13　AIS 开关柜

4）母线电缆

（1）母线。将变压器、互感器等大型电气设备与各种电气装置连接的导线称为母线。母线的作用是汇集、分配和传输电能。高压母线按材料分为铜母线和铝母线；按制造结构分为矩形母排（图 8－2－14）、管型母线（图 8－2－15）、绞形软母线（图 8－2－16）等。

图 8－2－14　矩形母排

图 8－2－15　管型母线

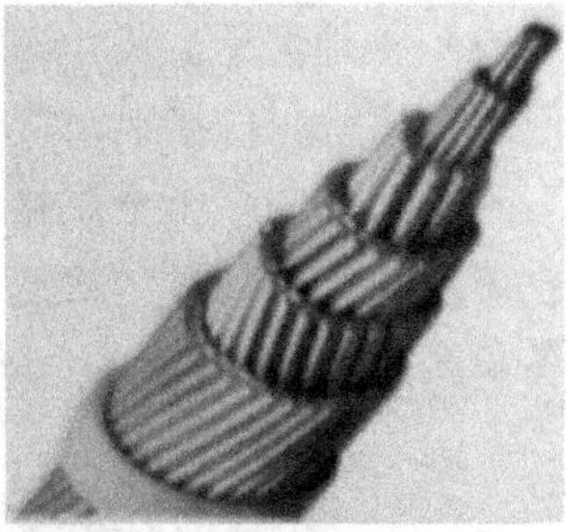

图 8－2－16　绞形软母线

（2）27.5 kV 高压电缆。电力电缆占地面积小、安全可靠、隐蔽耐用。我国电气化铁路大量投入使用 27.5 kV 高压电缆，其选型须同牵引供电系统的设计参数相匹配，并充分考虑其应用范围、运行环境、工作条件、主要技术性能等。部分 27.5 kV 高压电缆安装位置如图 8－2－17 所示。

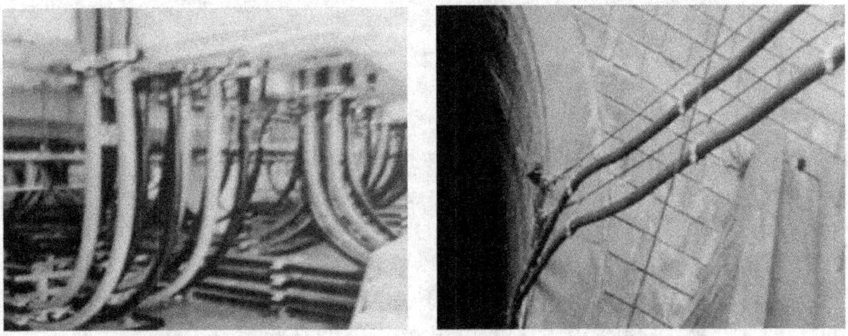

(a) 开关柜的进出线　　(b) 隧道内的供电线

图 8－2－17　27.5 kV 高压电缆安装位置

5）防雷接地

（1）防雷装置。电气化铁路遭受雷击会造成信号、通信及牵引供电系统设备的损坏。牵引变电所必须采取相应的防雷措施，以保护电气设备避免雷电损坏。牵引变电所主要防雷设施有避雷针（防直击雷，图 8－2－18）、避雷器（限制雷电过电压和部分操作过电压，图 8－2－19）、浪涌保护器（二次回路防强电侵入，图 8－2－20）等。

图 8－2－18　避雷针

图 8－2－19　避雷器

图 8－2－20　浪涌保护器

（2）接地装置。将电气设备与电位参照点“地”进行电气连接，使其对地保持一个较低的电位差叫作接地，接地分为工作接地和保护接地。接地网（图 8－2－21）是埋在地下一定深度的多个金属接地极和由导体将这些接地极相互连接组成网状结构的总称，在系统发生接地故障时快速泄放故障电流，改善场区地表地电位分布，保障故障状态下设备和人员安全。

图 8－2－21　接地网

2. 二次设备

牵引供电系统的二次设备是指对一次设备进行控制、测量、保护、监察、调节的辅助设备，即不直接和电能产生联系的设备，如继电保护及自动控制设备、交直流设备等。

1）交直流系统

交直流系统的主要作用是为牵引变电所二次系统的控制、保护、监视、操作等设备及电力照明、动力、消防负荷等设备提供电源，分为交流系统和直流系统。

2）综合自动化系统

综合自动化系统（图 8－2－22）将牵引变电所的二次设备（包括测量仪表、信号系统、继电保护、自动装置和远动装置等）经过功能的组合和优化设计，实现对全所设备的自动监视、自动测量、自动控制和保护，以及与调度通信等综合性的自动化功能。牵引变电所综合自动化系统是牵引变电所的重要设备，是牵引供电系统安全可靠运行的保障。

图 8－2－22　综合自动化系统

3）辅助监控系统

辅助监控系统是对牵引变电所内视频监控及巡检、环境监测、安全防范、火灾报警、动力照明控制等辅助设备信息进行集成，实现信息共享、告警联动等功能，为牵引变电所集中监控和运维提供支撑的系统。它既可以作为变电所综合自动化系统的一个组成单元，也可以作为一套完整的独立安全监控系统。图 8－2－23 展示了部分视频监控界面和巡检机器人工作场景。

图 8－2－23　部分视频监控界面和巡检机器人工作场景

任务 8.3　认识接触网

任务描述

电气化铁路接触网是沿铁路线路上空架设的向电力机车供电的特殊形式的输电线路。本任务主要学习接触网的组成、接触网关键设备等相关知识。

相关知识

8.3.1　接触网的组成

电气化铁路接触网，包括柔性架空接触网和刚性悬挂接触网两类，我国电气化铁路普遍采用柔性架空接触网。

接触网的本质是高压电力输电线。接触网标称电压值为 25 kV，最高工作电压为 27.5 kV，短时（5 min）最高工作电压为 29 kV，最低工作电压普速铁路接触网为 19 kV、高速铁路接触网为 20 kV。

接触网主要包括接触悬挂、支持装置、定位装置、支柱及基础四部分组成，如图 8－3－1 所示。

图 8－3－1　接触网基本组成

1. 接触悬挂

接触悬挂由承力索、接触线、吊弦及附加悬挂（线索）等组成。

1）接触悬挂结构

（1）承力索。承力索（图8-3-2）由单芯多层金属绞线组成，其作用是通过吊弦悬挂接触线，将接触线的垂直荷载传递到腕臂和支柱上，承受接触线的质量，减小接触线的弛度。主要有钢承力索、铝（铜）包钢承力索、铜（铜合金）承力索等。

（2）接触线。接触线（图8-3-3）的作用是承载接触网电流，与受电弓滑板摩擦接触，向电力机车输送电能。接触线的外观为中部带沟槽的圆柱体，沟槽是为了便于安装固定接触线的线夹，同时不影响受电弓取流，接触线底面与受电弓接触的部分呈圆弧状。我国主要使用铜合金接触线。

图8-3-2 承力索

图8-3-3 接触线

（3）吊弦。吊弦将接触线吊挂在承力索上，调节接触线的弛度和高度，改善接触悬挂弹性。吊弦按照结构主要分为环节吊弦（图8-3-4）、整体吊弦（图8-3-5）、弹性吊索（图8-3-6）等类型。

图8-3-4 环节吊弦

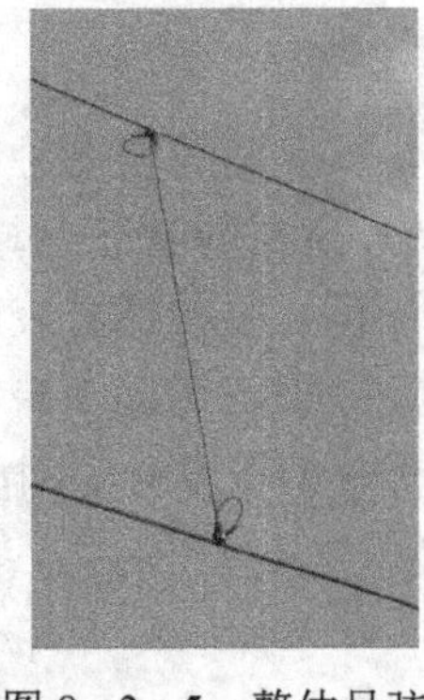

图8-3-5 整体吊弦

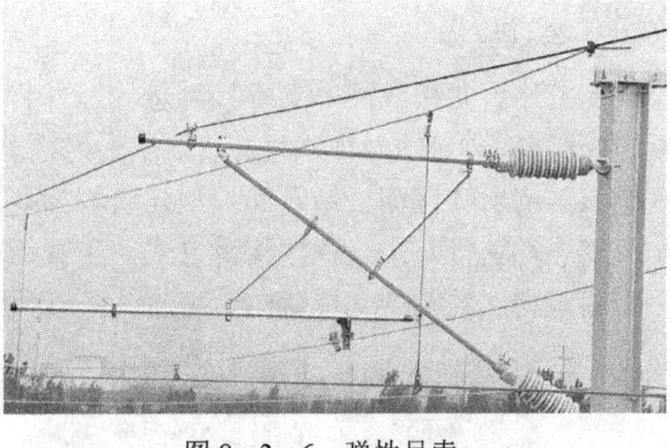

图8-3-6 弹性吊索

（4）附加悬挂（线索）。包括供电线、保护线、加强线、正馈线、架空地线、回流线等。

2）接触悬挂分类

（1）简单悬挂。简单悬挂无承力索，是由接触线直接固定在支持装置上的悬挂形式。

（2）链型悬挂。链型悬挂是接触线通过吊弦悬挂在承力索上，通过调整吊弦长度使接触线在整个跨距内对轨面的高度基本保持一致，减小了接触线弛度，提高了稳定性和平顺性，可满足电力机车高速运行取流的需求。我国电气化铁路大多数采用简单链型悬挂（图 8－3－7）。

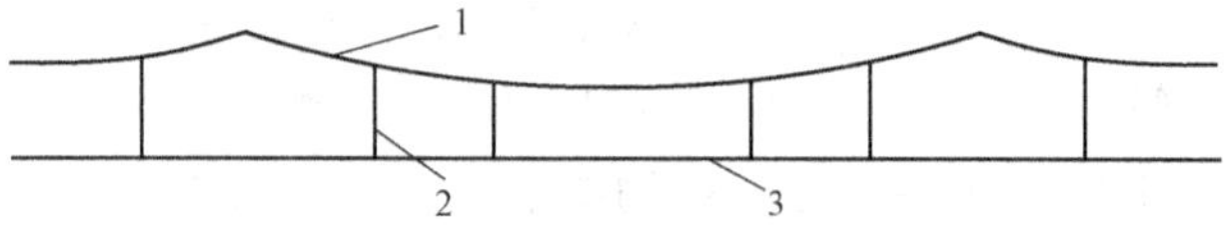

1—承力索；2—吊弦；3—接触线

图 8－3－7　简单链型接触悬挂

（3）弹性链型悬挂。弹性链型悬挂在支柱定位处增设了弹性吊索，使接触悬挂在定位点及其附近的弹性得到大大改善，也改善了受电弓的运行轨迹，弓网集流的动态品质略好于简单悬挂及链型悬挂，但弹性链型悬挂的优秀表现是建立在弹性吊索的合理装配基础上的，弹性吊索的安装工艺决定了它的整体表现。京沪高速铁路采用的弹性链型悬挂如图 8－3－8 所示。

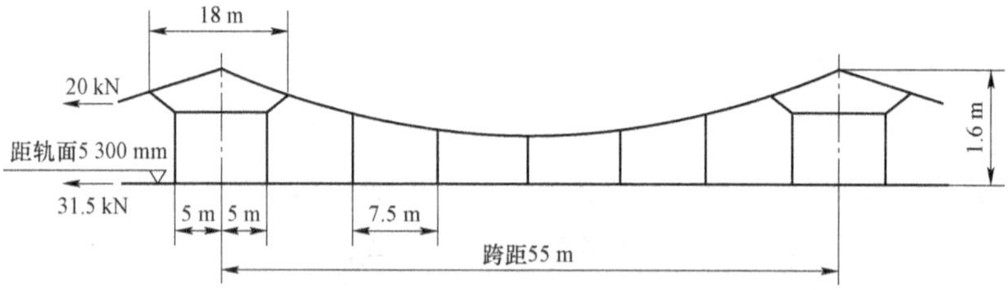

图 8－3－8　京沪高速铁路采用的弹性链型悬挂

2. 支持装置

支持装置是接触网中支持接触悬挂，并将其机械负荷传给支柱固定的部分。支持装置包括腕臂、平腕臂（或水平拉杆、悬式绝缘子串）、棒式绝缘子及接触悬挂的悬吊零件。根据接触网所在区间、站场和大型建筑物需要的不同，支持装置表现为不同的方式，如平腕臂＋斜腕臂方式、整体腕臂方式、腕臂结构、软横跨、硬横跨及隧道、桥梁和其他大型建筑物上的特殊支持结构。高速铁路接触网部分腕臂支持结构如图 8－3－9 所示。

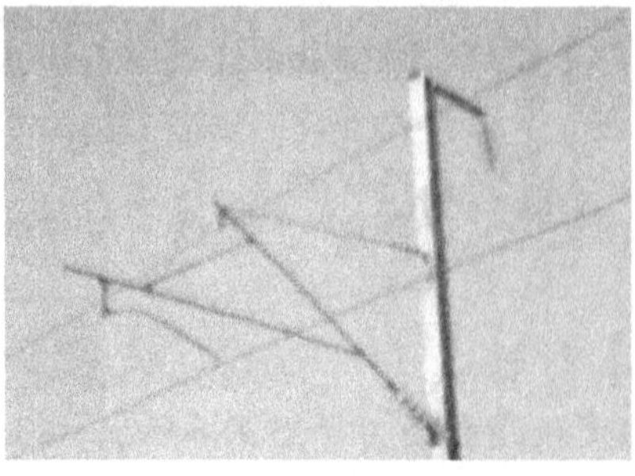

(a) 平腕臂+斜腕臂方式

(b) 整体腕臂方式

图 8－3－9　高速铁路接触网部分腕臂支持结构

3. 定位装置

定位装置就是把接触线进行横向定位，保证接触线始终在受电弓滑板的工作范围内。在直线区段，相对于受电弓中心把接触线拉成“之”字形状；在曲线区段，相对于受电弓中心运行轨迹被拉成切线或割线，使受电弓滑板磨耗均匀。定位装置包括定位管、定位器、定位线夹及连接零件，一般有正定位（图 8-3-10）、反定位（图 8-3-11）、软定位、组合定位等形式。

图 8-3-10　正定位

图 8-3-11　反定位

4. 支柱及基础

1）支柱

支柱是接触网的主要支撑设备，用于承受接触悬挂、支持装置和定位装置的全部负荷，并将接触悬挂固定在规定的位置和高度上。

支柱按材质分为预应力钢筋混凝土支柱（图 8-3-12）和钢支柱（图 8-3-13）两大类；按其在接触网中的作用可以分为中间支柱、锚柱、转换柱、中心柱、定位柱、软（硬）横跨柱、道岔柱等，如图 8-3-14 所示。

图 8-3-12　预应力钢筋混凝土支柱

图 8-3-13　钢支柱

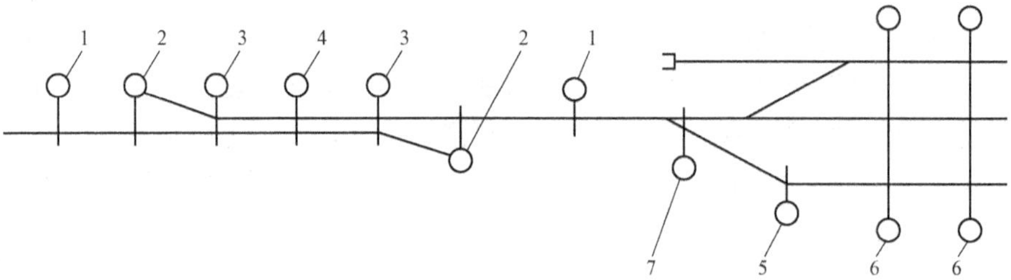

1—中间柱；2—锚柱；3—转换柱；4—中心柱；5 一定位柱；
6—软（硬）横跨支柱；7—道岔柱
图 8-3-14　支柱安装位置

2）基础

基础的作用是保持支柱稳定，并将支柱的荷载和力矩传给大地。基础根据其承载的支柱类型和安装位置的不同而采用不同的安装形式。

8.3.2　接触网关键设备

1. 锚段及锚段关节

接触网同一支接触悬挂的两相邻支柱（悬挂定位点）中心之间的距离称为跨距。在区间或站场上，根据供电和机械方面的要求，将接触网分成许多独立的分段，这些独立的分段就叫作锚段。两个相邻锚段衔接部分称为锚段关节，如图 8-3-15 中的阴影部分所示。

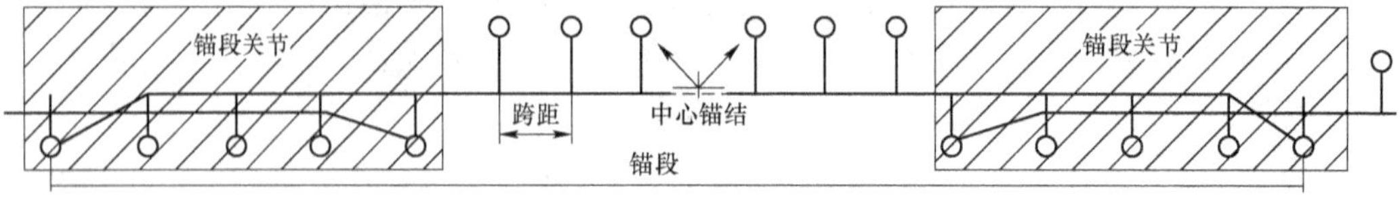

图 8-3-15　接触网纵向结构

2. 电分相

在单向交流牵引供电系统中，电力机车是由单相电供电的，为了平衡电力系统的 U、V、W 各相负荷，一般要实行 U、V 相轮流供电，所以 U、V 相之间要进行分开，此为电分相。电分相通常由分相绝缘器实现，电分相分为锚段关节式电分相和器件式电分相两类。

锚段关节式电分相由 2～3 组绝缘锚段关节组合而成，按照跨距数分为六跨、七跨、八跨、九跨、十二跨、十三跨、十六跨关节式电分相。电力机车和动车组运用多台受电弓时的受电弓间距应与锚段关节式电分相的无电区和中性区长度相匹配，避免通过受电弓短接锚段关节式电分相的断口，造成分相短路事故。我国高速铁路常用的六跨关节式电分相平面布置如图 8-3-16 所示。

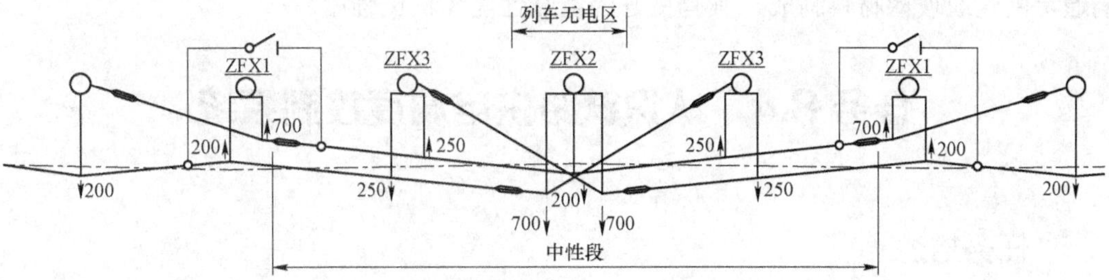

图 8－3－16　六跨关节式电分相平面布置（单位：mm）

3. 电分段

为增加接触网供电的灵活性和安全性，方便供电和检修的需要，根据车站或站场的分布情况以及变电所馈出线的供电情况，将接触网分成不同的供电片区，这种分片区供电的形式叫接触网的分束供电，将接触网从电气上分开的区段就叫电分段。不同的供电片区之间通过绝缘子、分段绝缘器（图 8－3－17）、隔离开关等设备进行分段。

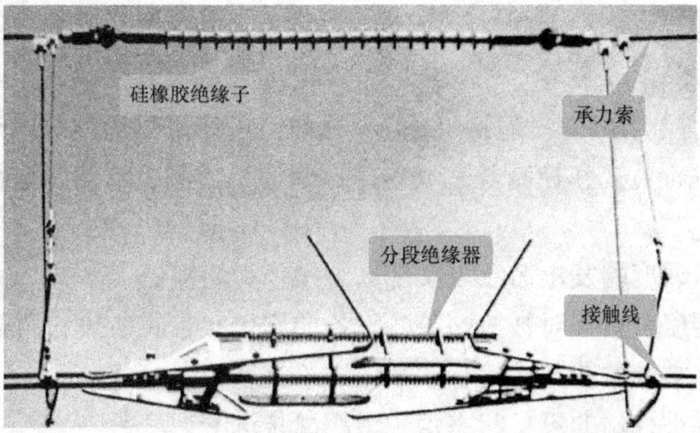

图 8－3－17　接触网纵向结构

4. 中心锚结

中心锚结是指在锚段中部，接触线对于承力索、承力索对于锚柱（或固定绳）进行锚固的方式，称为中心锚结。

5. 线岔

线岔通过两条接触悬挂以某一角度交叉或者保持相对的位置关系，保证电力机车受电弓在道岔处由一条接触线平滑、安全地过渡到另一条接触线上。

6. 电连接

电连接由电连接线和电连接线夹组成，保持接触悬挂之间或各分段供电间的电路连接畅通。

7. 补偿装置

自动调节接触线和承力索张力的补偿器及其制动装置的总称。

8. 绝缘子

绝缘子是接触网中用于支持和固定接触网设备，同时保证电气绝缘的重要组件。它们通常由瓷或玻璃材料制成，具有良好的电气性能和机械强度。

任务 8.4　认识铁路供电调度控制系统

任务描述

铁路供电调度控制系统保证了牵引供电系统的自动化与信息化，是保障电气化铁路安全可靠运行的有效手段。本任务主要学习 SCADA 系统的基本概念、SCADA 系统的组成、SCADA 系统的工作过程等相关知识。

相关知识

8.4.1　SCADA 系统的基本概念

铁路供电调度控制系统，简称 SCADA 系统，利用远程通信技术进行信息传输，对现场的运行设备进行监视和控制，完成遥控、遥调、遥测、遥信、保护及调度管理等各项功能。

遥控指的是从调度端发出命令以实现远方操作和切换；

遥调指的是调度所直接对被控站某些设备的工作状态和参数的调整；

遥测指的是将被控站的某些运行参数传送给调度端；

遥信指的是将被控站的设备状态信号远距离传送给调度所。

SCADA 系统有助于调度人员提高工作效率，现已经成为铁路供电调度不可缺少的工具，它在实现铁路供电调度自动化与现代化等方面起着重要的作用。

8.4.2　SCADA 系统的组成

SCADA 系统由调度端、被控站、通信通道和复式设备构成。

1. 调度端

调度端也称为调度主站。它统一指挥供电系统在正常及事故状态下的运行工作，并集中管理沿铁道线分布的牵引变电所、分区亭、开闭所、AT 所、电力变配电所、箱式变电站等电力设备。调度主站根据业务功能划分为两类应用分区，即远动监控应用区（简称远动监控区）和辅助监控应用区（简称辅助监控区），并分别在国铁集团、铁路局集团公司、段三级实现双向的数据交换。

2. 被控站

被控站完成 SCADA 系统的数据采集、预处理、发送、接收及输出执行功能，集继电保护、监视控制于一体的被控站多采用综合自动化系统。被控站主要包括远动监控被控站和辅助监控被控站。

远动监控被控站主要包括综合自动化系统、电力箱变与站房所等终端（简称电力RTU）、接触网电动隔离开关控制站（简称网开关控制系统）；辅助监控被控站指安装在牵引变电所亭、电力配电所亭的辅助监控系统。

3. 通信通道

通信通道实现调度主站和被控站间的数据交互，同时完成国铁集团—铁路局集团公司—段三级调度主站间的数据交换，具有较高的安全性、可靠性、开放性和实时性。

4. 复示设备

复示设备也叫作复示系统，是将调度台人机界面（HMI）中的各种画面、报警、报表、录波、曲线等信息以复示的方式展现出来，从调度主站获取相关供电系统运行数据，不具备调度控制权限。复示系统分为网页复示和专用复示两种。

8.4.3　SCADA 系统的工作过程

SCADA 系统实现调度自动化的基本过程如图 8－4－1 所示。SCADA 系统实现调度自动化有四个基本的过程。在这四个过程中，远动基本的“四遥”功能和各组成部分的作用将得到体现。

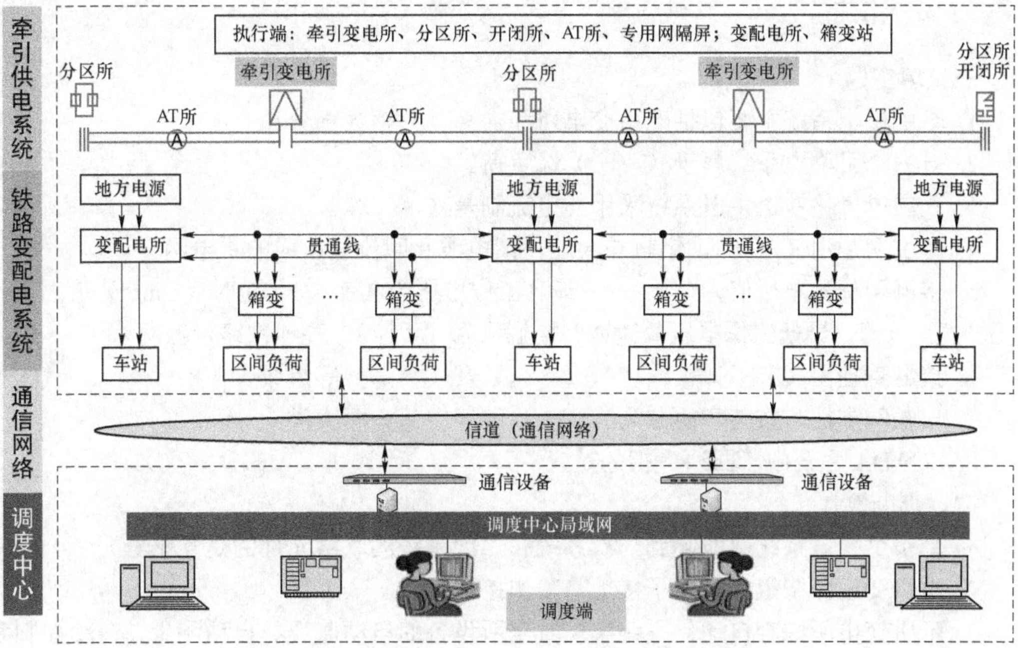

图 8－4－1　SCADA 系统实现调度自动化的基本过程

1. 被控站采集被控对象信息并将其传送到调度端

被控站负责采集现场的状态和数据，并将其进行变换后通过远动信道传到调度端，调度端通过计算机对数据进行分析处理后显示到人机界面上。此过程主要由被控站、现场信息转换装置来实现，实现的是遥信、遥测这两个功能。

2. 调度端对远动装置传来的信息进行实时处理

调度端对传来的遥信、遥测数据进行存储、显示、打印。分析传输的数据是否正确，并加以抛弃或纠正后使用。此过程主要由调度端实现。

3. 调度端做出调度决策

调度后台根据接收的信息，对被控对象的运行进行自动或人工分析，然后做出适当的调节和控制（调整挡位、分合开关、投撤电容等）。此过程主要由调度端实现。

4. 将调度决策送被控站去执行

调度决策包括对被控对象的控制和调节。调度端发出遥控、遥调命令，经过通信信道传到被控站，被控站接收后具体进行执行。此过程主要由被控站和现场执行机构实施，实现的是遥控、遥调功能。

项目实训

参观牵引变电所和接触网实训基地，认识牵引变电所、接触网的常见设备，听现场工作人员介绍牵引变电所、接触网的运行过程。

项目自测

一、填空题

1. 牵引供电系统主要包括牵引变电所和（　　）两大部分。

2. 电力牵引供电系统属于（　　）级负荷。

3. 我国电气化铁道供电系统采用的电流制是（　　）。

4. 牵引网是由（　　）、钢轨与大地、馈电线和回流线组成的供电网。

5. 接触网标称电压值为（　　），最高工作电压为（　　），短时（5 min）最高工作电压为（　　），最低工作电压普速铁路接触网为（　　）、高速铁路接触网为（　　）。

6. 接触悬挂由（　　）、（　　）、（　　）及（　　）等组成。

7. 接触网支柱，按其材质分为（　　）和（　　）两大类。

8. SCADA 系统中“四遥”指的是（　　）、（　　）、（　　）、（　　）。

二、判断题

1. 牵引供变电系统中能起到一次系统和二次系统的联络元件的是互感器。（　　）

2. 牵引变压器绕组一个端子接地是工作接地。（　　）

3. 牵引变电所综合自动化系统实现对全所设备的自动监视、自动测量、自动控制和保护，以及与调度通信等综合性的自动化功能。（　　）

4. 避雷器用于防止雷电直击近区线路，避免雷电波直接入侵变电站损坏设备。（　　）

5. 某一牵引变电所发生故障不能对供电臂正常供电，闭合接触网上的联接开关，由两侧相邻的牵引变电所临时向该供电臂供电，这就是双边供电。(　　)

6. 接触线的沟槽是为了便于安装固定接触线的线夹，又不影响受电弓取流。(　　)

7. 简单悬挂无承力索，是由接触线直接固定在支持装置上的悬挂形式。(　　)

8. 定位装置在直线区段，相对于受电弓中心把接触线拉成“之”字形状；在曲线区段，相对于受电弓中心运行轨迹被拉成切线或割线。(　　)

三、选择题

1. 能够实现越区供电的是(　　)。

A. 分区所　　B. 开闭所　　C. AT 所

2. 在高压开关设备中，设置专门灭弧装置的开关设备是(　　)。

A. 高压断路器　　B. 高压隔离开关　　C. 负荷开关

3. 牵引变电所中，室内高压母线一般采用(　　)，室外母线都采用(　　)。

A. 矩形母线、矩形母线　　B. 矩形母线、多股绞线

C. 多股绞线、矩形母线

4. 下列一次设备中，不属于保护电器的是(　　)。

A. 熔断器　　B. 抗雷线圈　　C. 继电器

5. GIS 组合电气设备是以一定压力的(　　)作为绝缘介质的成套开关设备。

A. 六氟化硫气体　　B. 压缩空气　　C. 绝缘油

6. 链型悬挂的接触线是通过(　　)悬挂在承力索上。

A. 吊弦　　B. 支柱　　C. 支持装置　　D. 电连接

7. 绝缘子按结构可分为(　　)绝缘子。

A. 棒式和悬式　　B. 针式和悬式

C. 针式和棒式　　D. 棒式、悬式和针式

8. (　　)的作用是保证受电或由一股道上空的接触线平滑、安全地过渡到另一股道上。

A. 线岔　　B. 电分相　　C. 隔离开关　　D. 分段绝缘器

9. 牵引变电所的防雷设施中，主要限制雷电过电压和部分操作过电压的设施是(　　)。

A. 避雷针　　B. 避雷器　　C. 浪涌保护器　　D. 避雷线

10. SCADA 系统中统一指挥供电系统在正常及事故状态下的运行工作，并集中管理相应设备的部分是(　　)。

A. 调度主站　　B. 被控站　　C. 通信通道　　D. 复式终端

四、简答题

1. 牵引供变电系统的供电方式有哪些？比较它们的优缺点。

2. 牵引供变电系统由哪些部分构成？说明各部分的作用。

3. 开闭所、分区所、AT 所分别有什么作用？
4. 接触网由哪几部分组成？分别有什么作用？
5. 常见的补偿装置有哪些类型？
6. 常见的链型悬挂有哪些？分别有什么特点？

项目 9　认知铁路运输组织

项目描述

铁路运输组织包括铁路旅客运输组织、铁路货物运输组织和铁路行车组织三个方面，涵盖了铁路运输生产过程每一个环节的工作，以及整个生产过程的计划、组织与指挥，是铁路产品的“生产流程”。

本项目主要介绍铁路旅客运输组织、铁路货物运输组织、铁路行车组织的基础知识。

知识目标

（1）了解旅客运送条件和行李包裹运输；
（2）掌握旅客运输生产过程；
（3）了解铁路货运种类及合同、特殊条件货物运输；
（4）掌握铁路货运生产过程；
（5）掌握列车编组、列车运行图及车站行车组织工作内容；
（6）了解车站作业计划、铁路运输和调度指挥的基本知识。

技能目标

（1）能正确描述旅客运输工作组织；
（2）会办理货物运输手续；
（3）能识读列车运行图。

任务 9.1　认识铁路旅客运输组织

任务描述

本任务主要学习铁路旅客运输基本知识、旅客运输生产过程、了解行李包裹运输及旅客运输安全内容。

相关知识

9.1.1 铁路旅客运输概述

铁路旅客运输是整个铁路运输的重要组成部分。其基本任务是：最大限度地满足广大人民群众在旅行上的需要。安全、迅速、准确、便利地运送旅客、行李、包裹和邮件，保证旅客在旅行途中舒适愉快并得到文化生活上的优质服务。随着经济的迅速发展，人民物质文化水平得到很大的提高，旅客运输量大幅度增长，因此，做好铁路旅客运输工作，对国家的经济建设、文化交流及满足人民群众的生活需要，有十分重要的意义。

1. 旅客列车种类

针对客流的不同需求和铁路线路等技术设备条件，铁路开行了不同种类、不同等级的列车。目前旅客列车包括动车组列车、特快旅客列车、快速旅客列车、普通旅客列车等。

2. 客运站作业与主要设备

客运站是铁路旅客运输的基本生产单位。它的基本任务是组织旅客安全、迅速、准确、方便地上下车和行包、邮件的装卸及搬运；组织旅客列车安全正点到发和客车车底的取送。为此，客运站设备的合理配置对提高铁路旅客运输的效率和服务质量具有十分重要的意义。

1）客运站主要作业

（1）客运服务作业。这包括旅客进出站、安检、候车、问讯、小件行李寄存，以及为改善候车环境而针对旅客文化生活、饮水、卫生等方面提供的服务。

（2）客运业务。这包括车票发售、行包的承运、装卸、保管和交付、邮件装卸等。

（3）技术作业。这包括列车接发、机车摘挂、车列技术检查、车底取送、客车上水及餐饮供应等。

2）客运站主要设备

客运站设备主要由客运站房、客运站场、站前广场三部分组成，设有行车指挥、运营管理、生活服务等方面的设施设备。

（1）客运站房。客运站房是客运站的主体设备，其在实现铁路客运站的各项功能方面，发挥着核心和纽带作用。为方便旅客乘降，客运站房的总体设计应与城市规划相配合，站房主体建筑应建在靠市区居民集中的一侧。客运站房应根据客运量设有便于购买车票、办理行李包裹、候车、问询、引导、广播、时钟、携带品寄存，以及为旅客服务的文化、卫生及生活上的必要设备。

（2）客运站场。客运站场是车站接发旅客列车并组织旅客乘降的场地，也是行包和邮件装卸的场地，在客运站场内应设置各类站线、站台、跨线设备、客车给水等设施。

（3）站前广场。站前广场是客运站和城市联系的“纽带”，它包括旅客活动地带、停车场及服务设施。

3. 旅客运输计划

旅客运输计划是铁路运输计划的主要内容之一，是铁路旅客运输工作的基础，是整个国民经济计划的重要组成部分。编制旅客运输计划的目的是充分挖掘运输潜力，组织旅客均衡运输，提高客运服务质量，保证旅客安全、迅速、准确、便利地旅行。

1）旅客运输计划种类

旅客运输计划根据执行期的不同，可以分为以下三种。

（1）长远计划。长远计划一般为五年、十年或更长时期的规划，是铁路旅客运输的发展计划，通常根据国民经济计划的期间进行编制。

（2）年度计划。年度计划是旅客运输的任务计划，根据长远计划结合年度具体情况编制，是确定旅客列车行车量及客运运营支出计划的依据。

（3）日常计划。日常计划是日常旅客运输的工作计划，根据年度计划任务，结合日常和节假日客流波动而编制，是实现年度计划的保证计划。

旅客运输计划主要依据客流调查资料和旅客运输统计资料而编制，其主要组成部分是客流计划。根据客流计划，可确定旅客列车的开行区段和对数；同时，参照过去客流规律，对每次列车的票额进行分配，从而使得运输能力得到充分利用，保证旅客均衡运输。由于影响客流变化的因素很多，每日的情况也不可能一样，客流往往会有波动，因此还须编制日常计划来进行调整，通过日常客运工作来完成旅客运输计划。

2）旅客运输计划特点

旅客运输计划具有以下特点。

（1）计划期内人们提出的旅行需要，运输部门不能拒绝，不能延期或提前，必须及时满足。

（2）旅客要求的乘车径路和到达地，不能像货流那样可以在全国范围内根据产销合理联系的原则进行调整。

（3）铁路输送旅客的能力及客运机车车辆的工作量决定于旅客运输计划的时间并不一致，从而增加了综合平衡的复杂性。

（4）作为铁路运输主要产品之一的旅客运输，对质量的要求比货物运输更高、更严。

4. 旅客运送条件

1）铁路旅客运输合同及凭证

（1）含义。铁路旅客运输合同是明确承运人与旅客之间权利义务关系的协议。

（2）有效期限。铁路旅客运输合同从售出车票时起成立，至按票面规定运输结束旅客出站时止，为合同履行完毕。旅客运输的运送期间自检票进站起至到站出站时止计算。

（3）基本凭证。铁路旅客运输合同的基本凭证是车票。根据铁路旅客运输工作的实际情况，铁路旅客运输合同的凭证除车票外，还包括铁路乘车证和特种乘车证。

2）车票作用及分类

（1）作用。车票是铁路旅客运输合同的基本凭证，是旅客乘车的凭证，是旅客报销凭证。

（2）分类。车票是旅客乘车票据的总称，车票分为客票和附加票两部分。客票分为软座客票、硬座客票；附加票分为加快票、卧铺票、空调票。

目前，铁路部门发售有电子客票和纸质车票。

（1）电子客票：铁路电子客票是以电子数据形式体现的铁路旅客运输合同的凭证。旅客可通过 12306.cn 网站（含铁路 12306 手机 App）、实施铁路电子客票车站的售票窗口、自动售票机和铁路客票销售代理点（以下简称铁路代售点）购买铁路指定范围内的铁路电子客票。旅客应当妥善保管铁路电子客票信息及购票时所使用的有效身份证件，须持购票时所使用的有效身份证件进出站、乘车。

（2）纸质车票：主要包括红色底纹的计算机软纸车票；浅蓝色底纹的计算机磁介质车票；列车移动补票机出具的车补票；代用票、区段票、客运运价杂费收据等。

3）旅客乘车条件

（1）车票有效期。车票是铁路旅客运输合同，任何一种合同都有一定的时效。作为铁路旅客运输合同的车票也不例外，直达票当日当次有效，通票的有效期按乘车里程计算：1 000 km 为 2 日；超过 1 000 km 的，每增加 1 000 km 增加 1 日；不足 1 000 km 的，尾数按 1 日计算；自指定乘车日起至有效期最后一日的 24 h 止。

（2）旅客须按票面载明的日期、车次、席别乘车，并在票面规定有效期内到达到站。

（3）持通票的旅客中转换乘时，应当办理中转签证手续。

（4）对乘坐卧铺的旅客，列车可以收取车票并集中保管。收取车票时，应当换发卧铺证；旅客下车前，凭卧铺证换回车票。

9.1.2 旅客运输生产过程

铁路旅客运输主要经过的几个过程，如图 9－1－1 所示。

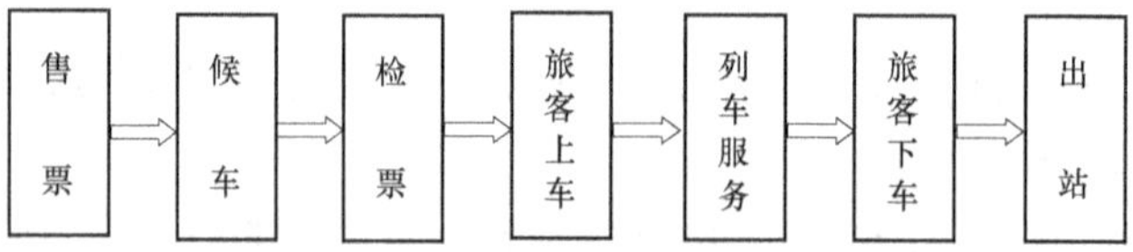

图 9－1－1　旅客运输生产过程图

1. 售票

售票工作是客运站工作的重要组成部分，它的具体任务是正确和迅速地将车票发售给旅客。客运站通过售票把广大旅客按方向、车次有条不紊地组织起来纳入运送计划。

旅客使用自助售票机和网络在线购票方式，大大提高了购票便利性。此外，为了方便旅客购票，减少旅客排队和拥挤情况，车站应合理地设置售票处。

2. 候车

候车室是旅客休息和等候乘车的场所，一般实行凭票候车。每一位成人旅客只可免费携带物品 20 kg，儿童（包括免费儿童）10 kg，外交人员（持外交护照者）35 kg；旅客携带品的外部尺寸，每件长、宽、高之和不得超过 160 cm；对杆状物品不得超过 200 cm，重量不超过 20 kg。残疾人旅行时代步的折叠式轮椅可免费携带，不计入上述范围。

3. 检票

为维护站车秩序，保证旅客安全，防止旅客乘错车，车站对进站的旅客和人员持有的车票、站台票在检票口进行检票，并及时提醒乘客注意到站时间。车站应当在开车前提前停止检票。检票时应遵循“先重点（老、弱、病、残、孕等旅客），后团体，再一般”的原则。

4. 旅客上、下车

客运人员应有秩序地组织旅客上、下车，做好进出站引导工作，派人坚守检票口、天桥口、地道口及进站或出站通路交叉地点，严禁旅客钻车和横跨股道。对老、弱、病、残、孕等行动不便的旅客应提供帮助，督促购物旅客及时上车，保证旅客安全。

5. 列车服务

列车服务工作由列车乘务组担当。列车乘务组包括客运人员（列车长、列车员、广播员、行李员、餐车服务员等）、公安乘警（乘警长、乘警等）和车辆乘务员（检车长、检车员等）三部分人员。列车乘务组在列车长的统一领导下做好列车服务工作。

6. 出站

列车抵达目的地后，旅客按照指示下车，出站时，旅客凭车票或有效身份证件原件通过检票闸机或人工通道完成实名制验证，核实无误后方可出站。

9.1.3 行李、包裹运输

1. 行李包裹运输合同

1）行李、包裹运输合同的定义

行李、包裹运输合同是指承运人与托运人、收货人之间明确行李、包裹运输权利义务关系的协议。

2）行李、包裹运输合同的凭证

行李、包裹运输合同的基本凭证是行李票（图 9－1－2）、小件货物快运运单。

3）行李、包裹运输合同的有效期

行李、包裹运输合同自承运人接受行李、包裹并填发行李票、包裹票时起成立，到行李、包裹运至到站交付给收货人止，履行完毕。

2. 行李包裹范围

1）行李范围

行李是指旅客旅行过程中的生活必需品，凭客票可以办理托运。每件行李的最大重量为 50 kg，体积以适于装入行李车为限，但最小不得小于 0.01 m^3。

（1）旅客自用被褥、衣服、个人阅读的书籍。

（2）残疾人用车（每张客票限 1 辆并不带汽油）。

（3）其他旅行必需品。

（4）凭地、市级以上文化行政部门证明和“营业演出许可证”办理托运的文艺团体演出器材。

2）包裹范围

包裹是指适合在旅客列车行李车内运输的小件货物。包裹分为四类。

北京铁路局　　　　乙

行 李 票　　　　（运输报单）

2017 年 3 月21日

A016528

到 广州 站　　　　经由＿＿＿＿＿ 站

旅客乘坐 3月22日 Z201 次车 客票号 W032496

旅客姓名	叶童				共 1 人		电话：×××××
住址	×××××						邮政编码：×××××
顺号	包装种类	件数	实际重量	声明价格	运价里程		2 013 千米
					运到期限		6日
2-1	皮箱	1	27	1 500	计重费量	规重	50 kg
2-2	纸箱	1	30	600		超重	7 kg
					运 费		111. 30 元
					保价费		10. 50 元
					杂项计		9. 00 元
					合 计		130. 80 元
					月 日		次列车到达
合计		2	57	2 100	月 日		交 付
记事	叶童身份证××××××，客票到站武昌站，武昌以远1 069千米按三类包裹计费。杂项计：货签使用服务费1.00元，装车费4.00元，卸车费4.00元，皮箱少轮。石家庄 站行李员 印 （印）						

X0302101016528　　　　行李票号码：A016528

图 9－1－2　行李票

（1）一类包裹：自发刊日起 5 日以内的报纸；中央、省级政府宣传用非卖品；新闻图片和中、小学生课本。

（2）二类包裹：抢险救灾物资，书刊，鲜或冻鱼类、肉、蛋、奶类、果蔬类。

（3）三类包裹：不属于一、二、四类包裹的物品。

（4）四类包裹：一级运输包装的放射性同位素、油样箱、摩托车；泡沫塑料及其制品；国务院铁路主管部门制定的其他需要特殊运输条件的物品。

另外，为保证安全，有些物品是不能按包裹运输的，如危险品。包裹每件的体积、重量的规定与行李相同。

3. 行李包裹运送

1）行包托运

旅客或托运人向车站要求运输行李或包裹称为行包托运。旅客托运行李时，必须提出有效的客票和托运单。旅客凭客票在乘车区段内，可从任何营业站托运至另一营业站，但每张客票仅限托运一次（残疾人用车除外）。

2）行包承运

车站行李员应对要求托运的行李、包裹进行必要的检查。当检查完后，符合运输条件即可办理承运手续。填制行李或包裹票（行李、包裹票一式 5 页，其中丙页为领货凭证），收运杂费。

3）运送

运送行李、包裹时，应先行李、后包裹，做到行李随人走、人到行李到。所以，行李应随旅客所乘列车装运或提前装运，包裹应按其类别的顺序及性质统筹安排运输，保证行李、包裹在一定期限（即行李、包裹运到期限）内运至到站。

行李、包裹运到期限以运价里程计算，从承运日起，行李 600 km 以内为 3 d；超过 600 km，每增加 600 km 增加 1 d，不足 600 km 也按 1 d 计算。包裹 400 km 以内为 3 d；超过 400 km，每增加 400 km 增加 1 d，不足 400 km 也按 1 d 计算。

4）到达、保管、交付

行李随旅客所乘坐的列车运至到站，旅客即可领取。包裹由托运人在发站办理托运手续后，告知收货人按时领取，同时承运人在包裹到达后也应及时通知收货人领取，铁路对到达的行李、包裹免费保管 3 d（行李从运到日起，包裹从发出通知日起）；逾期到达的行李、包裹免费保管 10 d。超过免费保管期限时，按超过日数核收保管费。

9.1.4　旅客运输安全

1. 旅客安全运输意义

旅客运输安全是关系到人民生命财产以及国家和铁路企业声誉的大事。因此，保证旅客安全运输是我国铁路运输组织的基本原则之一，是衡量旅客运输工作质量好坏的重要标志，是客运职工的首要职责。客运职工要树立“安全生产人人有责”的思想，贯彻安全生产的方针，确保旅客运输安全。

2. 铁路客运事故

铁路客运事故分为旅客人身伤害事故和行李、包裹运输事故。

1）旅客人身伤害事故

凡持有效车票的旅客，经检票口进站开始，至到达终点站出站时止（中转和中途下车的旅客自出站至再次进站期间除外），在旅行途中遭到外来、剧烈及明显的意外伤害（包括战争所致者在内），致使旅客人身受到伤害以至死亡、残废或丧失身体机能者，均属于旅客人身伤害事故。

旅客人身伤害事故分为特别重大伤亡事故、特大伤亡事故、重大伤亡事故、一般伤亡事故、重伤事故和轻伤事故六类。

2）行李、包裹运输事故

行李、包裹在运输过程中（自承运时起至交付完毕时止）发生灭失、短少、变质、污染、损坏以及严重的办理差错，均属于行李、包裹运输事故。

行李、包裹运输事故种类分为以下几种。

（1）火灾。

（2）被盗（有被盗痕迹）。

（3）丢失（全批未到或部分短少，没有被盗痕迹的）。

（4）损坏（破损、湿损、变形等）。

（5）误交付。

（6）票货分离、票货不符、误装卸或顶件运输。

（7）其他（污染、腐坏等）。

行李、包裹运输事故同样分为重大事故、大事故和一般事故三个等级。

发生行李、包裹运输事故时，应认真分析调查，及时正确处理，明确责任，制定改进措施，并根据《行李包裹事故处理规则》的有关规定进行处理。

任务 9.2　认识铁路货物运输组织

任务描述

本任务主要学习铁路货物运输概述、货物运输生产过程、特殊条件货物运输以及铁路货物损失处理四部分内容。

相关知识

铁路货运组织工作是铁路运输组织工作的一个重要组成部分。货运工作涉及面广、政策性强、有严格的办理程序，做好铁路货物运输组织工作，对于国家经济建设、国防建设和人民生活都具有重要的意义。随着经济结构的调整，人民生活水平的提高，运输市场的需求发生了很大变化，快捷化、集装化、重载运输将是货物运输的发展方向。

9.2.1　铁路货物运输概述

1. 铁路货物运输合同

1）铁路运输合同概述

铁路货物运输是利用铁路运输工具将货物从发站运往到站的运输生产过程，在法律上体现为铁路运输合同关系。根据《中华人民共和国铁路法》《中华人民共和国民法典》《铁路货物运输规程》等法律法规，承运人和托运人（代表收货人）就铁路货物运输须签订铁路货物运输合同。

铁路货物运输合同的特点如下。

（1）铁路货物运输合同具有标准合同的性质。货物运输合同的基本条款和主要内容是依据铁路法规、规章确定的，承托双方不能协商或商定。

（2）铁路货物运输合同的履行具有整体性。一批货物的运输过程，通常不是由一个承运人完成，而是由多个承运人共同完成的。多个承运人的行为构成了一个完整的运输行为。

（3）铁路货物运输合同的履行具有阶段性。货物运输合同的履行都要经历承运、运送和交付三个阶段。承运阶段，托运人向承运人交运货物，双方就铁路货物运输而签订铁路货物运输合同；运送阶段，承运人运送货物，将货物运至到站；交付阶段，承运人将货物交付给合同规定的收货人，双方完成运输合同。

2）铁路货物运输合同的签订与履行

托运人利用铁路运输货物，应与承运人签订货物运输合同。整车大宗货物可按季度、半年、年度或更长期限签订运输合同并提出月度要车计划表，其他整车货物应提出月度要车计划表。整车货物交运时还需向承运人递交货物运单，作为铁路货物运输合同的组成部分；零担货物和集装箱货物运输使用货物运单作为运输合同。

货物运单（图9－2－1）是承运人与托运人之间，为运输货物而签订的一种货物运输合同或合同的组成。履行铁路货物运输合同要遵循“实际履行、全面履行、诚实信用”的原则，双方当事人要按照合同的约定或者法律、法规的规定，认真履行各自的义务。

货物指定于　　月　　日　　　　搬入
货位　　　　　　　　　　　　　××铁路局
计划号码或运输号码：　　　　　货物运单
运到期限　　日　　　　　　　　托运人→发站→到站→收货人

托运人填写					承运人填写				
发站		到站（局）			车种车号		货车标重		
到站所属省（市）自治区					施封号码				
托运人	名称				经由	铁路篷布号码			
	住址		电话			集装箱号码			
收货人	名称				运输里程				
	住址		电话						
货物名称	件数	包装	货物价格	托运人确定重量	承运人确定重量/kg	计费重量	运价号	运价率	运费
托运人记载事项					承运人记载事项				

注：本单不作为收款凭证；托运人签约须知见背面	托运人盖章或签字 年　月　日	到站交付 日期戳	发站承运 日期戳

领货凭证
车种及车号：
货票第　　号
运到期限　　日

发站		
到站		
托运人		
收货人		
货物名称	件数	重量
托运人盖章或签章		
发站承运日期戳		

注：收款人领货须知见背面

图9－2－1　货物运单

2. 货物运输种类

根据托运人托运货物的数量、性质、形状和运输条件等，结合我国铁路技术设备条件，铁路货物运输分为整车货物运输、零担货物运输和集装箱运输三类。

1）整车货物运输

一批货物的重量、体积或形状需要以一辆及以上货车运输的，应按整车托运。整车货物运输运输费用较低，运送速度较快，安全性能好，承担的运量也较大，是铁路的主要运输方式。

2）零担货物运输

凡不够整车运输条件的，即一批货物的重量、体积或形状都不需要单独使用一辆货车来运输的，应按零担货物托运。按零担托运的货物，一件货物体积最小不得小于 0.02 m^3（一件重量在 10 kg 以上的除外），每批不得超过 300 件。

零担货物运输具有运量零星、批数较多、到站分散、品种繁多、性质复杂、包装条件不一、作业复杂等特点。零担运输在铁路总运量中所占的比重虽不大，但占据了铁路货物运输的大部分工作。

3）集装箱运输

托运人托运的货物符合集装箱运输条件的，使用铁路集装箱或自备集装箱装运，可按集装箱托运。集装箱运输只能在铁路开办集装箱业务的车站间办理。

集装箱运输具有保证货运安全、简化货物包装、提高装卸效率、加速车辆周转、便于组织“门到门”运输等优点，是一种现代化的运输方式，是铁路运输的发展方向。

3. 铁路货运设备

1）货运站

货运站按办理作业的种类分为综合性货运站和专业性货运站。凡办理多种不同货物作业的车站称为综合性货运站；凡办理单一品类（如粮食、木材、煤、矿建材料、石油以及制品等）大宗货物以及危险货物作业的车站称为专业性货运站。

货运站根据货场和车场的相互布置分为横列式与纵列式两种。横列式货运站的优点是设备集中，管理方便，但调车作业不利；纵列式货运站则反之。

2）货场分类

货场是指铁路车站办理货物承运、保管、装卸和交付等作业并与其他运输方式相衔接的场所。根据年办理货运量分为大、中、小型货场。大型货场年货运量在 100 万 t 以上；中型货场年货运量 30 万 t 以上不满 100 万 t；小型货场年货运量不满 30 万 t。货运量大、发到品类多的车站，为避免作业过于集中和便于管理，可分设几个货场，各货场间可按运输种类或办理货物的品类、方向进行合理分工。

3）货场设备

货场设备包括仓库、货棚、站台、货物线、堆货场及通道、房屋、装卸机具、衡器、军用加固材料、防湿篷布，上水、加冰、洗刷除污以及用于货运业务的电子计算机等各项设施。

（1）仓库、雨棚、雨搭等场库设备。仓库是为存放怕受自然条件影响的货物、危险货物和贵重货物而修建在普通站台的封闭式建筑物；雨棚是为避免货物受自然条件影响而修建在普通站台上带有顶棚的建筑物，主要用于存放怕湿、怕晒货物；雨搭是仓库、雨棚的辅助防雨设备，为避免货物在装卸与搬运作业时遭受湿损，雨搭一般伸至站台边缘。

（2）货物站台。货物站台是为了便于装卸车作业，主要用以存放不受自然条件影响的货物而修建的建筑物。货物站台按其结构及高度可以分为普通站台、尽端式站台和高站台。

（3）堆货场。堆货场主要用来装卸并短期存放煤炭、砂石、木材等散堆装货物、长大笨重货物、集装箱的场所。按其与装卸线的水平位置分为平货位和低货位的两种。平货位堆货场一般与路基平面相同。低货位堆货场低于地面 1.5 m 以上。

（4）货场配线。货场配线包括货物装卸线、调车线、牵出线、存车线、轨道衡线、换装线等。

4. 一批托运条件

1）一批的概念

一批是铁路承运货物和计算运输费用的一个单位，是指使用一张货物运单和一份货票，按照同一运输条件运送的货物。

2）按一批办理的条件

按一批托运的货物，必须托运人、收货人、发站、到站和装卸地点相同（整车分卸货物除外）。按运输种类的不同，一批的具体规定如下。

（1）整车货物以每车为一批，跨装、爬装及使用游车的货物，每一车组为一批。

（2）零担货物或使用集装箱运输的货物，以每张货物运单为一批。

3）按一批办理的限制

由于货物性质各不相同，其运输条件也不一样。为保证货物安全运输，规定下列货物不得按一批托运。

（1）易腐货物与非易腐货物。

（2）危险货物与非危险货物（另有规定者除外）。

（3）根据货物的性质不能混装运输的货物。

（4）按保价运输的货物与不按保价运输的货物。

（5）投保货物运输险的货物与未投保货物运输险的货物。

（6）运输条件不同的货物。

上述不能按一批托运的货物，在特殊情况下，经铁路局集团公司承认也可按一批托运。

5. 货物运到期限

货物运到期限从承运人承运货物的次日起算，由货物的发送期间、运输期间和特殊作业时间三部分组成。其中发送期间为 1 d，运送期间为每 250 km 运价里程或未满为 1 d，特殊作业时间按相关规定（如需要中途加冰货物，每加冰一次，另加一日）确定。

承运人应在规定的运到期限内将货物运至到站交付给收货人，逾期到达就要承担违约责任，支付违约金。

9.2.2　货物运输生产过程

1. 发送作业

货物发送作业一般包括货物的托运、受理、进货与验货、装车作业、制票和承运等。

1）托运

托运人向车站按批提出货物运单和运输要求，称为货物的托运。托运人托运的货物，分为保价运输与不保价运输两种，按哪种方式运输，由托运人确定，并在货物运单托运人记载事项栏内注明。

保价运输是铁路对事故货物实行限额赔偿后，为保证承运人、托运人权益对等而采取的一种措施。该措施对加强内部管理、保障货物运输安全、提高运输质量也具有重要意义。

2）受理

受理是指托运人提出运输需求，经承运人在相应信息系统中审核符合运输条件后，添加货物运输标准记事和相应戳记并确认通过的作业。

3）进货与验货

托运人凭车站签证后的货物运单，按运单上指定的日期将货物搬入货场指定的货位，即为进货。

对搬入货场的货物，为了保证货物运输安全、完整，划清承运人与托运人之间的责任，货运员应按照货物运单记载认真检查现货。货物验收完毕后，货运员应在货物运单上签证，注明货物堆放货位和验收完毕日期。

4）装车作业

货物的装车作业，应在保证货物安全的条件下，积极组织快装、快卸，昼夜不间断地作业，以缩短货车停留时间，加速货物运输。装车有以下要求。

（1）装车前，必须对货车进行技术检查和货运检查，确保行车安全和货物运输安全。

（2）装车时，必须核对运单、货票、实际货物，保证运单、货票、货物“三统一”，努力提高装车质量，巧装满载，充分利用车辆的载重量和有效容积。

（3）装车后，要认真检查重车、运单、货位，保证装车质量。

5）制票

制票作业就是根据货物运单填制货票。货票是铁路运输货物的凭证，也是一种财务性质的货运票据，也是铁路清算运输费用、确定货物运到期限、统计铁路所完成工作量和运输进款，以及计算有关货运工作指标的依据。

货票一式四联，各联用途是：甲联为发站存查联；乙联为报告联，由发站送交发局，是各项统计工作的依据；丙联为承运证明，交托运人凭此进行财务报销；丁联为运输凭证，随同运单和货物递交到站，由到站存查。货票是有价证券并带有号码，必须妥善保管。货票的金额不准涂改，其他事项如有更改，必须盖章证明。

6）承运

填制货票，核收运杂费后，发站在货物运单和货票上加盖车站日期戳（另须在领货凭证及货物运单与领货凭证接缝处加盖车站日期戳）时起，即为承运。承运后，托运人应及时将领货凭证寄交收货人，便于收货人及时领取货物。自承运时起，货物运输合同成立，承、托双方就要分别履行运输合同的权利、义务和责任。

2. 途中作业

货物途中作业主要包括货物的交接检查、货物的换装整理、货物运输合同的变更和解除，以及运输阻碍的处理等。

1）货物的交接检查

为了保证行车安全和货物的安全、完整，明确各自的责任，列车和车站（车务段）各工种之间对运输中的货物（车）和运输票据，应进行交接检查，并按规定处理。

2）货物的换装整理

货物的换装整理是指装载货物的车辆在运送过程中，发生可能危及行车安全和货物完整时，所进行的更换货车或货物的整理作业。

在运输途中发现货车偏载、超载、货物撒漏以及因车辆技术状态不良，经车辆部门扣留，不能继续运行，或根据交接货物（车）时交接检查处理事项中规定需换装整理的货物，由发现站（或分局指定站）及时换装整理，确保行车安全和货物完整。

3）货物运输合同的变更和合同解除

托运人或收货人由于特殊原因，对已经装车挂运的货物，可按批向货物所在的中途站或到站提出变更到站、变更收货人，即为货物运输合同的变更。

托运人对承运后装车前（整车货物和大型集装箱在承运后挂运前）的货物可向发站提出取消托运，经承运人同意，货物运输合同即告解除。

4）运输阻碍的处理

因不可抗力的原因致使行车中断、货物运输发生阻碍时，铁路局集团公司对已承运的货物，可指示绕路运输；或者在必要时先将货物卸下，妥善保管，待恢复运输时再行装车继续运输。因货物性质特殊，绕路运输或卸下再装可能造成货物损失时，车站应联系托运人或收货人提出处理办法。

3. 到达作业

1）重车和票据的接受

重车到达到站后，车站应按规定接收重车及票据。车站有关人员检查核对无误后，将到达票据送交货运室。

2）卸车作业

卸车作业是铁路运输的又一个重要环节，其工作质量直接影响装车质量、车辆的周转速度及排空任务的完成。因此，卸车作业各环节都应及时、认真完成。做好卸车工作有以下要求。

（1）卸车前，要认真检查货位、运输票据和现车，做好卸车的准备工作。

（2）卸车时，必须核对运单、货票、实际货物，保证运单、货票、货物“三统一”，认真进行监卸工作。

（3）卸车后，进行车辆、线路的清扫，卸后货物的登记，货物安全距离检查等工作。

并将卸完时间通知货运室，并报告货调，以便取车。

3）货物的催领和保管

承运人组织卸车的货物，到站应在不迟于卸车完了的次日内，用电话、电报、登广告或书信等通知方式，向收货人发出催领通知。当然，收货人也可与到站商定其他通知方式。

货物运至到站，收货人应及时领取，及时领取货物是收货人应尽的义务。承运人组织卸车的货物，收货人应于承运人发出催领通知的次日（不能实现催领通知或会同收货人卸车的货物从卸车的次日）起 2 d 内将货物搬出货场，否则要核收保管费。

4）交付

收货人在到站领取货物时，须提交领货凭证；如领货凭证未到或丢失，须提出相关证明。承运人在收货人办完货物领取手续和支付完费用后，应将货物连同运单一并交给收货人。

承运人组织卸车的货物和发站由承运人组织装车、到站由收货人组织卸车的货物，在向收货人点付或办理交接手续后，即为交付完毕；发站由托运人组织装车，到站由收货人组织卸车的货物，在货车交接地点交接完毕，即为交付完毕。交付完毕，运输合同的权利义务终止。

9.2.3 特殊条件货物运输

1. 超限、超重货物运输

1）超限货物的定义及等级

货物装车后，货物的任何部位超出机车车辆限界基本轮廓者，或车辆行经半径为 300 m 的曲线时货物的外侧或者内侧仍然超出车辆限界基本轮廓者，均为超限货物。根据货物的超限程度，超限货物分为三个等级：一级超限、二级超限和超级超限。

2）超重货物的定义及等级

装车后，重车总重活载效应超过桥涵设计标准活载的货物，称为超重货物。根据货物的超重程度，超重货物分为三个等级：一级超重、二级超重和超级超重。

3）超限、超重货物运输的基本条件

车站办理超限、超重货物发送、到达，应具备下列基本条件。

（1）所在铁路线路已开办超限、超重货物运输。

（2）车站已开办货运业务。

（3）车站接发超限、超重列车固定线路和准许通行超限、超重车线路的实际建筑限界和桥涵承载能力满足超限、超重货物运输安全要求。

（4）有合格的超限超重货物运输专业技术人员。

（5）有健全的超限、超重货物运输安全管理制度。

在非货运营业站临时办理铁路工程建设所需的架桥机、铺轨机、桥梁等超限、超重货物到达、发送业务，由铁路局集团公司制定管理办法。

2. 超长货物

一车负重，突出车端、需要使用游车或跨装运输的货物，称为超长货物。

超长货物装载方法有两种。一种是一车负重，在负重车的一端或两端使用游车；另一种是两车负重跨装运送，可在两负重车中间加挂游车或在负重车的一端、两端加挂游车。超长货物装载形式如图9-2-2所示。

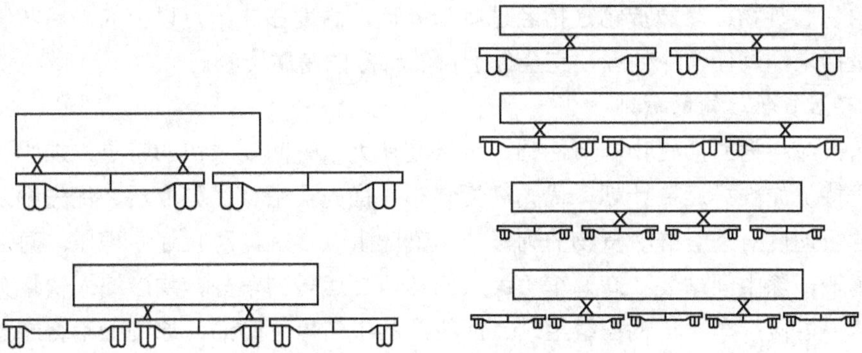

图9-2-2　超长货物装载形式

3. 集重装载

1）集重装载的含义

一件货物的重量大于所装车辆负重面长度的最大容许载重量的货物称为集重装载货物。“负重面长度”是指货车地板承担货物重量的长度。

2）避免集重装载的方法

对于给定的货物，其重量和支重面长度是不变的（“支重面长度”是指支撑货物重量的货物底面积的长度）。若货物重量小于所装车辆负重面长度的最大容许载重量时，可直接装载；否则应采用以下方法避免集重装载。

（1）当货物支重面长度小于所装车辆负重面长度，而大于两横垫木之间的最小距离时，可在货物底部多铺设两根横垫木。

（2）当货物支重面长度小于所需两横垫木之间的最小距离时，可按需要先铺设两根横垫木，然后在横垫木上加纵垫木，将货物均衡地装在纵垫木上。使用纵横垫木避免集重装载如图9-2-3所示。

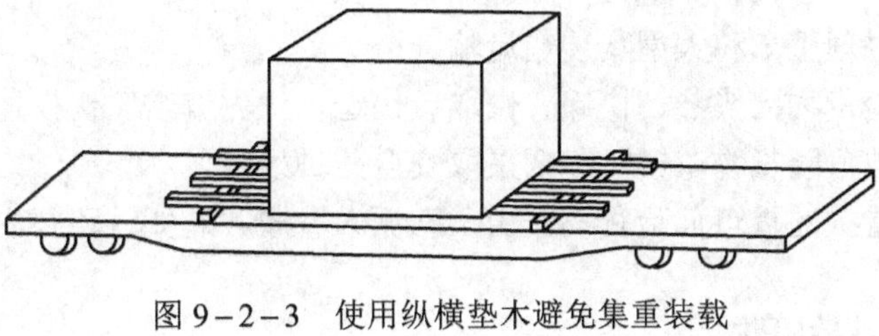

图9-2-3　使用纵横垫木避免集重装载

4. 鲜活货物运输

1）鲜活货物的定义

鲜活货物是指在铁路运输过程中需要采取制冷、加温、保温、通风、上水、加冰等特殊措施，以防止出现腐烂、变质、冻损、生理病害、病残死亡等问题的货物。

2）鲜活货物的分类

鲜活货物分为易腐货物和活动物两大类，其中：易腐货物包括肉、蛋、乳制品、速冻食品、冻水产品、鲜蔬菜、鲜水果等，活动物包括禽、畜、兽、蜜蜂、活水产品等。按其热状态分为冻结货物、冷却货物和未冷却货物。冻结货物是指经过冷冻加工成为冻结状态的易腐货物；冷却货物是指经过冷却处理，温度在冻结点以上的易腐货物；未冷却货物是指未经过任何冷处理，完全处于自然状态的易腐货物。

3）鲜活货物运输的原则

承运人应根据鲜活货物季节性强、运量波动大、时间要求快的特点，加强运输组织工作，坚持优先安排运输计划、优先进货装车、优先配空、优先取送、优先编组、优先挂运。各级调度对装有鲜活货物的列车、车辆应重点掌握，防止途中积压。对装有鲜活货物的车辆，除中间站装（卸）车可编入摘挂、小运转列车外，均应编入快运列车或直通、直达、区段列车。车辆在编组站、区段站的中转停留时间，原则上不得超过车站有关去向的货车中转停留时间。

承运人应调配技术状态良好、干净清洁的车辆装运鲜活货物，装车单位应在装车前认真检查。对状态不良不能保证货物安全和运输质量的车辆，承运人应予调换。对不清洁的车辆，车站要组织清扫、洗刷。按规定需要消毒的，由托运人委托有资质的单位对车辆和货位进行消毒。

5. 危险货物运输

1）危险货物的定义

在铁路运输中，凡具有爆炸、易燃、毒害、感染、腐蚀、放射性等特性，在运输、装卸和储存保管过程中，容易造成人身伤亡和财产毁损而需要特别防护的货物，均属危险货物。

2）危险货物的分类

铁路运输危险货物可分为九类。① 爆炸品；② 气体；③ 易燃液体；④ 易燃固体、易于自燃的物质、遇水放出易燃气体的物质；⑤ 氧化性物质和有机过氧化物；⑥ 毒性物质和感染性物质；⑦ 放射性物质；⑧ 腐蚀性物质；⑨ 杂类危险货物和物品。

3）危险货物运输的基本条件

危险货物仅办理整车和大型集装箱运输。

（1）装运危险货物应快装、快卸、快取、快送、优先编组、优先挂运。

（2）站内停放危险货物车辆时，要采取安全防护措施。

（3）对需要看护的重点危险货物，由车站派人看守并通知铁路公安部门。

9.2.4 货物损失处理

1. 货物损失定义

货物在铁路运输过程中（自铁路运输企业接收货物时起，至将货物交付收货人时止）

发生灭失、短少或者损坏属于货物损失。

2. 货物损失的种类、等级

1）货物损失的种类

（1）火灾。

（2）被盗（有被盗痕迹）。

（3）丢失（全批未到或部分短少、漏失，没有被盗痕迹）。

（4）损坏（破裂、变形、磨伤、摔损、部件破损、湿损、冻损、腐烂、植物枯死、活动物死亡、变质、污染、染毒等）。

（5）其他（因办理差错及其他原因造成的货物损失）。

2）货物损失的等级

（1）一级损失：货物损失款额 10 万元以上的。

（2）二级损失：货物损失款额 1 万元以上未满 10 万元的。

（3）三级损失：货物损失款额 1 000 元以上未满 1 万元的。

（4）轻微损失：货物损失款额未满 1 000 元的。

货物损失等级的划分是以货物损失款额来确定的，“货物损失款额”是指货物的直接损失款额，包括税款、包装费用和已发生的运输费用等。

3. 铁路货物损失调查

1）记录编制

为了正确、及时地处理货物损失，分析原因，判定责任，总结吸取事故教训，必须根据不同的情况，分别编制必要的记录。

记录分为货运记录和普通记录两种。货运记录和普通记录均分为带号码和不带号码两种。货运记录和普通记录的号码，均由铁路局集团公司编印掌握；不带号码的货运记录和普通记录只限作抄件或货运员发现事故时报告用。

2）货物损失调查

车站发现货物损失，除编制记录外，应对现场进行检查，找出原因，避免扩大损失。发生火灾、被盗须及时向铁路公安部门报案并会同处理。涉及车辆技术状态的事故，应会同车辆段检查并作检查记录。

任务 9.3　认识铁路行车组织

任务描述

本任务主要学习列车、列车编组、列车运行图、车站行车组织及铁路运输调度等相关知识。

相关知识

9.3.1 列车及列车编组

1. 列车的定义

列车是指编成的车列并挂有机车及规定的列车标志。列车必须具备以下三个条件。

① 按有关规定编成的车列。

② 挂有牵引本次列车的机车。

③ 有规定的列车标志。

单机（包括单机挂车）、大型养路机械及重型轨道车虽未完全具备列车条件，当指定有列车车次时，也按列车办理。动车组列车为自走行固定编组列车。

2. 列车的分类

随着铁路运输事业的发展，为满足旅客和货物运输的不同需要，列车按运输性质主要分为以下五种。

（1）旅客列车：为运送旅客开行的列车。根据旅客列车的车底及运行速度或旅行速度等，可分为动车组、特快、快速、普通旅客列车。

（2）特快货物班列：是指使用行李车或邮政车等客车车辆，根据需要编组，整列装载行李、包裹和邮件等的列车。

（3）军用列车：为运送军队和军用物资并冠以军用列车车次的列车。

（4）货物列车：为运送货物和排送空货车开行的列车。它分为快速货物班列、五定班列、快运、重载、直达、直通、冷藏、自备车、区段、摘挂、超限及小运转列车。

① 快速货物班列：使用专用货车运送行包等的列车。

② 五定班列，即定点、定线、定车次、定时、定价为特征的快运货物列车。

③ 快运货物列车：采用运行速度 120 km/h 的专用车辆，以高附加值货物为重要运输对象。

④ 直达货物列车：通过一个及其以上编组站不进行改编作业的列车。在装车站组成的，叫始发直达列车；在编组（区段）站组成的，叫技术直达列车。

⑤ 直通货物列车：在编组（区段）站组成，通过一个及以上区段站不进行改编作业的列车。

⑥ 冷藏货物列车：利用机械冷藏车专门运送鲜活、易腐等需要保持特定温度的货物的列车。

⑦ 自备车列车：全部用企业自备车编组而成的列车。

⑧ 区段货物列车：在编组（区段）站组成，运行一个区段，在本区段内不进行甩挂作业的列车。

⑨ 摘挂货物列车：在编组（区段）站组成，在区段内进行车辆甩挂或零担货物装卸的列车。

⑩ 超限货物列车：编挂有超限货物车辆的列车。

（5）路用列车：不以营业为目的，专为完成铁路本身任务而开行的列车。例如：试验列车，运送铁路器材、路料的列车，因施工、检修需要开行的轨道车、接触网作业车、大型养路机械车组等。

除上述五种列车以外，还有为执行任务而开行的特殊用途列车，如专运、救援列车等。

3. 列车运行等级顺序

为适应技术设备条件、满足客货服务水平，在编制列车运行图、制订日常列车运行计划及调度调整运行秩序时，列车等级顺序如下。

（1）动车组列车。

（2）特快旅客列车。

（3）特快货物班列。

（4）快速旅客列车。

（5）普通旅客列车。

（6）军用列车。

（7）货物列车。

（8）路用列车。

由于自然灾害、设备故障或铁路交通事故等原因，须开往现场救援、抢修、抢救的列车，包括救援列车和除雪机等，应优先办理，不受列车等级的限制。

由于特殊目的开行的列车，如专列或其他列车等，因其性质及任务不同，缓急程度不同，应根据具体情况在指定开行时确定其等级。

4. 列车车次

为便于计划安排和具体掌握列车运行情况，各类列车均应有固定车次。这样，就可以从不同的车次辨别该次列车的种类、等级和运行方向。

列车运行，原则上以开往北京方向为上行，车次编为偶数；相反方向为下行，车次编为奇数。在铁路支线上，一般由连接干线的车站开往支线的方向为下行，相反方向为上行。在个别区间使用直通车次时，可与上述规定方向不符。

5. 列车编组

1）旅客列车编组

动车组以外的旅客列车按列车编组表编组，机车后第一位编挂一辆未搭乘旅客的车辆作为隔离车。行李车、邮政车、发电车等非乘坐旅客的车辆应分别挂于机车后第一位和列车尾部，起隔离作用；在装设集中联锁的区段，并设有列车运行监控装置时，旅客列车可不挂隔离车。如隔离车在途中发生故障摘下时，可无隔离车继续运行。铁路局集团公司管内旅客列车经铁路局集团公司主要领导批准，可不隔离。

2）货物列车编组计划

货物列车编组计划是全路的车流组织计划，统一安排全路的解编作业任务，具体规定全路车站编组各种货物列车的种类、到站及车组编挂办法。

铁路行车组织需要解决的重要问题就是正确地组织重空车流及合理地将规定车辆编入相应列车向目的地运送。车流组织是根据车流流向不同、流量大小、流程远近、设备条件不同、作业性质与能力的差异，将发、到站各不相同的重车流及不同车种的空车流合理地组织起来，在适当的地点编组成各种不同去向和种类的列车。铁路需要制定货物列车编组计划，使全路编组的列车互相配合、互相衔接，成为统一的整体，保证各站产生的车流都能迅速而经济地运送到目的地。

货物列车编组计划的主要任务如下。

（1）在装车站最大限度地组织直达列车和成组装车，以减少编组（区段）站的改编作业量。

（2）根据车流特点、设备条件和作业能力，正确规定装车站和编组（区段）站编组列车的办法，最大限度地减少车辆的改编作业次数，加速车辆周转。

（3）合理分配编组（区段）站的调车工作任务，尽量将调车作业集中到技术设备先进、解编能力大、作业效率高的路网性编组站上进行，以便充分发挥设备能力，减少人力消耗，降低运输成本。

（4）在具有平行进路的铁路方向上，按照运输里程及区段通过能力的使用情况，规定合理的车流径路，以平衡各铁路线路的任务，减轻主要铁路方向的负担。

（5）合理地组织铁路局集团公司管内零散车流，加速铁路局集团公司管内车流的输送。

表 9-3-1 所示为某铁路局集团公司某（甲）站货物列车编组计划。

表 9–3–1　某铁路局集团公司某（甲）站货物列车编组计划

发站	到站	编组内容	列车种类	定期车次	附注
甲	丁	丁及其以远	技术直达		
甲	丙	（1）丙及其以远（不包括丁及其以远） （2）空棚车	直通列车		按组顺编
甲	乙	乙及其以远（不包括丙及其以远）	区段列车		
甲	乙	（1）A～H 间按站顺 （2）乙及其以远	摘挂列车		按组顺编

货物列车应按照列车编组计划、列车运行图和《铁路技术管理规程》等有关规定进行编组。

（1）编入货物列车的车辆去向、车辆编挂方法等应符合列车编组计划的规定。

（2）货物列车的重量和计长应符合列车运行图的规定（摘挂列车除外）。未经有关部门批准，车站不准发出欠轴、超重和超长列车。

（3）编入货物列车中的车辆技术条件、装载危险货物车辆的隔离、关门车的编挂、机车编入列车的条件等，均应符合《铁路技术管理规程》的规定。

9.3.2 列车运行图及铁路区段通过能力

1. 列车运行图

1）列车运行图的概念和作用

列车运行图是运用坐标原理表示列车运行的图解，它规定各次列车占用区间的顺序，列车在区间的运行时分，列车在各个车站的到达、出发（通过）时刻，列车的会让、越行，列车的重量和长度标准、机车交路等，是全路组织列车运行的基础，所有与列车运行有关的铁路各部门，必须按列车运行图的要求，组织本部门的工作，以保证列车按列车运行图行车。

车站要根据列车运行图规定的列车到达和出发时刻，安排本站的行车工作、调车工作和全站的客货运输计划；机务部门应根据运行图的要求，确定每天需要派出的机车台数、派出的时刻，以及安排机车整备和乘务员作息计划；其他如工务、电务、供电等部门，也都应根据运行图的规定来安排施工计划和维修计划。通过列车运行图，把整个铁路网上各部门的工作联系成一个统一的整体，严格按照一定的程序有条不紊地进行工作，以保证列车按运行图运行。所以，列车运行图是铁路运输工作的一个综合性计划。

2）列车运行图的格式

列车运行图将横轴以垂直线等份表示时间，按每一等份表示的时间不同，运行图分为二分格运行图、十分格运行图和小时格运行图；将纵轴按一定比例用横线加以划分，每一横线表示一个车站的中心线；由于列车速度的不断变化，列车运行线本来是一条不规则的曲线，为简化起见而将其画为斜直线，其与车站中心线的交点就是该列车在区段内有关车站的到、发或通过时刻。这样分别代表车站、时间和列车运行的横、竖、斜三种线，就构成了列车运行图的基本框架。

三种格式列车运行图有其不同的用途。

（1）二分格运行图。主要在编制新运行图时做草图使用。在这种运行图上，小时格和十分格都用粗线表示，二分格用细线表示。其时分标记，不需填写时分数字，而是以规定的符号表示。二分格运行图如图9－3－1所示。

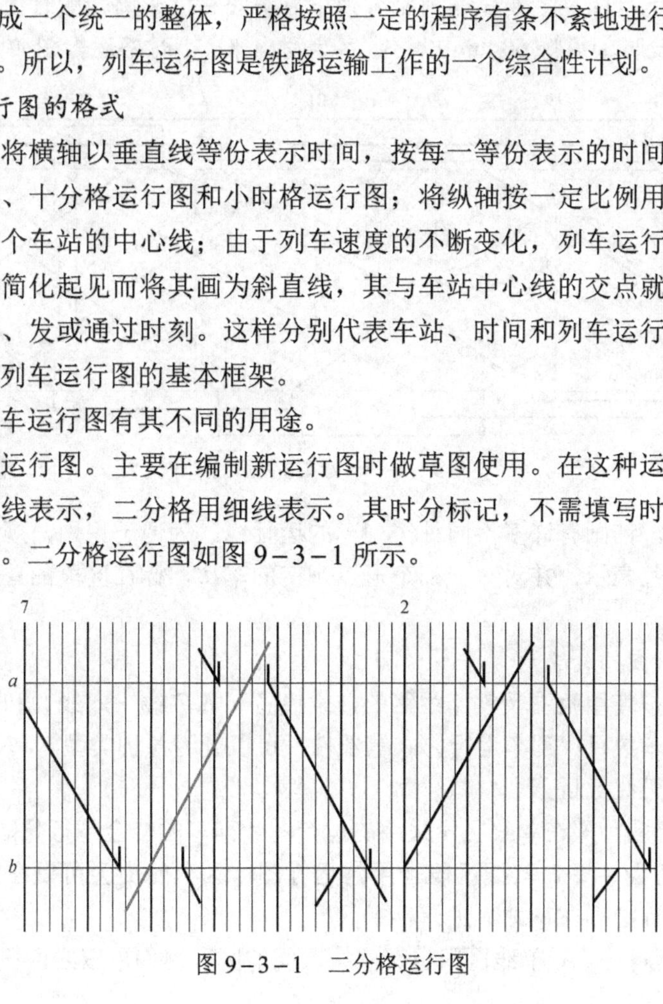

图9－3－1 二分格运行图

（2）十分格运行图。主要用于调度员绘制实际运行图。在这种运行图上，小时格用粗线表示，半小时格用点线表示，十分格用细线表示。列车到发时刻只填写十分钟以下的数字。十分格运行图如图 9－3－2 所示。

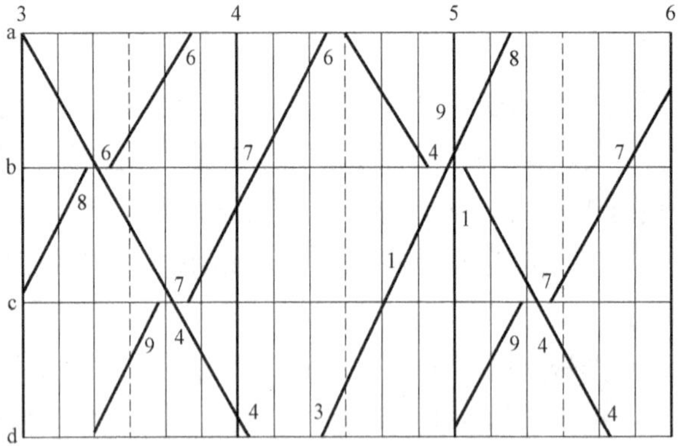

图 9－3－2　十分格运行图

（3）小时格运行图。主要在编制旅客列车方案图和机车周转图时使用。在小时格运行图上，列车到发时刻需将 60 min 以下数字全写出来。小时格运行图如图 9－3－3 所示。

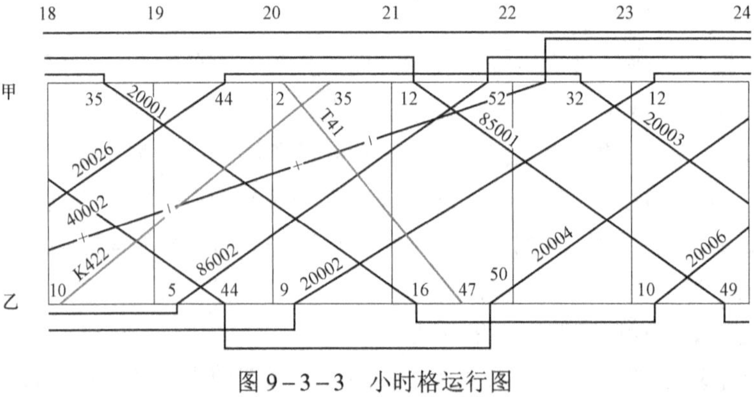

图 9－3－3　小时格运行图

在运行图上，铺画有许多不同种类列车的运行线。为便于识别，规定各种列车用不同符号和不同颜色表示，并对每一列车冠以规定的车次，标在区段的首末两端区间相应列车运行线的上方。

3）列车运行图的分类

列车运行图按使用范围及铁路线路的技术设备（如单线、双线）和列车运行速度、上下行方向的列车数目、列车运行方式等条件，可以分为各种类型。

（1）按区间正线数目分。

① 单线运行图，即在单线区段采用的运行图。列车的交会越行只能在车站进行。

② 双线运行图，即在双线区段采用的运行图。列车的交会可以在区间或车站上进行，但列车的越行必须在车站上进行。

③ 单双线运行图。有单线区间也有双线区间的区段称为单双线区段。为单双线区段

编制的运行图称为单双线运行图。它兼有单线运行图和双线运行图的特征。

（2）按列车运行速度分。

① 平行运行图。在运行图上同一区间内，同方向列车的运行速度相同，因而列车运行线相互平行，且区段内无列车越行。

② 非平行运行图。在运行图上铺有各种不同速度和不同种类的列车，因而部分列车运行线互不平行，在区段内可能产生列车越行，因为这是实际工作中主要采用的一种运行图，所以也叫普通运行图。

（3）按上、下行方向列车数目分。

① 成对运行图。同一区段内，上、下行方向列车数目是相等的。

② 不成对运行图。同一区段内，上、下行方向的列车数目是不相等的。

我国铁路大多数区段的上、下行列车数是相等的，一般多采用成对运行图。只有在上、下行方向运量不等的个别区段，行车量较大方向的能力不足时，才采用不成对运行图。

（4）按同方向列车运行方式分。

① 追踪运行图。在自动闭塞区段上，同方向的列车是以闭塞分区为间隔运行，在这种运行图上，一个站间区间内允许同时有几辆列车按追踪方式运行。

② 非追踪运行图。这种运行图的特点是同方向列车是以站间区间或所间区间为间隔，即在非自动闭塞区段采用的运行图。

以上列举的分类方法，都是根据运行图的某一特点加以区别的，而每一区段列车运行图都具有各方面的特点。它既可是单线的、成对的，又可是非平行和非追踪的运行图。

2. 铁路区段通过能力

通过能力是指在一定的机车车辆类型和一定的行车组织方法的条件下，铁路区段内的各种固定设备，在单位时间内（通常指一昼夜）所能通过或接发的最多列车对数或列车数、车辆数或吨数。

铁路区段通过能力是指铁路区段内各种固定设备，如区间、车站、机务段设备、给水设备、电气化铁路的供电设备，其中通过能力最薄弱的设备能力，也称为区段的最终通过能力。与铁路行车组织有关的是区间通过能力和车站通过能力。

（1）铁路区间通过能力。铁路区间通过能力主要取决于该区段的技术设备和所采用的行车组织方法，如区间正线数目、区间长度、线路纵断面、机车车辆类型及信号、联锁及闭塞方式及列车运行图的类型等。列车运行图类型对区间通过能力影响很大，在同样的技术设备条件下，采取不同的列车运行图类型，通过能力就有很大不同。

（2）铁路车站通过能力。铁路车站通过能力是指车站在现有设备条件下，采用合理的技术作业过程，于一昼夜内所能通过或接发的最多列车对数或列数。它包括咽喉通过能力和到发线通过能力两部分。车站通过能力最后是取咽喉通过能力和到发线通过能力中的最小值。

9.3.3　车站行车组织工作

车站是铁路运输的基层生产单位，是客货运输的起始、中转和终到的地点，铁路运输生产过程中的绝大部分作业环节都是在车站上进行的。

车站行车组织工作的主要内容包括接发列车工作、货物列车技术作业工作、货车在站技术作业过程、调车工作及车站作业计划等。

1. 接发列车工作

接发列车工作是车站（线路所）根据行车闭塞方式及技术设备条件，按照规定的程序，办理列车接、发、通过作业的整个过程。

1）接发列车工作的意义

接发列车工作是铁路运输生产活动的一项重要内容，是列车运行过程中不可缺少的重要环节，所有列车都需经过发车和接车作业方能进入区间运行或接入站内进行各项技术作业。因此，车站应不间断地接发列车，严格按列车运行图行车，是车站的基本任务之一，也是列车运行安全、正点的重要保证。

2）接发列车工作的主要内容及人员分工

（1）接发列车工作的主要内容有：办理闭塞、布置与准备进路、开闭信号、交接凭证、接送列车、发车、开通区间。车站参与接发列车工作的人员有车站值班员、助理值班员。车站值班员是接发列车工作的统一组织者和指挥者，接发列车有关人员必须服从车站值班员的统一指挥。

（2）车站应不间断地接发列车，严格按列车运行图行车。接发列车时，车站值班员应亲自办理闭塞、布置进路（包括听取进路准备妥当的报告）、开闭信号、交接凭证、接送列车、发车。由于设备或业务量关系，除布置进路（包括听取进路准备妥当的报告）外，其他各项工作可指派助理值班员办理。

车站值班员接到邻站列车预告后，按规定及时通知有关人员到岗接车，站内平过道应加强监护。

（3）车站值班员在办理闭塞时，应确认区间空闲。接车前，必须亲自或通过有关人员确认接车线路空闲、影响进路的调车作业已经停止后，方可准备进路、开放进站信号机，准备接车；发车前，必须亲自或通过有关人员确认影响进路的调车作业已经停止后，方可准备进路、开放出站信号机，交付行车凭证，在旅客上下、行包装卸和列检作业等完了后发车。

车站值班员下达准备接发车进路命令时，必须简明清楚，正确及时，讲清车次和占用线路（一端有两个及以上列车运行方向或双线反方向行车时，应讲清方向、线别），并要受令人复诵，核对无误。

接发列车时，按规定程序办理，并使用规定用语。

（4）当车站设有几个办理接发列车的车场时，各车场应分别设车站值班员，负责指挥本车场的接发列车工作。车场间接发列车进路互有关联时的行车工作，由指定的车站值班员统一指挥。

车场的管辖范围及车站值班员的职责，应纳入《车站行车工作细则》。

3）接发列车线路的使用

（1）接发列车应在正线或到发线上办理。为保证安全和正确地接发列车，便于进行列车技术作业，接发列车应在正线或到发线上进行。这是因为正线或到发线的道岔和线路质量好，信号、联锁设备完善，对列车安全地进出车站有保障。另外，编组站、区段站及作业量较大的中间站，在到发线设有列检作业的各种技术设备，便于进行列车技术作业。

① 旅客列车、挂有超限货物车辆的列车，应接入规定线路。

旅客列车在安全和速度方面要求较高。同时，为便于旅客乘降、行包装卸及客车上水等工作，旅客列车应接入靠近站台，设有平过道或天桥、地道等设备的线路。因此，必须固定旅客列车接车线。

超限货物的宽度或高度超出机车车辆限界，与邻近的设备、建筑物或邻线的机车车辆有刮撞的可能。因此，为保证列车安全运行和货物完整，不损坏设备和建筑物，规定必须将挂有超限货物车辆的列车接入符合《铁路技术管理规程》规定的固定线路。

② 动车组列车在车站办理客运业务时，须固定股道、固定站台、固定停车位置。

③ 动车组列车、特快旅客列车通过时应在正线办理，其他通过列车原则上应在正线办理。

因正线道岔一般处于直向位置，线路条件好，允许通过的速度较高，可以保证司机有良好的瞭望条件，直向通过道岔，能减少轮缘磨耗，保证列车的高速和安全。

④ 原规定为通过的旅客列车由正线变更为到发线接车及动车组列车、特快旅客列车遇特殊情况必须变更基本进路时，须经列车调度员准许，并预告司机；如来不及预告时，应使列车在站外停车后，再开放信号机，接入站内。动车组列车遇特殊情况需变更办理客运业务的固定股道时，须经调度所值班主任（值班副主任）准许。

（2）保证车站有空闲的接车线路。

① 车站值班员应保证有不间断接车的空闲线路。

正线上不应停留车辆（尽头式车站除外）。到发线上停留车辆时，须经车站值班员准许，在中间站并须取得列车调度员的准许方可占用，该线路的两端道岔应扳向不能进入的位置并加锁（装有轨道电路除外）。

正线是列车通过车站的主要经路，如不保持经常空闲，就不能有足够的把握保证不间断地接车。列车经到发线通过车站，除存在安全隐患外，还大大影响运输效率，因此，正线上禁止停留车辆。

未装轨道电路的中间站，到发线停留车辆时，应将两端道岔扳向不能进入该线的位置并加锁。这是因为未装设轨道电路的到发线，如果停有车辆，当道岔开通该线时，还能开放进站信号，可能造成列车或其他机车、车辆进入该线，发生列车冲突事故。

② 在站内无空闲线路的特殊情况下，只准许接入为排除故障、事故救援、疏解车辆等所需要的救援列车、不挂车的单机及重型轨道车。上述列车均应在进站信号机外停车，由接车人员向司机通知事由后，以调车手信号旗（灯）将列车领入站内。

4）*接发列车作业程序*

不间断地接发列车，严格按运行图行车，是车站的基本任务之一。根据我国当前不同的行车闭塞方法、人员配备和作业方法等情况，在既考虑正常情况下的作业方法，又考虑非正常情况下的特定措施的前提下，结合不同闭塞法、不同联锁类型和不同的劳动组织形式，制定了《接发列车作业标准》。标准的实施，提高了接发列车作业的安全程度与作业效率，完善了接发列车作业组织，促进了作业合理化，推动了接发列车工作管理的现代化。

车站接发列车基本作业程序包括以下内容。

（1）办理闭塞。

（2）布置与准备进路。

（3）开闭信号。

（4）交接凭证。

（5）接送列车。

（6）发车。

（7）开通区间及报点。

（8）车机联控。

2. 货物列车技术作业工作

为了保证列车运行的安全和货物的完整，货物列车在始发站、终到站、运行途经编组（区段）站的到发线上及摘挂列车在中间站办理的各项技术作业，统称为货物列车技术作业。这些作业项目、程序与时间标准统称为货物列车技术作业过程。

1）编组（区段）站的货物列车种类

编组（区段）站办理的货物列车种类有自编始发列车、无调中转列车、部分改编中转列车和到达解体列车四类。

（1）自编始发列车。由本站编组始发的货物列车。

（2）无调中转列车。在本站不进行改编作业，只是在到发场进行到发技术作业后继续运行的列车。

（3）部分改编中转列车。在本站进行变更重量、变更运行方向或成组甩挂等少量调车作业后，继续运行的货物列车。

（4）到达解体列车。货物列车到达本站后，全部车列需进行解体的列车。

2）编组（区段）站货物列车作业内容

前述四类货物列车技术作业所需进行的作业内容和要求不完全相同，但下列一些技术作业都是需要办理的。

（1）车辆技术检修作业（包括摘挂机车及试风）。车辆技术检修作业由驻站列检所的检车员负责，主要检查车辆走行、连结部分和制动装置的技术状态是否符合《铁路技术管理规程》规定。

（2）列尾作业员技术作业。货物列车尾部必须挂“列车尾部安全防护装置”，简称“列尾装置”，包括机车控制盒和尾部主机两部分。列尾作业员应按有关规定及时填写列尾装置使用登记表，用机车车号确认仪将本务机车号码输入尾部主机，确定尾部主机与机车的“一对一”关系，并认真核对，确保列车运行安全。

（3）货运检查。货运检查由车站货运检查人员负责，检查列车中车辆装载、加固、施封、篷布苫盖状态及车体，车门、车窗关闭的情况，罐车有无泄漏等。发现异状时，应及时处理。如不能在列车发车前整理完毕或发现有盗窃、损坏等情况，应按规定编制记录或报告站调甩车。

（4）车号员检查、核对现车。车号员根据列车编组顺序表检查、核对现车。对无调中转列车、部分改编中转列车和到达解体列车，车号员按照作为列车确报的列车编组顺序表检查、核对现车；对自编始发列车则根据事先编制的列车编组顺序表检查列车编组是否符合列车编组计划、列车运行图和《铁路技术管理规程》的有关规定，核对列车编组顺序表、货运单据、现车是否三者一致，发现问题应及时报告有关人员处理。

（5）车列及票据交接。车号员按列车编组顺序表核对现车和货运票据无误后，按规定将货运票据装入票据袋（或票据封套），并用封条封好，连同一份列车编组顺序表与机车乘务员当面办理签字交接。随着信息化的发展，国铁集团逐步推广列车编组顺序表电子化传递。

（6）准备发车及发车。列车票据交接后，车站发车人员将列车的编成辆数、重量、长度及途中运行注意事项通知司机，按规定简略试风。确认发车条件完备后，直接向司机显示发车信号。

3. 货车在站技术作业过程

货车种类不同，其在站办理的作业种类及过程也不同。货车自到达车站时起，至由车站发出时止，在车站办理的技术作业项目、程序与时间标准统称为货车在站技术作业过程。

1）货车分类

在车站办理的货车，按其在车站所办理的技术作业分为中转车和货物作业车。

（1）中转车。指在本站不进行货物作业的运用货车。按其在站有无调车作业，分为无调中转车和有调中转车两种。

① 无调中转车是指在本站不进行调车作业、随中转列车原到原开的运用货车。它包括：技术站原列到开的无调中转列车中的运用货车，部分改编中转列车中未摘下的运用货车，中间站停运列车上的运用货车。

② 有调中转车是指在本站经过一系列改编作业后，再编入其他列车发出的运用货车。

（2）货物作业车。货物作业车是指在站线、区间、专用线及铁路厂、段管线内进行装卸或者倒装作业的运用货车。货物作业车随到达解体列车和部分改编中转列车到达，按其在本站完成装卸作业的次数分为一次货物作业车和双重货物作业车。

① 一次货物作业车是指在本站只进行一次装车或一次卸车作业的货物作业车。

② 双重货物作业车是指在本站卸空后，在本站再装车，进行两次货物作业的货物作业车。

2）货车在站技术作业过程

不同种类的货车，在站技术作业过程不相同。

（1）无调中转车。无调中转车随中转列车到达车站，并随原列车出发，因此，无调中转车的技术作业过程与所在中转列车的技术作业过程相同。

（2）有调中转车。有调中转车随同到达解体列车到站后，首先在到达线上进行到达作业，然后经过驼峰或牵出线进行解体调车作业，将其溜入调车场固定线路内集结。待凑够运行图规定的重量或长度后，经过编组调车作业，编成新的车列（车组），转入出发线上随同自编始发列车进行出发作业，再从车站发出。即有调中转车在站技术作业有到达、解体、集结、编组、出发五项作业。

（3）一次货物作业车技术作业过程。在技术站上，一次货物作业车除办理有调中转车相同的五项技术作业外，还有向货物作业地点送车、卸车或装车、取车三项技术作业。

（4）双重货物作业车技术作业过程。双重货物作业车比一次货物作业车增加两项技术作业：一是将卸后空车送往装车地点的调移作业；二是多一次货物作业。

4. 调车工作

调车工作是铁路运输过程的重要组成部分，也是车站行车组织工作的一项重要而又复杂的内容。对于编组（区段）站来说，更是其日常运输生产的重要活动。车站能否按时接发列车，充分利用设备能力，完成生产计划指标，特别是生产安全有无保障，在很大程度上取决于调车工作组织和调车作业的水平。调车作业质量的好坏、效率的高低及调车安全的程度，不仅对完成车站的装卸工作、缩短车辆停留时间、加速车辆周转等各项指标有很大的影响，而且对保证行车安全和实现列车编组计划、列车运行图和运输方案也有着直接关系。

1）调车工作的概念

除列车在车站到达、出发、通过及在区间内运行外，凡机车车辆进行一切有目的的移动，统称为调车。它包括列车的编组、解体、摘挂、转线、车辆的取送、转场、调移，以及机车的转线、出入段等。

2）调车工作的分类

调车按其设备不同分为牵出线调车和驼峰调车两种，按其作业目的不同分为以下几种。

（1）解体调车。即将到达的车列，按车组（辆）去向或车种分解到指定的线路内。

（2）编组调车。即根据列车编组计划、列车运行图和有关规章制度和特殊要求，将车辆选编成车列或车组。

（3）取送调车。即为装卸货物、检修、洗刷消毒车辆等目的，向指定地点送车或取回车辆。

（4）摘挂调车。即为列车进行补轴、减轴、换挂车组及车辆甩挂等作业。

（5）其他调车。包括车列转线、整理车场、对货位、机车转线、机车出入段等。

车站由于作业性质不同，完成各种调车工作的比重也不一样。例如：编组站要进行大量的解体和编组调车，而中间站一般只进行摘挂和取送调车。

3）调车工作的领导与指挥

调车工作是一项由多工种联合行动的复杂工作。它不仅作业场地大，调动的机车车辆多种多样，作业人员及工种多，而且作业组织比较复杂，作业方法灵活多变，影响调车作业效率的因素较多，等等。为安全、迅速、高质量地完成调车任务，调车工作必须实现统一领导和单一指挥。

（1）统一领导。在同一时间内，一个车站只能由车站调度员统一领导全站调车工作；该站的有关调车区长，根据车站调度员布置的调车工作任务，领导本区的调车工作。未设车站调度员的车站，调车工作由车站值班员统一领导。

（2）单一指挥。在同一时间内一台调车机车的调车作业计划的执行、作业方法的拟定和布置，以及调车机车行动的指挥，只能由调车长一人负责指挥。未配调车长的车站，由本务机车进行车辆摘挂作业时，可由车站值班员、助理值班员担任指挥工作。

4）调车作业方法

（1）牵出线调车。牵出线调车是我国铁路目前最基本的调车作业方式，在全路总调车作业量中占有相当大的比重。

牵出线调车作业的方法有两种。

① 推送调车法。凡使用机车将车辆由一股道送到另一股道，需停车后再进行摘车的调车方法，称为推送调车法。采用推送调车法分解车列时，司机按照调车长的手信号，牵引车列至分歧道岔外方停车，调车长确认前方进路开通后，指挥司机将车组推送至指定地点停车或与停留车连挂后，摘下第一钩车组（辆）。为了向另一股道摘解第二钩车组，司机仍需根据调车长的手信号牵引车列返回牵出线或分歧道岔外方，并用同样的方法，依次摘解以后的车组。

采用推送调车法时，车辆在移动过程中始终和机车连挂在一起，直至车列停妥后再摘下。因此，这种方法技术上简单，作业上安全。但是，每分解一组车辆需用两个长调车程，耗费的时间较多，平均钩分较长，调车效率较低，只有在条件不允许溜放时才能使用。

② 溜放调车法。使用机车推送车列达到一定的速度，在推进中将车组提钩，使摘离的车组利用所获得的动能自行溜向指定地点的调车方法，称为溜放调车法。

（2）驼峰调车。驼峰调车是利用车辆本身的重力并辅以机车的推力，使摘下的车辆由峰顶自行溜入峰下调车场指定线路的调车作业方法。

5. 车站作业计划

1）车站班计划

铁路运输工作从昨日 18:01 至今日 18:00 为一个工作日。一个工作日分为两个班，即昨日 18:01 至今日 6:00 为第一班；今日 6:01 至 18:00 为第二班。

班计划是车站完成一个班运输生产任务的作业组织计划。内容主要包括：

（1）列车到达计划。列车到达计划包括各方向到达列车车次、时分、机车型号、编组内容（去向别重车数、车种别空车数、到达本站重车数）。

（2）列车出发计划。列车出发计划包括各方向出发列车车次、时分、机车交路和型号、编组内容（去向别重车数、车种别空车数）、车流来源。

（3）卸车、排空计划。

（4）装车计划。

（5）客车底取送、摘挂的车次、时间、车种、辆数。

（6）班工作总任务。班工作总任务包括：推算的货车出入总数；各阶段运用车保有量；应完成的货车平均中时和停时；全站到、发、解、编列数，卸、排、装车数及办理车数；计划扣修车数，站、段、厂的修竣车数；货车备用及解除计划；工务、电务施工计划；其他临时重点任务、上级指示和安全注意事项等。

2）阶段计划

阶段计划是车站班计划分阶段的具体安排，是完成班计划的具体保证。由于编制班计划的有些资料是 18:00（6:00）前预计的，而本班内陆续到达的列车，其编组内容、到达时刻及货物作业车装卸进度、调车作业进度等都可能发生变化，因此车站应在执行班计划过程中，根据当时的实际情况，具体安排各阶段工作，并根据变化情况及时采取调整措施，才能保证完成班计划的任务。

一般情况下，一个班分为 3～4 个阶段，一个阶段为 3～4 h。

阶段计划的内容如下。

（1）到达列车的车次、时分、编组内容、占用股道和解体起止时分。

（2）出发列车的车次、时分、编组内容及车流来源、占用股道和编组起止时分。

（3）各车辆作业地点（包括货场、专用线、段管线）取送车辆的时间、车数及挂运车次，转场车、客车车底的取送时间。

（4）无调中转列车、部分改编中转列车的到发时分、占用股道、甩挂车数及作业时间。

（5）调车机车解编、取送作业顺序、起止时分，以及安排调机整备、牵出线和驼峰使用。

从以上内容可以看出，阶段计划是车站调度员根据最近 3～4 h 列车到发、车列解编和车辆取送等情况，全面安排调车机车和到发线运用，充分发挥驼峰、牵出线等技术设备的效能，组织实现班计划的具体安排。

3）调车作业计划

班计划规定了一个班的总任务；阶段计划规定了每台调车机车解编、取送等各项作业顺序和起止时间；调车作业计划则是每台调车机车的具体行动计划。

调车作业计划由调车领导人（车站调度员、调车区长或车站值班员）负责编制，并以调车作业通知单的形式下达给调车指挥人及有关人员执行。

4）车站工作主要指标

车站工作统计是反映和考核车站工作完成的实绩，作为组织运输生产、分析改进工作和加强经营管理的依据，也是铁路局集团公司和全路运输工作统计的基础。车站工作统计的各种报表，以北京时间为准，采用 18 点结算制：自昨日 18:00（不含）起，至本日 18:00（含）止的 24 h 为统计报告日。各种报表通过网络传输逐级上报。

车站工作数量指标主要有装车数和卸车数、货物发送吨数、接发列车数及车数、办理车数等。

9.3.4 铁路运输调度指挥

铁路行车工作是由多部门、多工种联合进行的，并且是连续不间断的。一辆列车往往要经过几个区段，甚至几个铁路局集团公司才能到达目的地。如分散领导，多头指挥，各行其是，必然造成行车工作上的混乱和错误，不仅会影响正常工作，降低效率，甚至可能发生行车事故，造成重大损失。为使行车各部门、各工种能够步调一致，协调动作，保证安全、迅速、准确、及时地完成运输任务，规定行车工作必须坚持集中领导、统一指挥、逐级负责的原则。

1. 铁路运输调度指挥原则

国铁集团铁路运输调度工作实行分级管理、集中统一指挥。铁路运输调度指挥体系主要由国铁集团、铁路局集团公司、运输站段三级组成。国铁集团设运输调度指挥中心，铁路局集团公司设调度所，运输站段设生产调度指挥中心（以下简称指挥中心），编组（区段）站设调度室。在各级调度机构中按照业务分工设有不同职名的调度员，如计划调度员、列车调度员、机车调度员、货运调度员及客运调度员等。

（1）铁路局集团公司之间由国铁集团调度指挥中心，铁路局集团公司管内各区段间由铁路局集团公司调度所，每个调度区段内（即调度台的管辖范围）由本区段列车调度员统一指挥。

（2）列车调度员是一个调度区段的日常运输工作的具体组织者、指挥者，负责组织按图行车、应急处置，以及完成运输工作的数量指标和质量指标。所以，本区段有关行车人员均应严格执行列车调度员的命令和口头指示。

（3）车站行车工作由车站值班员、线路所由线路所的车站值班员统一指挥，直接掌握列车运行与到发线运用情况，有利于保证安全和不间断地接发列车。当一个车站设有几个办理接发列车的车场时，各车场一般独自设有联锁设备，单独办理相应的接发列车进路，这样的车站在各车场都可以分别设车站值班员，单独指挥本车场的行车工作。若各车场间接发列车进路互相关联，各车场车站值班员，除负责指挥本车场行车工作外，遇有与其他车场相关联的行车工作时，还必须服从指定的车站值班员的统一指挥。车站应明确划分各车场车站值班员的行车工作职责。

（4）列车和单机由司机负责指挥。司机的主要职责是对列车安全正点运行负责。如遇列车在区间被迫停车、分部运行等情况时，应与列车调度员或有关车站联系，正确组织列车防护、救援等工作。

当列车或单机在车站时，因司机不可能全面了解车站作业、列车运行及设备使用等情况，规定所有乘务人员都应服从车站值班员的指挥。

（5）在调度集中（CTC）区段，列车调度员可以利用设备直接操纵调度集中控制车站的道岔和信号，可以随时了解区段内进路、道岔、信号和列车运行等情况。规定在调度集中区段，调度集中控制车站有关行车工作由列车调度员直接指挥，但调度集中设备转为车站控制时，只能由车站值班员操纵车站的道岔和信号，车站的行车工作由车站值班员指挥。

2. 行车调度指挥自动化

为了进一步增加区段通过能力，提高列车运行指挥质量，改善行车调度指挥人员的劳动条件，必须实现行车指挥自动化。行车指挥自动化主要包括以下内容：

① 自动编制列车运行调整计划；

② 自动控制车站的接发列车进路；

③ 自动记录实绩列车运行图。

目前，我国铁路行车调度指挥自动化主要是通过采用列车调度指挥系统（TDCS）和调度集中系统（CTC）来实现。

项目实训

实训室实地参观列车编组过程、调车作业等。

项目自测

一、填空题

1. 铁路旅客运输合同的基本凭证是（　　）。

2. 客运站设备主要由（　　）、（　　）、（　　）三部分组成。

3. 旅客运输计划根据执行期不同，可以分为（　　）、（　　）、（　　）三种。

4. 根据托运数量、性质、形状以及所使用货车的不同，铁路货物运输的种类可划分为（　　）、（　　）和（　　）三种。

5. 货物运输生产过程可以分为（　　）、（　　）、（　　）三部分。

6. 列车按运输性质分类，可分为（　　）、（　　）、（　　）、（　　）及（　　）。

7. 货物列车应按照（　　）和（　　）有关规定进行编组。

8. 在车站办理的货车，按其在车站所办理的技术作业分为（　　）和（　　）。

9. 牵出线调车作业的方法有（　　）和（　　）两种。

10. 铁路运输调度工作，实行（　　）和（　　）的原则。

二、判断题

1. 车票是旅客乘车基本凭证，分为客票和卧铺票两种。（　　）

2. 旅客托运行李时，必须提交有效的客票和行李托运单。（　　）

3. 一批是铁路承运货物和计算运输费用的一个单位“一批”是指使用一张货物运票和一份合同，按照同一运输条件运输的货物。（　　）

4. 货物运到期限从承运人承运货物的次日起算，由货物的发送时间、运输期间和特殊作业时间三部分组成。（　　）

5. 一车负重，突出车端、需要使用游车或跨装运输的货物，称为超限货物。

6. 车站值班员在办理闭塞时，应确认站内空闲。（　　）

7. 列车运行，原则上以开往北京方向为下行，车次编为偶数；相反方向为上行，车次编为奇数。（　　）

8. 铁路运输工作从昨日 18:01 至今日 18:00 为一个工作日。（　　）

9. 有调中转车是指在本站经过一系列改编作业后，再编入其他列车发出的运用货车。（　　）

10. 列车运行图按区间正线数目可分为单线运行图、双线运行图和单双线运行图。（　　）

三、选择题

1. 旅客列车按照列车的编组、旅行速度和运行要求的不同，不包括（　　）。

A. 特快旅客列车　　B. 动车组列车
C. 普通旅客列车　　D. 军用列车

2. 包裹是指适合旅客列车行李车内运输的小件货物，以下不属于包裹运输（　　）。
A. 抢险救灾物资　B. 泡沫塑料　C. 硝酸铵　D. 鸡蛋

3. 货物损失款额 15 万元属于（　　）。
A. 一级损失　B. 二级损失　C. 三级损失　D. 轻微损失

4. 托运人提出的货物运单经车站审查，符合运输要求后，车站在货物运单上签证，指定进货日期或装车日期，即为（　　）。
A. 受理　B. 进货　C. 制票　D. 托运

5. 行李是旅客旅行过程中必需品，每件最大重量为（　　）kg。
A. 30　B. 50　C. 40　D. 60

6. 普通旅客列车最高运行速度是（　　）。
A. 80 km/h　B. 120 km/h　C. 160 km/h　D. 180 km/h

7. 超限货物车辆的列车接入符合（　　）规定的固定线路。
A.《铁路技术管理规程》　　B.《行车组织规则》
C.《车站行车工作细则》　　D.《铁路运输调度规则》

8. 车站内的调车工作一般由（　　）统一领导。
A. 车站调度员　　B. 车站值班员
C. 车站站长　　D. 调车员

9. 车站内的接发列车工作由（　　）统一指挥。
A. 车站调度员　　B. 车站值班员
C. 车站站长　　D. 调车员

10.（　　）是日常指挥列车运行的重要依据。
A. 旅客运输计划　　B. 货物运输计划
C. 铁路规章　　D. 列车运行图

四、简答题

1. 简述铁路旅客运输生产过程。
2. 简述铁路货物运输工作过程。
3. 简述车站接发列车基本作业程序。
4. 调车工作按其作业目的不同分为哪些？
5. 简述编组（区段）站货物列车作业内容。

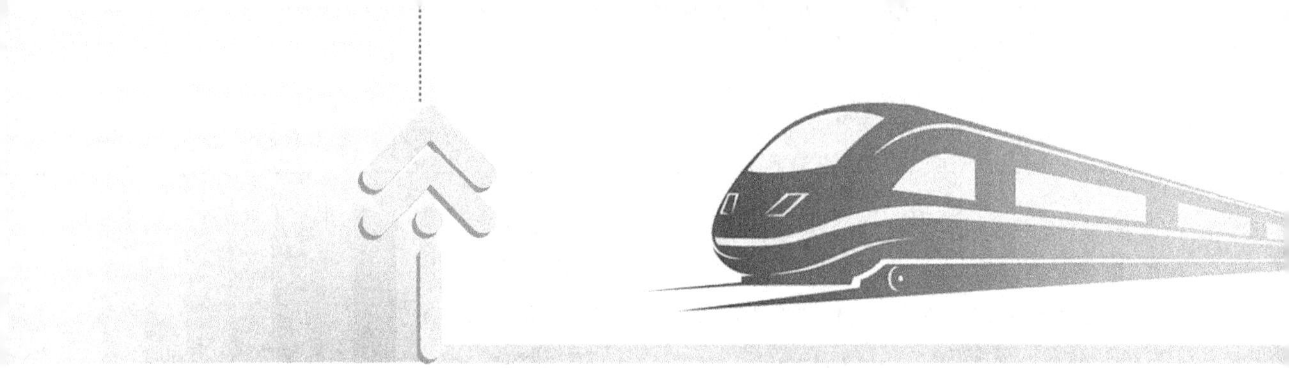

项目 10　认知高速铁路和重载运输

项目描述

高速铁路和重载运输技术都是当今时代高新技术的集成、人类文明的结晶和铁路现代化的标志，它集中反映了一个国家铁路牵引动力、线路结构、运行控制、运输组织和经营管理等方面的技术进步，也体现了一个国家的科技和工业水平。

本项目对高速铁路的技术设备和重载铁路相关技术设备进行介绍。通过学习，了解高速铁路的技术设备和重载铁路技术设备等相关知识。

知识目标

（1）了解高速铁路的定义以及六大技术设备；
（2）了解高速铁路运输组织工作；
（3）掌握重载列车的类型及特点；
（4）掌握重载运输相关技术及设备。

技能目标

（1）能识别高速铁路的技术设备；
（2）能掌握重载运输的技术设备以及重载列车的运输组织方式。

任务 10.1　初识高速铁路的技术设备

任务描述

本任务主要学习高速铁路的定义，以及高速铁路的六大技术设备子系统。

相关知识

10.1.1 高速铁路的定义

高速铁路简称高铁，是指设计标准等级高、可供列车安全高速行驶的铁路系统。

我国在 2014 年 1 月 1 日起实施的《铁路安全管理条例》中规定了高速铁路的定义：高速铁路是指设计开行速度为 250 km/h 以上（含预留），且初期运营速度为 200 km/h 以上的客运列车专线铁路。

中国高速铁路，是目前世界上最大规模的高速铁路网。从 1999 年 8 月 16 日中国第一条客运专线秦沈客运专线开工，2003 年 10 月 12 日秦沈客专建成通车，到京津高铁于 2008 年通车后，中国正式迈入 300 km/h 以上的高铁应用时代。截至 2023 年底，我国的高速铁路运营里程达到了 4.5 万 km，全面建成以“四纵四横”为骨干的快速客运通道，“八纵八横”高速铁路主通道和普速干线铁路加快建设，基本形成布局合理、覆盖广泛、层次分明、配置高效的铁路网络。

高速铁路是一个集高新技术于一身、复杂的超大规模集成系统。其主要技术设备可以分为工务工程系统、通信信号系统、动车组系统、牵引供电系统、运营调度系统、旅客服务系统六大子系统。如图 10-1-1 所示为六大子系统的关系。

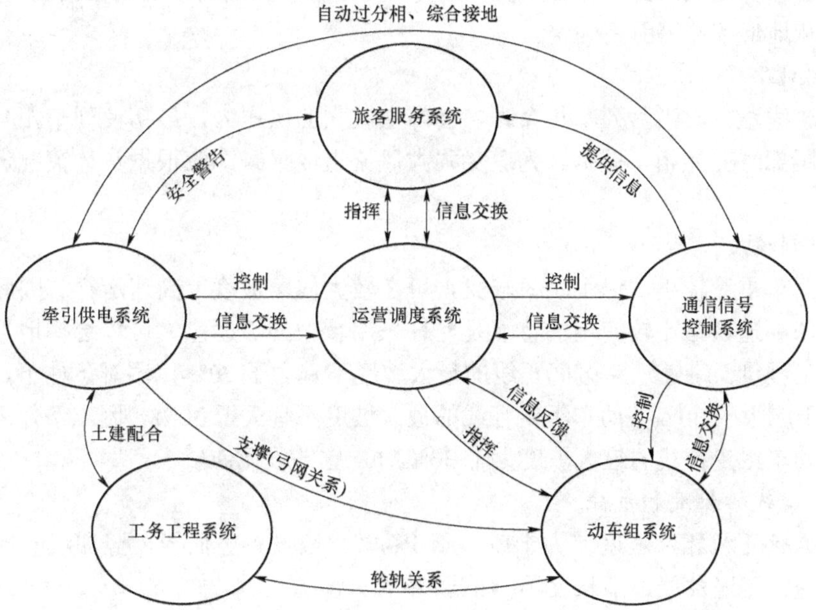

图 10-1-1 六大子系统的关系

10.1.2 工务工程系统

工务工程系统又称为基础设施系统。一般包括轨道、桥梁、隧道、路基、站房等重要土木工程，以及相关的养护、维修、检测、监控等辅助工程。高速铁路最大的特点可概括为高速度、高舒适性、高安全性和高行车密度，因此，高速铁路基础设施既要为高速度运行的机车车辆提供高平顺性与高稳定性的轨面条件，又要保证线路各组成部分具有一定的坚固性与耐久性，使其在高强度的运营条件下保持良好状态。

1. 高速铁路线路

高速铁路线路平、纵断面的设计应采用较大的线路平面圆曲线半径、较长的纵断面坡段、较大的竖曲线半径和较长的夹直线长度，提高线路空间曲线的平顺性，以及尽可能降低列车的横向和竖向加速度，降低列车各种振动叠加的可能性，从而提高旅客乘坐的舒适度。

1）最小曲线半径和最大曲线半径

曲线半径的选定主要考虑行车速度、地形条件和机车牵引种类等因素，由于高速铁路对轨道高平顺性要求铁路线路尽可能平滑，因此规定了最小曲线半径，在不同路段设计行车速度下，最小曲线半径也不同；同时，在小偏角情况下为保证最小圆曲线长度而采用最大半径，但当曲线半径大到一定程度时，测设和检测精度均难以保证其准确性，反而会成为轨道不平顺的因素，因此，也规定了最大曲线半径 12 000 m。

2）缓和曲线

直线和圆曲线应采用缓和曲线连接。缓和曲线的线型力求简单，便于测设和养护。缓和曲线应尽量短些，以减少工程量和投资费用。缓和曲线的长度应根据设计行车速度、曲线半径和地形条件等因素确定。

3）线间距

在高速线路上，当两列车相会时，会产生较大的风压力，最初使列车相互排斥，到接近列车尾部时变为相互吸引。为避免强大风压造成损害，应根据具体情况选择适当的线路间距。

4）限制坡度

高速列车重量较小，牵引功率较大，可在较大线路坡度上高速运行。因此，与传统铁路相比，高速铁路比较突出的特点是允许采用较大的坡度值，可以选择地形，减少建设线路的工程量。高速铁路区间正线的最大坡度不宜大于 20‰，困难条件下，经技术经济比较，不应大于 30‰，动车组走行线的最大坡度不宜大于 30‰，困难条件下不应大于 35‰。当动车组走行线的最大坡度大于 30‰时，宜铺设无砟轨道。

5）竖曲线的长度和半径

高速铁路正线相邻坡度差大于或等于 1‰时，应设置竖曲线。竖曲线一般采用圆曲线型，高速铁路竖曲线最小长度不得小于 25 m。

2. 高速铁路路基、桥梁和隧道

1）路基

路基工程是铁路轨下基础工程的重要组成部分，是保证列车高速、安全、舒适运行系统中的关键工程，其对地基、路基填料及修建方式等有很高的要求。

2）桥梁

高速铁路桥梁通过控制结构刚度、徐变拱度、工后沉降，达到桥上线路高可靠性、高稳定性、高平顺性和良好的高速行车车桥耦合动力性能。

3）隧道

高速列车进入隧道后会诱发瞬变压力、洞口微气压波和行车阻力等方面的空气动力学效应，这样会对高速铁路隧道安全、可靠、耐久性等有更高的要求。

京张高速铁路八达岭地下车站是目前国内开挖断面最大、单拱跨度最大、埋深及提升高度最大的高速铁路地下车站，是国内唯一的多层立体交错复杂洞室群车站，是目前亚洲规模最大的山岭地下火车站。

3. 高速铁路轨道

高速铁路轨道结构是由钢轨、扣件、轨枕道床、道岔等部件组成的结构体。由于列车对轨道结构的作用力与速度密切相关，所以要求高速铁路轨道结构具有更高的安全性、稳定性和平顺性，在部件性能、技术水平和养护维修等方面标准更高、要求更严。

1）轨道结构

高速轨道结构分为有砟轨道和无砟轨道两种类型。

（1）有砟轨道。有砟轨道具有结构简单、工程费用低、施工铺设速度快和易于维修等优点，但其缺点体现在稳定性较差，在列车动荷载作用下，轨道的平顺性容易受到影响，道砟粉化及道床累积变形速率较快，养护维修工作量大，修理成本较高；高速运行时道砟易飞溅击打列车且损伤钢轨；线路修理作业的施工慢行对运输影响较大等。

（2）无砟轨道。无砟轨道由钢筋混凝土浇筑而成，与有砟轨道相比，无砟轨道的优点有：轨道稳定性好，轨道几何形位能持久保持，平顺性及刚度均匀性好，耐久性好，服务期长，避免高速运行时道砟飞溅等。缺点是：初期投资费用高，施工工艺要求高，轨道弹性较差，振动噪声较大等。

我国高速铁路无砟轨道结构总体上分为两大类，即预制板式无砟轨道和现浇混凝土式无砟轨道，其中预制板式无砟轨道分为 CRTSⅠ、CRTSⅡ、CRTSⅢ型和道岔区板式四种。

2）无缝钢轨

高速铁路正线及到发线轨道应按一次铺设跨区间无缝线路，施工时首先将钢厂生产的 100 m 定尺长钢轨焊接成 500 m，然后将 500 m 长钢轨运到现场焊接为 2 km 长，最后再将相邻 2 km 长钢轨焊联起来，形成无缝线路。

3）高速铁路道岔

为满足动车组高速过岔时的安全性和平稳性要求，高速铁路道岔必须具有高平顺性、高精度和高可靠性。高速铁路道岔号码主要有 18 号和 42 号，侧线通过速度分别为 80 km/h 和 160 km/h。18 号道岔主要用于正线和到发线，42 号道岔主要用于联络线。

4. 高速铁路线路检修

高速铁路的安全运用，高质量的线路设备是其基本保证。线路设备质量的提高，首先要求检测方法的加强和维修手段的不断进步，高速铁路轨道检测数据按检查方式可分为动态检测和静态检查，动态检测主要有综合检测车检查和线路检查仪检查。

综合检测列车是安装了轨道几何、接触网、轮轨力、通信、信号、综合等多个检测系统的动车组，综合检测列车按照一定的运行图对高速铁路线路进行检测，具有对各系统参数进行同步实时检测及综合处理的能力。综合检测列车已成为基础设施检测、保障行车安全、指导养护维修的重要技术手段。线路检查仪分为两种：安装在机车（或动车）上的车载线路检查仪和人工添乘时携带的便携式线路检查仪。

静态检测主要有精调小车、轨检仪，以及道尺和弦绳等辅助检测工具。其中：精调小车主要应用于无砟轨道测量，对轨道进行空间精确定位；轨检仪和道尺、弦绳的检测主要是轨道几何尺寸的检测。如图 10－1－2 所示为精调小车。

图 10－1－2　精调小车

10.1.3　通信信号系统

高速铁路通信信号系统是一套完整的行车安全制式，主要由列车运行控制系统（ATCS）、计算机联锁系统和调度指挥系统（CTCS）构成，其中 CTCS 系统纳入综合调度系统。在这些系统之间，若干不同功能的局域网组成了一个完整的广域网，光纤构成的通信链路组成了具有保护功能的网络，传输着信息，支撑着列车的安全运营。在高速铁路中，运营管理和调度指挥是通过网络中传递的数据实现的，传统的话音调度指挥方式不再适应。高速铁路信号系统是高速列车安全、高密度运行的基本保证。

1. 列车运行控制系统

列车运行控制系统（简称列控系统，图 10－1－3）是对列车运行实现自动监控的系统，是保障高速铁路运营安全、提高运营效率的核心技术装备，是高速铁路的中枢神经。列控系统作为保证列车行车安全（用于控制列车间隔）和提高运输效率的信号设备，保证了安全。

列控系统包括地面设备、车载设备、信号数据传输网络和车—地信息传输设备。地面设备提供线路参数、目标距离和进路状态；车载设备生成目标距离控制模式曲线，并通过驾驶室内的人机界面为司机提供目标速度、当前速度、最高允许速度、距前方停车点距离等信息，满足高速运行所需的控车要求；信号数据传输网路实现地面设备间的数据信息交互；车—地信息传输设备完成地面设备和车载设备的信息交互。

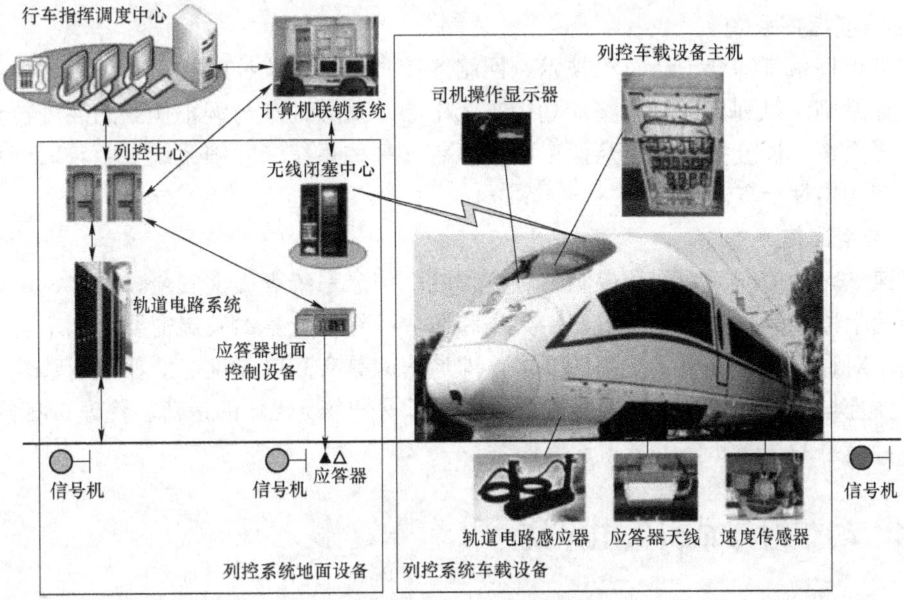

图 10－1－3　列控系统

2. 计算机联锁系统

高速铁路计算机联锁系统主要是实现道岔、轨道、信号机之间互相制约的联锁关系，用于车站进路的控制，从线路（区间和车站）上保证了安全。如图 10－1－4 所示为计算机联锁系统的控制原理。计算机联锁系统是一种新型的车站信号自动控制系统，它以计

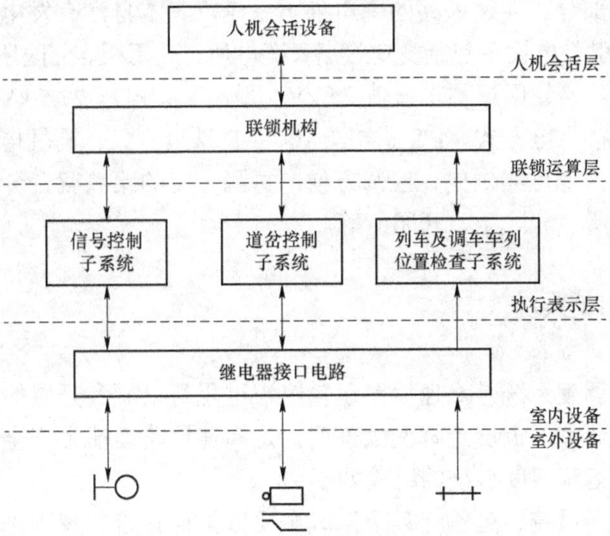

图 10－1－4　计算机联锁系统的控制原理

算机作为主要技术手段实现铁路车站联锁的要求，从而完成排列进路、锁闭进路、解锁进路，信号机及道岔控制等任务高速铁路各车站及动车段均设有计算机联锁控制系统计算机联锁与车站局域网及相关设备共同组成车站综合控制系统。车站综合控制系统通过光缆与调度中心相连，接受调度中心控制。

3. 调度指挥系统

调度指挥系统综合了计算机技术、网络通信技术和现代控制技术，采用智能化分散自律设计原则，以列车运行调整计划控制为中心，兼顾列车与调车作业的高度自动化的调度指挥系统。调度指挥系统从两个底层系统（列控系统和联锁系统）中获取信息，以进行决策并指挥行车。

4. 专用通信设备

高速铁路通信网应为列车控制、综合调度、信息系统等提供安全、稳定、可靠、灵活的通信手段，满足高速铁路语音、数据和图像等综合业务的发展需要。列车运行速度的提高，对通信系统提出了更高的要求，即通信应具有高可靠性，能保证运营管理的高效率，并且与信号系统、计算机相紧密结合，形成一个现代化的运营、管理、服务系统，完成多种信息的传输和提供多重通信服务。

10.1.4 动车组与牵引供电系统

1. 动车组

列车是当今世界高新技术的集成，是高速铁路的标志性装备。动车组应用了高速轮轨关系、大功率牵引、制动控制、列车运行控制、空气动力学工程、可靠性与安全性技术等铁路技术专业领域的最新重大成果。

2. 牵引供电系统

高速铁路牵引供电系统是高速铁路运输系统的重要组成部分，也是高速铁路列车接收电能的重要组成部分。高速铁路的牵引供电系统，其本身没有发电设备，而是从电力系统获取电能。牵引供电设备包括变电设备（变电所、开闭所、分区所、自耦变压器所）、接触网和远动系统。接触网标称电压值 25 kV，最高工作电压 27.5 kV。目前牵引供电系统的供电方式有直接供电方式、BT 供电方式、AT 供电方式、同轴电缆和直供加回流线供电方式等。为了保证可靠供电、检修方便，每隔一定的距离就会分布具有一定功能的所亭，如牵引变电所、分区亭、开闭所等。

10.1.5 运营调度系统

高速铁路运营调度系统是高速铁路运输组织过程得以顺利开展的依托系统，其核心包括高速铁路运输计划与调度指挥两大部门，是高速铁路运输生产全过程赖以实现的重要基础。高速铁路运营调度系统的组成如下。

（1）运输计划子系统。运输计划子系统主要依据计划编制规则提供计算机编制的列车运行图及相关计划的功能和手段。运输计划子系统具有牵引计算、合理性检查和模拟仿真等功能。

（2）运行管理子系统。运行管理子系统具有人工和自动进行列车运行计划调整、列车运行监视、列车运行调整计划下达、人工和自动完成进路控制、实绩运行图描绘、调度命令传送、列车跟踪及车次号校核等功能。

（3）车辆管理子系统。车辆管理子系统的主要功能如下。

① 可以接收列车运行计划、高速列车交路计划和列车运行调整计划。

② 可实时显示高速列车的运行位置、运用情况和高速列车的状态

③ 可以根据列车运行调整计划和车载诊断信息等，制订高速列车交路和车辆分配调整计划并发送至有关单位。

④ 可以查询高速列车的修程、修制和与高速列车运用相关的资料，接收高速列车检修部门有关高速列车的相关信息，并在高速列车发生故障时提供紧急处置预案。

⑤ 可以进行高速列车各项运用指标的统计与分析。

（4）供电管理子系统。该系统的主要功能有：主要掌握供电系统的技术状态及运行情况，控制相关设备；根据列车运行计划及其调整计划组织牵引供电，对超过供电臂负荷的列车调整计划提出修正要求；为列车运行提供电力；管理、监督和控制所辖范围内的牵引供电设备与电力供电设备；正确组织牵引供电、电力供电系统的运行和应急处理突发事件最大限度地缩小故障范围，减少事故损失，迅速恢复供电。

（5）客运服务子系统。该系统主要完成实时监视客流情况、客票发售情况，监督列车运行及早晚点状态，实施乘务管理，协调配餐与清洁服务对大型车站重点部位进行视频监视，发布各种旅客服务信息，当列车运行紊乱或突发事件时提出旅客疏运方案等工作。

（6）综合维修子系统。该系统需要核定综合维修段上报的次日综合维修计划，并与列车调度员进行协商安排，将安排结果以调度命令的形式下达。该系统还要随时掌握线路的技术状态，监视通信信号系统的运行状态，且具有防灾安全监控功能、综合维修管理和综合设备管理功能。

10.1.6　旅客服务系统

旅客服务系统的目标是为旅客提供全方位的信息服务，实现车站信息自动广播、导向揭示、信息服务监控等功能，并提供互联网、呼叫中心、无线局域通信等多种途径的信息服务，运用多样化的服务手段为旅客提供优质的服务，实现旅客服务的信息化。旅客服务系统的设置旨在体现以人为本的理念，在旅客出行前、进站、候车、乘车、换乘出站等各环节提供全方位的信息服务，通过引导、揭示、广播、监控、查询、求助、应急、投诉、寄存、残障旅客服务和延伸服务等多种服务手段，形成统一的旅客服务平台。

旅客服务系统主要包括导向揭示系统、公共广播系统、视频监视系统、查询系统、时钟系统、投诉系统、求助系统和延伸服务系统等。我国旅客服务系统总体上为两级架构，设置若干个旅客服务中心系统，实现服务策略的制定和车站服务状况的监控，从运

营调度系统获取运行图信息，根据客运服务的需求进行整理后下载到所辖各车站。车站后台设置小型管理系统，实现对服务设备设施状态的设置和临时服务信息的调整。

任务 10.2 初识重载运输

任务描述

本任务主要学习重载运输标准和运输方式以及技术装备。

相关知识

10.2.1 重载铁路的标准

重载运输是在一定的铁路技术装备条件下，通过采用大功率机车或电力机车、扩大列车编组长度、提高列车轴重和牵引重量、采用特殊运输组织方式等措施，使牵引重量和输送能力达到一定标准的运输方式，从而发挥铁路集中、大宗、长距离、全天候的运输优势，达到提高运输能力、提高运输效率、降低运输成本的目的。

国际重载协会先后于 1986 年、1994 年和 2005 年 3 次修订重载铁路标准。在 2005 年国际重载协会理事会上，对新申请加入国际重载协会的重载铁路，要求满足以下三条标准中的至少两条：

① 列车牵引重量 8 000 t 及以上；

② 轴重达 27 t 以上；

③ 在至少 150 km 线路区段上年运量不低于 4 000 万 t。

我国大秦铁路满足国际重载协会 2005 年的重载铁路新标准。

10.2.2 重载列车的运输方式

根据各国铁路运营条件和技术装备水平的不同，重载列车的运输方式大致可归纳为三种类型。

1. 整列式重载列车

整列式重载列车是由单机或多机重联牵引，机车挂于列车头部，在站线有效长为 1 050 m 的铁路线路上开行的货物列车。这种货物列车采用普通列车的作业组织方法，其到、解、编、发、取、送、装、卸和机车换挂作业与普通货物列车完全一样，只不过牵引重量有显著提高。在我国京沪、京广、京哈等繁忙提速干线上，货物列车牵引定数由 5 000 t 提升到了 5 500～6 000 t，进一步提高了繁忙干线的运输能力。

2. 组合式重载列车

组合式重载列车是把两列符合运行图规定的质量和长度、开往同一方向的单个列车首尾相接连成一个列车，机车分别挂在列车的前部和中部，在运行图上占用一条运行线，运行到前方某一技术站或终到站再分解的货物列车。

组合式重载列车除要进行普通货物列车所要进行的作业外，还要进行列车或车底的组合与分解，且接、发车作业，机车换挂，途中运行及调度指挥等作业也与普通货物列车有一些不同之处。

3. 单元式重载列车

单元式重载列车是由装车地到卸车地固定机车车辆，固定发站和到站，固定运行线，运输单一品种货物，在装、卸站间往返循环运行，中途列车不拆散，不进行改编作业的列车。

重载单元列车在运行过程中除利用铁路的正线和到发线外，不占用铁路的调车设备。在运输过程中，除列车接、发车作业外，不进行任何其他作业。单元列车不仅机车车辆固定编挂、固定回空，而且两端车站装卸设备必须配套，形成矿区至港口（或电厂）的装、运、卸一条龙重载运输组织形式。这种重载运输方式目前运用范围广，经济效益显著，我国的大秦铁路重载运输属于这种模式。

10.2.3　重载列车线路

重载铁路的基本特征是运量多、轴重大。尤其是轴重对轨道结构与线路状态产生着广泛而严重的影响。轨道结构破损与运量和轴重有着密切关系，重载列车的荷载对轨道的破坏性是相当严重的。

重载铁路线路应选用重型和特重型的轨道标准。钢轨应采用 60 kg/m 及以上的重轨。为了延长钢轨使用寿命，减少养护维修工作量，宜采用超长轨条无缝线路和可动心轨道岔。此外，在曲线地段、长大下坡制动地段和长隧道内，应采用全长淬火钢轨和轨头硬化钢轨、承载力大的轨枕、扣压力大的弹性扣件等，以减少钢轨由于接触应力所引起的伤损。

1. 提高线路技术标准

开行重载列车除需要满足常规铁路所规定的要求外，还必须有与之相适应的线路，主要是指线路的承载能力、几何尺寸、站线长度、线路坡度等，它们必须符合列车在运行中静、动荷载对线路所产生的各种力的要求。因此，改善线路的基本参数，特别是减缓线路的限制坡度、加大最小曲线半径，是各国改造重载运输线路、适应列车轴重提高的重要方面。

1）限制坡度

重载铁路的限制坡度与所经地段的地形条件、线路等级、牵引类型等因素有关，需要经过技术经济比选后确定。一般按重、空车方向分别确定。重车方向最大限制坡度在4‰～10‰之间，空车方向在 12‰～30‰之间。我国大秦铁路的限制坡度重车方向为 4‰，空车方向为 12‰。国外几条重载铁路线路的限制坡度见表 10－2－1。

表 10-2-1　国外几条重载铁路线路的限制坡度

序号	国家	限制坡度/‰		序号	国家	限制坡度/‰	
		重车方向	空车方向			重车方向	空车方向
1	美国	5	5	5	瑞典	10	10
2	俄罗斯	8～9	22	6	挪威	10	10
3	加拿大	10		7	巴西	3	10
4	澳大利亚	4～10	15～20	8	南非	4	10

2）加大最小曲线半径

选择最小曲线半径应充分考虑重载铁路的特点，结合地形、行车速度、养护维修和运行安全等条件，通过技术经济比选尽可能采用较大的曲线半径。国外的重载铁路最小曲线半径一般为 400～1 200 m，困难地段可取 300 m。

我国大秦铁路最小曲线半径一般地段为 800 m，困难地段取 400 m。大秦线共有曲线 705 个，延长 388.872 km，占线路延长的 29.8%。浩吉铁路最小曲线半径一般地段为 1 200 m，困难地段为 800 m。

3）到发线有效长度

列车重量和长度的增加，在很大程度上受车站到发线有效长的限制。重载列车运行区段上站线需要延长的长度，又要根据组织开行的重载列车的主要方式确定。一般是由机车在头部牵引重量超过 5 000～6 000 t 的整列式重载列车，站线要延长到 1 050～1 250 m。我国既有客货混跑繁忙干线到发线多为 1 050 m，按照现有货车类型，开行整列式重载列车的重量，最多 6 000 t 左右。在开行两个 4 000～5 000 t 普通货物列车合并编组而成的组合列车时，其牵引吨数达 8 000～10 000 t，线路的有效长应延长到 1 500～1 700 m；若牵引吨数达到 20 000 t 以上时则有效长应延长到 2 600 m 以上。在我国重载线路上，开行 1 万 t 和 2 万 t 列车，车站到发线有效长度分别为 1 700 m 和 2 600 m。

2. 采用重型轨道结构

重载铁路的轨道标准主要是根据运量来确定。大多数国家都是通过大轴重、高密度、中速度的行车提高列车的运量，但是提高列车的轴重会加剧轨道的损伤，缩短钢轨寿命，这样就对轨道标准提出了很高的要求。重载铁路钢轨要求有较高的屈服强度和抗拉强度、良好的耐磨性能、很好的抗疲劳性能，同时易于焊接。表 10-2-2 是国内外一些重载铁路线路情况及钢轨型号。

表 10-2-2　国内外一些重载铁路线路情况及钢轨型号

国别	加拿大	澳大利亚		美国	南非	巴西	中国
项目/线路	魁北克北岸拉布拉多铁路	哈默铁路	BHP	联合太平洋铁路	斯申—萨尔丹哈	维多利亚·米纳斯铁路	大秦铁路
轨距/mm	1 435	1 435	1 435	1 435	1 065	1 000	1 435
轴重/t	30	30	37.5	35.4	30	22.5	25
钢轨重/（kg/m）	65.5	66.8	68.5	64～67	UIC60	67.5	75

为了提高轨道结构的强度，适应大轴重、大密度和运量提高的需要，重车线现已全部铺设区间无缝线路。采用 75 kg/m PD3 型钢轨、弹条Ⅱ型扣件、混凝土Ⅲ型轨枕，直线地段轨枕数量为 1 840 根/km，在半径 800 m 及以下的曲线地段、长度为 300 m 及以上的隧道内，轨枕数量为 1 920 根/km。钢轨联接配件采用 6 孔接头鱼尾板，隧道内采用宽混凝土枕，轨下铺设厚 10 mm 的 TB 缓冲橡胶垫板。重车正线道岔为 12 号 AT 可弯藏尖式尖轨、高锰钢固定式铸造辙叉、分开式护轨结构的可动心轨无缝道岔等。对轨道稳定作用明显，基本适应重载运输的需要。

3. 采用先进的检测、监测技术和预防性维修体制

先进的检测和监测技术是识别车辆、线路状态、进行预防性维修和保证车辆与线路系统处于良好运营状态的前提和必不可少的重要手段。在重载线路上分别安装了车轮冲击监测系统（WIM—WIM）和车辆运行状态地面安全监测系统（TPDS）。车轮冲击监测系统能够监测车轮踏面擦伤、转向架歪斜、货车通过总重等参数。车辆运行状态地面安全监测系统能够监测状态不良的货车、车轮踏面擦伤、货车超偏载等。此外，重载铁路均采用预防性维修，而不是定期维修。预防性维修就是要保证轮轴和轨道同时处于良好状态，改善轮轨接触。钢轨的预防性打磨与曲线钢轨的地面涂油在南非重载铁路上得到相当重视，并从中获得了显著的经济效益。这样既可以保证重载运输的安全和效率，又可以延长轮轨的使用寿命。除安装通常的检测设施外，还可在沿线安装声频诊断仪，测试过往车辆的状态，以保证重载铁路运行的安全。

10.2.4 重载机车车辆

各国重载列车的牵引动力，除美国、加拿大和澳大利亚等国家主要采用内燃机车牵引外，绝大多数国家均采用大功率电力机车牵引。

1. 重载列车对牵引动力的要求

为满足重载列车的牵引要求，主要是通过增加机车的牵引功率和实现轮轨之间最佳黏着来提高机车的牵引力。此外，机车还需要有足够大的起动牵引力，以保证重载列车在长大坡道线路区段的安全运行。在运行中，牵引和制动应能自动调整和控制，并在机车上装设必要的故障检测和诊断系统。

目前，凡列车重量超过 10 000～12 000 t 时多采用多机牵引，多台机车合理地分布在列车前部和中部，并根据列车的实际重量确定所需要的机车台数。由于列车编组很长，牵引动力又分别位于整个列车的不同部位，前后机车联系、操作动作的失调，都会直接危及行车安全。为了解决这一问题，主要采用机车无线遥控操纵系统（LOCOTROL）技术和电控空气制动（ECP）两种技术。

2. 重载列车的牵引机车

我国重载列车主要由和谐系列电力机车牵引，和谐电 1 型（HXD_1）、和谐电 2 型（HXD_2）大功率电力机车由相同的 4 轴机车重联组成，最高运行速度达 120 km/h，机车总功率分别达 9 600 kW 和 10 000 kW；和谐电 3 型（HXD_3）为 6 轴机车，最高运行速度达 120 km/t，机车总功率达 7 200 kW。HXD_{1B}、HXD_{2B}、HXD_{3B} 为 6 轴机车，单机功率达 9 600 kW，在大秦线实现了采用 2 台和谐型大功率机车加可控列尾的方式，开行 2 万 t 重载组合列车。

2021 年 6 月 25 日，全球首台 24 轴大功率电力机车在国家能源集团包神铁路集团开始试运行。24 轴机车采用 6 节编组，以 28 800 千瓦单机最大功率、2 280 kN 的单机最大牵引力、106 m 的最长车长以及 24 轴最多轴数，刷新轨道交通运输牵引动力的四项世界纪录，可在 12‰的坡道上牵引万吨货物列车，是当之无愧的“国之重器”。

3. 重载运输的车辆

为了充分利用牵引动力，增加列车的牵引重量，最有效的途径是增加每延米轨道的载重量。重载运输的车辆应采用载重量大、强度高、自重系数小的大型四轴货车。货车大型化的主要途径是提高轴重，但轴重又受到轨道与桥梁结构强度的限制，因此要求线路结构与轴重提高相协调。如国外已采用 75 kg/m 的钢轨，货车载重量达到 90 t，轴重为 29 t。我国也正在研制轴重 25 t 的通用货车和轴重 30 t 的专用货车，以适应重载运输的需要。

1）车体

为提高车体的耐腐蚀性和降低自重，采用了耐候钢和铝合金材料等。我国大秦铁路采用的是 80 t 级的运煤专用敞车，C_{80} 型敞车（图 10－2－1）采用铝合金结构车体，C_{80B} 型敞车（图 10－2－2）采用不锈钢材料以降低车辆自重，底架（地板除外）主要型材、板材采用符合运装货物条件的高强度耐候钢。

图 10－2－1　C_{80} 型铝合金运煤敞车

图 10－2－2　C_{80B} 型不锈钢运煤敞车

2）可靠的车钩缓冲装置

车钩缓冲装置是车辆最重要的部件之一。为了减少列车的分离事故和列车的冲动，重载列车需要高强度的车钩和大容量、高性能的缓冲器。因此，对车钩缓冲装置的结构设计、材质工艺、维修保养及机车操纵技术等方面都提出了具体要求。

在重载单元列车中，由于采用翻卸方式卸车，为创造不摘车卸车条件，在车辆一端装有高强度旋转式车钩。车辆的 1 位端安装 16 型车钩，2 位端安装 17 型车钩。16 型、17 型车钩组成图如图 10－2－3 所示。

目前，我国主要煤码头翻车机一次可翻转三辆车，因此，将三辆车设为一组，中部车辆间的连接采用牵引杆装置。牵引杆一端为固定式结构，另一端为转动式结构，采用与安装车钩时相同的缓冲器及钩尾框，牵引杆的长度与车钩的连接的长度一致，实现与车钩缓冲装置的互换。

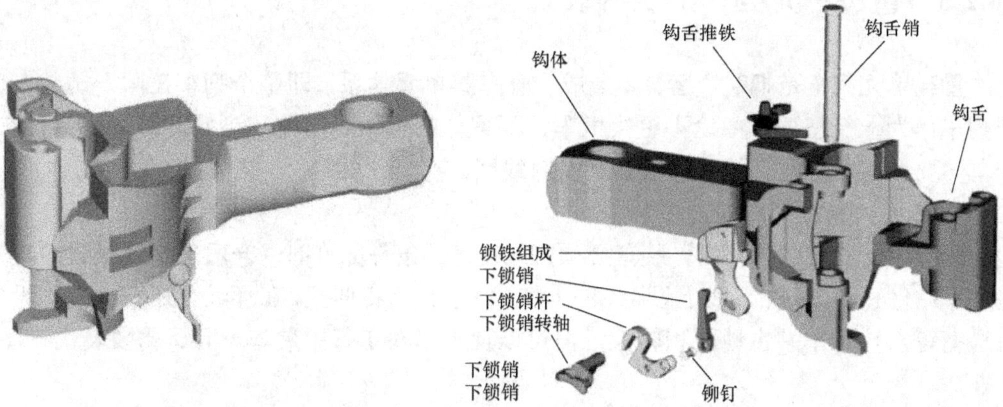

(a) 16型车钩（联锁式转动车钩）组成图　　(b) 17型车钩（联锁式固定车钩）组成图

图 10－2－3　16 型、17 型车钩组成图

3）采用性能良好的制动装置

重载列车与普通列车相比，速度并不高，但重量大、编组车辆数多、列车很长，列车需要制动或缓解时，前后部车辆制动与缓解的时间差较大，造成了纵向冲击力的加大。此外，由于辆数多、列车长，重载列车的副风缸数量也多，列车制动管总容积加大，造成了初充气时间长、列车管减压速度和增压速度都较低，且沿列车管长度方向有较严重的“衰减”。这些都会影响重载列车运行的安全。因此，各国都在研究改进制动机的结构，以提高其性能。重载列车制动性能装置应具备如下功能。

（1）应具有较高的制动波速和缓解波速。它可以缩短制动和缓解时列车前后部作用的时间，减轻制动和缓解的纵向冲击，并能缩短列车制动距离。

（2）采用摩擦系数较大的闸瓦，如高摩合成闸瓦。这样，可保证在同样的闸瓦摩擦力的条件下，改用较小的制动缸和副风缸，以减少初充气的时间。

（3）采用性能良好的空重车自动调整装置，保证空车不滑行，重车具有足够的制动力。

（4）要有密封式制动缸和良好的“压力保持”性能。在长大下坡道制动保压时，能保持制动缸压强不因泄漏而衰减。

4）采用可控列尾技术

重载列车的长度越来越长，从 5 000 t 列车的 700 m 左右增加到万吨级的 1 300 m，甚至 2 万 t 级的 2 600 m 左右。因此，制动延时就会增加。列车越长，列车的制动延时时间也越长，对列车的制动效能影响就越大。

为了减少列车的制动延迟时间可以采用可控列尾技术。在列车尾部的车辆上设置一个像机车制动机一样的排风减压控制装置。当机车进行减压制动时，在尾部的该装置也同步对列车进行减压制动。这样，从头尾两个方向对整个列车进行减压制动，大大提高列车制动的能效。

10.2.5 重载单元列车的装卸设备

重载单元列车是把装、运、卸形成一套完整单元体系，即整个列车在同一站装车后，把列车作为一个整体，中途不更换机车、不解体的远距离运输，到站后卸货，并且在装卸车站要有与之相配套的装卸机具和站内线路。

1. 单元式重载列车的装车站

开行单元式重载列车时，装车必须可靠迅速，条件允许时，一般采用环线式装车站。在装车站修建环线，在环线上设 1‰的上坡，使车钩始终伸开，在环线上还配有装车设备、轨道衡等。这种车站占地面积较大，但可以使列车在走行中装车，且不需要转向设备和作业。

2. 单元式重载列车的装车系统

单元式重载列车的装车系统要求较高，在装车点应设有高速定量装车系统。在装车时由控制室遥控室遥控列车进行移动，机车上装有恒速器，使列车移动速度按规定要求进行。全列装完后，机车乘务员方能开始操纵机车。

3. 单元式重载列车的卸车系统

为使单元式重载列车整列不停车卸车，在有条件的地区应设有环线线路，在条件受限制的地区则采取分组卸车的办法。按列车编组的车型不同，卸车主要采用漏泄式和翻卸式。漏卸即漏斗车在高架栈桥或卸车坑道上打开车门直卸；翻卸则是将专用敞车固定在翻车机内旋转倾覆卸车。采用翻卸式的专用卸车必须在（每辆车或两辆一组）一端装有高强度旋转式车钩。在卸车站上需有拔车机、翻车机和解冻库等设备。我国大秦铁路的秦皇岛港即采用翻卸式。

由此可见，重载运输是一个系统工程。实践证明，实行重载运输已经成为世界各国铁路货物运输现代化发展的一个重要趋势。

项目实训

参照高速铁路的六大技术设备子系统，比较普速铁路与高速铁路的异同。

项目自测

一、填空题

1. 高速铁路是一个集高新技术于一身、复杂的超大规模集成系统。其主要技术设备可以分为工务工程系统、（　　）系统、（　　）系统、牵引供电系统、运营调度系统、（　　）系统六大子系统。

2. 与传统铁路相比，高速铁路比较突出的特点是允许采用（　　）的坡度值。高速铁路区间正线的最大坡度不宜大于（　　），动车组走行线的最大坡度不应大于（　　）。

3. 重载列车运输方式分为（　　）、（　　）、（　　）三种。

4.（　　）重载运输是我国第一条双线电气化重载运煤专线。

5. 重载铁路线路应选用重型和（　　）的轨道标准。

6. 我国大秦线重载铁路最小曲线半径一般地段为 800 m，困难地段取（　　）m。

二、判断题

1. 噪声可以引起耳聋，诱发各种疾病，造成生产事故。（　　）

2. 在高速铁路线路安全保护区内可以建造建筑物，可以取土、挖砂、挖沟、采空作业或者堆放、悬挂物品。（　　）

3. 铁路重载化运输是指在先进的铁路技术装备条件下，扩大列车编组，提高列车载重量的运输方式。（　　）

4. 重载运输是世界铁路货物运输的一个发展方向。（　　）

5. 重载运输模式主要适合于大宗、散装的矿石、石油、煤炭等货物的运营。（　　）

三、选择题

1. 高速铁路一般把（　　）作为“天窗”时间，即线路及牵引供电设备的养护维修时间。

A. 08:00—12:00　　B. 18:00—24:00

C. 00:00—06:00　　D. 06:00—08:00

2. 高速铁路正线相邻坡度差大于或等于（　　）时，应设置竖曲线。竖曲线一般采用圆曲线形，高速铁路竖曲线最小长度不得小于（　　）。

A. 1‰　25 m　　B. 1.5‰　25 m

C. 1‰　30 m　　D. 1.5‰　30 m

3. 我国大秦线重载铁路，车站到发线有效长度为（　　）m。

A. 800　　B. 1 050　　C. 1 200　　D. 1 400

4. 重载铁路的限制坡度规定：重车方向最大限制坡度在（　　）‰～（　　）‰之间。

A. 2，8　　B. 4，8　　C. 4，10　　D. 4，12

5. 重载铁路的限制坡度规定：空车方向最大限制坡度在（　　）‰～（　　）‰之间。

A. 4，12　　B. 12，20　　C. 12，25　　D. 12，30

6. 下列说法中是组合式重载列车的组合方法的是（　　）。

A. 直接组合法　　B. 固定组合法　　C. 随机组合法　　D. 摘挂组合法

四、简答题

1. 高速铁路系统包括哪些子系统？

2. 简述重载列车制动装置应具备的功能。

3. 何谓组合式重载列车？

参考文献

［1］赵国平. 铁道线路. 北京：中国铁道出版社，2017.

［2］国家铁路局. 铁路线路设计规范. 北京：中国铁道出版社，2017.

［3］韩军峰，胡子亮，于彦良. 铁道概论. 北京：北京交通大学出版社，2018.

［4］中国铁路总公司. 铁路技术管理规程：普速铁路部分. 2023 年修订版. 北京：中国铁道出版社有限公司，2023.

［5］中国铁路总公司. 铁路技术管理规程：高速铁路部分. 2023 年修订版. 北京：中国铁道出版社有限公司，2023.

［6］佟立本. 铁道概论. 8 版，北京：中国铁道出版社，2020.

［7］吴海超. 车辆运用与管理. 北京：中国铁道出版社，2008.

［8］中国国家铁路集团有限公司运输部. 铁道概论. 北京：中国铁道出版社，2022.

［9］王花兰. 铁路货运组织. 5 版. 北京：中国铁道出版社，2023.

［10］王淑霞，周毅民. 铁路客运组织. 北京：中国铁道出版社，2016.

［11］中国国家铁路集团有限公司工电部. 铁路牵引变电. 北京：中国铁道出版社有限公司，2022.

［12］李学武. 电气化铁路牵引供变电技术. 北京：化学工业出版社，2021.

［13］中国国家铁路集团有限公司工电部. 铁路接触网. 北京：中国铁道出版社有限公司，2022.

［14］中国国家铁路集团有限公司工电部. 高速铁路信号与控制. 北京：中国铁道出版社有限公司，2022.